高等院校计算机类专业系列教材

AI 赋能 Java 语言编程：从入门到高阶

曾锦山　黄　箐　廖云燕　主　编

電子工業出版社
Publishing House of Electronics Industry
北京 • BEIJING

内 容 简 介

本书共分三个部分：第一部分为程序设计基础知识介绍，内容涉及数据类型、运算符与表达式、程序基本控制结构、函数及其应用、数组及其应用、指针及其应用、结构体及其应用、文件与数据存储；第二部分为 AI 辅助编程入门实战；第三部分为 AI 辅助编程高阶实战，其中包括各类大赛竞赛题自动解答。

本书是一本以 Java 语言为基础介绍 AI 赋能编程的书籍，这本书既可以作为 AI 编程的入门书，也可以作为机器学习研究人员的参考工具，能够帮助读者从基础到更高水平地掌握 AI 赋能编程的方法，深入理解 AI 的原理。本书的特色在于将 Java 编程语言和 AI 赋能编程原理相结合，通过 Java 语言来实现 AI 赋能编程应用，帮助读者把 AI 赋能编程从理论落地到应用实践中。本书面向在校学生、机器学习爱好者、人工智能研究者、AI 开发者和 AI 程序员，是他们深入理解 AI 赋能编程的有力工具。

图书在版编目（CIP）数据

AI 赋能 Java 语言编程 ： 从入门到高阶 / 曾锦山，黄箐，廖云燕主编. -- 北京 ： 电子工业出版社，2024. 7.
ISBN 978-7-121-48312-7

Ⅰ. TP312.8

中国国家版本馆 CIP 数据核字第 2024PE8926 号

责任编辑：康　静
印　　刷：三河市君旺印务有限公司
装　　订：三河市君旺印务有限公司
出版发行：电子工业出版社
　　　　　北京市海淀区万寿路 173 信箱　邮编 100036
开　　本：787×1 092　1/16　印张：18.25　字数：467.2 千字
版　　次：2024 年 7 月第 1 版
印　　次：2024 年 7 月第 1 次印刷
定　　价：64.80 元

凡所购买电子工业出版社图书有缺损问题，请向购买书店调换。若书店售缺，请与本社发行部联系，联系及邮购电话：（010）88254888，88258888。

质量投诉请发邮件至 zlts@phei.com.cn，盗版侵权举报请发邮件至 dbqq@phei.com.cn。

本书咨询联系方式：（010）88254609，hzh@phei.com.cn。

前 言

人工智能作为当前热门的技术领域，为编程带来许多新的思路和方法。Java 是市场上最受欢迎和广泛使用的编程语言之一，学习 Java 可以为学习其他编程语言打下坚实的基础，这对于计算机和非计算机专业的学生而言都是至关重要的。本书从 Java 语言的基础知识开始讲解，结合人工智能的理论和实践，通过具体的示例和练习，引导读者学习如何将人工智能应用于 Java 语言编程中。

除了介绍 AI 辅助 Java 语言的基础学习，本书还介绍了编程竞赛题和团队开发的 AI 链无代码生产平台 Prompt Sapper 等。通过实际案例和项目，我们将帮助读者更加系统地了解如何使用 Java 语言。

本书的主编曾锦山、黄箐和廖云燕来自江西师范大学，副主编邢振昌教授则来自澳大利亚国立大学。感谢王佳敏、舒心悦、石荣旦、江洋、李亚坤、冯国栋、彭涛、黄瑾龙、贺星锐、姚贺庆、潘硕、王冲、李蔚然、王浩然、唐琛、皮璟翱等同学在本书的实验和编辑过程中做出的贡献。

希望通过本书的学习，读者能够掌握 Java 语言编程的基础知识，并了解如何将人工智能技术应用于自己的编程项目中。读者在本书的使用过程中如果遇到困难，请联系 jinshanzeng@jxnu.edu.cn。

目　录

第1章　Java简介……1
1.1　什么是Java语言……1
1.1.1　Java语言特点……2
1.1.2　Java的三层结构……3
1.1.3　Java虚拟机……3
1.1.4　垃圾回收……4
1.1.5　代码安全……4
1.2　一个基本的Java程序……5
1.2.1　Java环境的配置……5
1.2.2　Java应用程序……7
1.3　程序的编译与运行……8
1.3.1　编译……8
1.3.2　运行……9
1.4　常见错误……9
1.4.1　编译时错误……9
1.4.2　运行时错误……10
1.5　使用Java核心API文档……12
本章小结……14
习题1……16
拓展阅读1……16
拓展阅读2……17
拓展阅读3……17
第2章　标识符与数据类型……18
2.1　Java的基本语法单位……18
2.1.1　空白注释及语句……18
2.1.2　关键字……20
2.1.3　标识符……21
2.2　基本数据类型……21
2.2.1　基本数据类型简介……21
2.2.2　类型转换……24
2.2.3　字面量与常量……24

2.2.4 变量、声明和赋值……26
2.3 复合数据类型……26
本章小结……27
习题 2……28
拓展阅读……30
第 3 章 表达式和流程控制语句……31
3.1 表达式……31
3.1.1 操作数……31
3.1.2 运算符……33
3.1.3 表达式的提升和转换……37
3.2 流程控制语句……37
3.2.1 表达式语句……38
3.2.2 块……38
3.2.3 选择结构……39
3.2.4 循环语句……43
3.2.5 continue 和 break 语句……46
3.3 简单的输入/输出……47
本章小结……50
习题 3……50
拓展阅读……51
第 4 章 数组和向量……53
4.1 数组……53
4.1.1 创建数组……53
4.1.2 访问数组……55
4.1.3 二维数组……56
4.1.4 复制数组……58
4.2 Vector 类（向量）……60
4.2.1 概述……61
4.2.2 Vector 类的构造方法……61
4.2.3 Vector 类对象的操作……61
本章小结……64
习题 4……65
拓展阅读……66
第 5 章 字符串……68
5.1 初识字符串……68
5.1.1 字符串的特性……68
5.1.2 字符串的创建……69
5.2 字符串的操作……69
5.2.1 字符串的基本操作……69
5.2.2 StringBuffer 和 StringBuilder 类……71

5.2.3 字符串的格式化 …… 71
5.2.4 字符串方法 …… 73
5.3 正则表达式 …… 75
5.3.1 正则表达式的基本概念 …… 75
5.3.2 使用 Pattern 和 Matcher 类进行正则匹配 …… 75
本章小结 …… 77
习题 5 …… 78
拓展阅读 1 …… 79
拓展阅读 2 …… 80
第 6 章 对象和类 …… 82
6.1 对象和类的初步介绍 …… 82
6.1.1 面向对象技术 …… 82
6.1.2 对象和类的定义 …… 83
6.2 类的基本结构 …… 83
6.2.1 声明 …… 83
6.2.2 成员变量和成员方法 …… 84
6.2.3 构造方法 …… 84
6.3 对象的创建和使用 …… 85
6.3.1 创建对象 …… 85
6.3.2 访问成员变量和调用成员方法 …… 85
6.3.3 对象引用 …… 86
6.4 封装 …… 87
6.4.1 访问修饰符 …… 87
6.4.2 封装的优势 …… 88
6.4.3 Getter 和 Setter 方法 …… 88
6.5 继承 …… 90
6.5.1 基类与派生类 …… 90
6.5.2 extends 关键字 …… 90
6.5.3 super 关键字 …… 90
6.6 多态 …… 92
6.6.1 方法重载和方法重写 …… 92
6.6.2 抽象类和接口 …… 93
6.7 静态成员 …… 94
6.7.1 类变量 …… 95
6.7.2 类方法 …… 95
6.7.3 静态块 …… 95
6.8 高级主题 …… 97
6.8.1 枚举 …… 97
6.8.2 内部类 …… 97
6.8.3 反射 …… 98

本章小结……98
习题 6……100
拓展阅读 1……100
拓展阅读 2……101
第 7 章　Java 异常处理……102
7.1　异常……102
7.1.1　引出异常……103
7.1.2　异常的概念……104
7.1.3　Java 异常分类……106
7.2　Java 异常处理……108
7.2.1　try-catch 块……108
7.2.2　公共异常……110
7.3　抛出异常……110
7.4　自定义异常……111
本章小结……112
习题七……113
拓展阅读……114
第 8 章　Java 语言的高级特性……115
8.1　泛型……115
8.1.1　泛型数据类型……116
8.1.2　泛型类……116
8.1.3　泛型接口……117
8.1.4　泛型方法……119
8.2　迭代器……120
8.2.1　迭代器的基本概念……120
8.2.2　接口 Iterator……120
8.2.3　接口 Iterable……121
8.2.4　Iterable 和 for-each 循环……122
8.2.5　使用迭代器示例……122
8.3　克隆……124
8.3.1　克隆的实现方式……124
8.3.2　浅克隆……124
8.3.3　深克隆……125
本章小结……127
习题 8……129
拓展阅读……130
第 9 章　Java 的图形用户界面设计……131
9.1　AWT 和 Swing……131
9.2　容器……133
9.2.1　顶层容器……133

9.2.2 内容窗格 …… 136
9.2.3 面板 …… 139
9.3 布局 …… 140
9.3.1 FlowLayout 布局管理器 …… 141
9.3.2 BorderLayout 布局管理器 …… 142
9.3.3 GridLayout 布局管理器 …… 143
9.4 事件处理 …… 143
9.4.1 事件处理模型 …… 143
9.4.2 事件的种类 …… 145
9.4.3 多监听程序 …… 146
9.4.4 事件适配器 …… 146
本章小结 …… 146
习题 9 …… 147
拓展阅读 …… 148
第 10 章 Swing 组件 …… 150
10.1 窗口 …… 150
10.2 按钮 …… 152
10.2.1 普通按钮 …… 152
10.2.2 切换按钮 …… 153
10.2.3 单选按钮 …… 154
10.2.4 复选按钮 …… 156
10.3 标签 …… 160
10.4 组合框 …… 160
10.5 列表 …… 163
10.6 文本组件 …… 164
10.6.1 文本域 …… 164
10.6.2 文本区 …… 165
10.6.3 文本编辑器 …… 165
10.6.4 密码框 …… 166
10.7 菜单组件 …… 168
10.7.1 菜单栏 …… 168
10.7.2 菜单 …… 168
10.7.3 菜单项 …… 168
10.8 对话框 …… 170
10.8.1 对话框概述 …… 170
10.8.2 标准对话框 …… 171
10.8.3 文件对话框 …… 172
10.9 定制组件样式 …… 173
10.9.1 颜色 …… 173
10.9.2 字体 …… 174

10.9.3 绘图 ······ 175
本章小结 ······ 177
习题 10 ······ 179
拓展阅读 ······ 179
第 11 章 数据流的输入与输出 ······ 181
11.1 数据流的基本概念 ······ 181
11.1.1 I/O 流原理与流的分类 ······ 181
11.1.2 输入数据流 ······ 183
11.1.3 输出数据流 ······ 183
11.2 二进制 I/O 流和文本 I/O 流 ······ 184
11.2.1 二进制 I/O 流 ······ 184
11.2.2 文本 I/O 流 ······ 185
11.3 节点流和处理流 ······ 188
11.4 序列化和反序列化 ······ 190
11.5 文件的处理 ······ 192
11.5.1 File 类 ······ 192
11.5.2 随机访问文件 ······ 194
本章小结 ······ 197
习题 11 ······ 197
拓展阅读 ······ 198
第 12 章 线程 ······ 199
12.1 线程和多线程 ······ 199
12.1.1 线程的概念 ······ 199
12.1.2 线程的特点及结构 ······ 200
12.2 线程的状态 ······ 200
12.3 创建线程 ······ 201
12.3.1 通过继承 Thread 类创建线程 ······ 201
12.3.2 通过实现 Runnable 接口创建线程 ······ 202
12.3.3 通过 Callable 和 Future 创建线程 ······ 203
12.3.4 不同创建线程的方法的区别 ······ 204
12.4 线程的优先级 ······ 204
12.4.1 线程的不同优先级 ······ 204
12.4.2 线程的调度方法 ······ 205
12.5 线程的基本控制 ······ 206
12.5.1 暂停与唤醒线程 ······ 206
12.5.2 结束线程 ······ 207
12.5.3 检查线程 ······ 208
12.6 线程的同步问题 ······ 209
12.6.1 线程间的资源互斥 ······ 209
12.6.2 线程同步方法 ······ 210

12.7 死锁 …… 211
12.8 线程的交互 …… 212
12.9 守护线程 …… 216
本章小结 …… 216
习题 12 …… 218
拓展阅读 1 …… 218
拓展阅读 2 …… 219
第 13 章 Java 的网络功能 …… 220
13.1 网络编程入门 …… 220
13.1.1 网络编程的重要性 …… 220
13.1.2 基本网络概念 …… 221
13.1.3 Java 的网络 API …… 222
13.2 TCP/IP 协议 …… 222
13.2.1 概述 …… 222
13.2.2 传输层与 Socket …… 223
13.2.3 应用层与 HTTP …… 224
13.3 Socket 编程 …… 225
13.3.1 TCP 和 UDP 协议 …… 225
13.3.2 实现过程与建立连接 …… 225
13.3.3 数据传输和处理 …… 228
13.3.4 多线程与网络聊天 …… 228
13.4 Web 服务 …… 232
13.4.1 Web 服务概述 …… 232
13.4.2 Java 对 Web 服务的支持 …… 233
13.4.3 创建和测试 Web 服务 …… 234
本章小结 …… 236
习题 13 …… 238
第 14 章 算法竞赛中的 Java 编程 …… 239
14.1 算法竞赛简介 …… 239
14.2 算法基础 …… 240
14.2.1 算法基本概念 …… 240
14.2.2 算法分析 …… 240
14.2.3 高级排序算法 …… 242
14.2.4 搜索算法 …… 244
14.3 算法设计方法 …… 249
14.3.1 枚举法 …… 249
14.3.2 贪心法 …… 250
14.3.3 分治法 …… 252
14.3.4 动态规划法 …… 254
本章小结 …… 256

习题 14 ············ 257
第 15 章 AI 链无代码生成平台 Sapper ············ 259
15.1 SPL 语言 ············ 259
15.1.1 SPL 语言特性 ············ 259
15.1.2 SPL 构成 ············ 260
15.2 Agent 开发与使用 ············ 262
15.2.1 Agent 开发 ············ 262
15.2.2 Agent 使用 ············ 266
15.3 Sapper 高级特性 ············ 267
15.3.1 智能表单 ············ 267
15.3.2 RAG ············ 269
15.3.3 Debug ············ 272
本章小节 ············ 274
习题 15 ············ 274
拓展阅读 1 ············ 275
拓展阅读 2 ············ 277
参考文献 ············ 278

第1章　Java简介

在计算机编程领域，Java 是一颗璀璨的明星，其卓越的跨平台特性、面向对象的设计理念以及强大而丰富的生态系统使其成为程序员的首选之一。本章将详细介绍 Java 及其开发工具和环境，助力读者配置一个高效且符合个人习惯的开发环境，为后续学习打下坚实基础。

本章学习目标

一、知识目标

1．了解 Java 语言的特点。

2．了解 Java 的跨平台特性。

3．熟悉 Java 的开发工具和环境的配置。

二、技能目标

1．能够使用 Java 编写简单的程序，并具备基本的调试能力。

2．能够使用 Java 的核心 API 文档查找相关信息，并理解其使用方法。

3．能够配置和管理 Java 开发环境，包括安装和设置开发工具、编译器等。

4．具备团队合作意识，能够与他人分享和交流 Java 编程经验，促进共同学习和进步。

三、情感态度与价值目标

1．培养对 Java 编程的热情和兴趣，持续学习和探索其更深层次的应用和技术。

2．培养对良好编程规范的重视，注重代码的可读性、可维护性和可扩展性。

3．培养解决问题的能力，通过编程实践提升逻辑思维和创造力，不断提高解决实际问题的能力。

4．培养团队合作精神和沟通能力，尊重他人观点，愿意分享知识和经验，共同推动团队的发展和进步。

5．培养持续学习的习惯，跟随技术的发展和变化，不断更新知识和技能，保持竞争力和创新能力。

1.1　什么是 Java 语言

Java 语言由 Oracle-SUN 公司开发，使用 Java 语言开发的程序几乎随处可见，被应用于绝大多数终端设备。Java 有很多版本，主要包含 Java SE 和 Java ME 等。本书将着重介绍 Java 的标准版本 Java SE。

Oracle-SUN 公司为程序员提供了软件开发工具包（Java Development Kit），并持续更新中。读者可以从官网查询最新版本并下载。

Java 是一种集成度高，且功能非常强大的编程语言。Java 既是开发环境，也是应用环境，它的这种特性带来了一种全新的计算模式。

Java 是一种面向对象的编程语言，更是一种跨平台的语言，这意味着程序员编写的 Java 程序可以在不同的操作系统上运行，而无须修改源代码。Java 的这种特性解决了困扰软件界多年的软件移植问题。而这种特性则是依靠 Java 虚拟机（Java Virtual Machine）实现的，它充当了在不同平台上运行 Java 程序的中间层。此外，Java 具有强大的安全特性，包括类加载机制、访问控制和异常处理，有助于防止恶意代码的执行。

1.1.1 Java 语言特点

Java 是一种面向对象的编程语言，以其跨平台特性、简洁的语法和强大的生态系统而著称。Java 语言自诞生之日起一直广受世界关注，它标志着 Java 计算时代的到来。Java 的众多特点使其广受大众欢迎，尤其是它突出的网络编程能力，使其与 Web 及 Internet 紧密相连。以下是它的几个显著特点。

一、语法简单，功能强大

Java 的语言特点和 C++非常相似，熟悉 C++的程序员对 Java 不会感到陌生，无须花费太多精力即可掌握 Java。另外，Java 还移除了 C++中不常用且非常容易出错的地方。例如，很多初学者对于 C++的指针和结构体等概念难以理解，而 Java 移除了这些概念。此外，Java 中不再有全局变量，也没有#define 和#include 等预处理命令，也没有多重继承的机制，大大简化程序员的程序开发。

二、跨平台特性

在 Java 开发领域有一句著名的口号：“一次编写，到处运行”。这很好地反映了 Java 卓越的跨平台特性，解决了不同平台之间程序难以移植的痛点。这一特性也使得 Java 的网络编程能力格外突出，它的实现依赖于 Java 虚拟机（JVM）和 Java 字节码的概念。Java 程序在编译时并非直接生成与特定操作系统相关的机器代码，而是生成一种称为 Java 字节码的中间代码。这个字节码不依赖于任何特定的硬件或操作系统，而是针对 Java 虚拟机设计的。因此，只要目标系统上安装了对应版本的 Java 虚拟机，就能够执行这些 Java 字节码，而无须修改源代码。程序员只需编写一次 Java 程序，然后就可以在不同的操作系统上运行，而无须担心底层硬件和操作系统的差异。这为 Java 的口号“Write Once, Run Anywhere”（一次编写，到处运行）奠定了基础。

三、分布式与安全性

Java 语言在设计时考虑了分布式系统的需求，因此具有出色的分布式计算能力。分布式计算是指在网络上连接的多台计算机上执行程序的能力。Java 通过 RMI（远程方法调用）和 Socket 等技术支持分布式计算。RMI 允许在不同计算机上运行的 Java 对象之间进行通信，而 Socket 则允许通过网络进行数据传输。这些特性使得 Java 成为构建分布式系统和网络应用的理想选择。同时 Java 也被设计为一种安全的编程语言，具有多层次的安全保障机制。例如，在 Java 程序执行之前，Java 虚拟机会对字节码进行验证，确保其符合安全规范，防止恶意代码的注入。

四、解释、编译两种运行模式

Java 有两种运行模式：解释模式和编译模式。初期 Java 仅支持解释模式，随着版本更迭加入了编译模式。在解释模式下，Java 源代码通过 Java 虚拟机逐行解释执行，将源代码翻译成机器代码并即时执行。这种模式灵活，适用于快速开发和调试，但相对而言执行效率较低。而在编译模式下，Java 源代码先被编译成中间代码（字节码），然后由 Java 虚拟机将字节码翻译成机器码执行。这种模式提高了执行效率，适用于生产环境中对性能要求较高的应用。编译模式也支持提前编译，将字节码直接编译成本地机器代码，进一步提高执行效率。

Java 的这两种模式结合使用，被称为“混合模式”（Mixed Mode）。在混合模式下，Java 虚拟机会根据程序的运行情况动态选择使用解释模式或编译模式，以达到更好的性能和响应速度。

五、多线程

单线程程序在同一时间只能做一件事情，而多线程程序可以在同一时间做不同的事情。Java 的多线程允许程序同时执行多个任务，提高了程序的效率和响应性。通过 Java 中的 Thread 类或实现 Runnable 接口，程序员可以轻松创建并发执行的线程。多线程可以在单个程序中同时处理多个操作，适用于需要同时执行多项任务的场景，如并发处理、网络通信和用户界面操作。Java 的多线程模型使得程序能够更高效地利用计算机资源，提升性能和用户体验。例如，程序员可以将加载过程置于后台，分出一个线程用于监测后台程序运行进度，反映在用户终端上就是一个进度条，更好地吸引用户。

六、动态执行

Java 的动态执行指的是在程序运行时动态加载和执行代码。这种特性通过 Java 的反射机制和动态代理实现。动态执行使得程序能够在运行时动态地加载类、调用方法，甚至可以创建新的类和对象，增加了程序的灵活性和可扩展性。这种动态性使 Java 适用于需要在运行时适应不同情境的场景，如插件系统、框架扩展和动态代码生成。

七、丰富的 API 文档和类库

Java 的 API 文档和类库是一组详细的文档和已实现的类，为程序员提供在 Java 中构建应用程序时所需的工具和功能。API 文档详细描述了每个类的方法和属性，以及它们的使用方式。类库包含丰富的预定义类和接口，涵盖各个领域，如网络、数据库、图形界面等，为程序员提供可直接使用的工具，加速开发过程，提高了代码的复用性。

1.1.2　Java 的三层结构

Java 的三层结构体现了分层设计的智慧，这一设计思想在软件开发领域得到了广泛的应用。这种结构的理念起源于对分布式系统和大型企业应用的开发需求的深刻洞察。通过将系统巧妙地划分为表示、业务逻辑和数据访问这三个独立层次，成功地提高了系统的可维护性和可扩展性。类比建造一座高楼大厦时，每一层都承担着自己的责任，共同构成了稳固的建筑结构。

在过去几十年的发展历程中，随着软件规模的不断增长和复杂性的提升，软件设计者逐渐认识到将系统分层的益处。这种架构巧妙地将各层之间的职责划分得清晰明了，犹如一部交响乐团中的不同乐器，各自发挥着独特的音律，同时又能和谐地合奏出美妙的乐章，有效降低了耦合度，使得不同层次的开发人员可以更加独立地发挥才华，为整个软件交响曲贡献精彩的音符。

1.1.3　Java 虚拟机

一、Java 虚拟机概述

不同于其他汇编语言，Java 程序并不直接依赖于系统 CPU，而是依赖于 Java 虚拟机（Java Virtual Machine，JVM）。JVM 的作用类似于一个翻译器，将 Java 源代码翻译成可以在不同平台上执行的中间代码，也就是字节码。

JVM 的工作原理包括类加载、字节码解释、编译、运行时数据区划分、垃圾回收以及安全性和运行时检查。在类加载阶段，JVM 使用类加载器将字节码加载到内存中，而字节码可以通过解释器逐行解释执行，或者通过即时编译器将其编译成本地机器码以提高执行效率。运行时数据区的合理划分包括堆、栈和方法区等，而垃圾回收器负责回收不再使用的内存。安全性由安全管理器管理，同时运行时进行各种检查以增强程序的健壮性。

这一整合的结构使得 Java 虚拟机成为一个可移植性强、安全可控且高性能的执行引擎，为 Java 程序提供了一种独立于底层硬件和操作系统的执行环境。

二、Java 虚拟机性能

随着 Java 技术的发展，Java 虚拟机（JVM）在性能方面也经历了显著的演进。回顾时代背景，早期的 Java 虚拟机在执行效率上常常受到一些质疑。原因可以追溯到早期 JVM 采用解释执行方式，每次运行程序都需要实时地将字节码翻译成机器码。

然而，随着技术的发展，Java 的性能逐渐迎来了显著提升。其中，Hotspot 技术的引入被视为一个重要的里程碑。Hotspot 是由 Oracle-SUN 开发的一种 JVM 实现，它引入了即时编译器（Just-In-Time Compiler，JIT）技术。类比一位翻译官提前翻译了一部分文章，使得下次需要的时候，不必重新进行翻译，大大提高了执行效率。通过 JIT 编译，Hotspot 在运行时将热点代码（频繁执行的代码段）直接编译成本地机器码，而不是像传统的解释执行方式那样逐行解释。这种技术使得 Java 应用在运行时能够更接近本地应用的运行速度。

总体而言，Java 虚拟机的性能得到了极大的提升，逐步摆脱了早期被贴上的“慢”的标签。Hotspot 技术的引入以及对即时编译的优化，使得 Java 应用在实际执行中表现得更加高效，为广泛应用于各种场景提供了可靠的基础。

1.1.4 垃圾回收

Java 的垃圾回收（Garbage Collection）是一位高效的清理工，负责检查和回收那些不再被程序使用的内存空间，以确保系统的资源得以有效利用。我们可以把这个过程比喻成生活中的垃圾分类和回收，及时将不再需要的废弃物清理掉，以维护环境的整洁。

在 Java 中，垃圾回收器会定期检查程序运行时生成的对象，识别并清理掉那些不再被引用的对象。

相较于 C 或 C++等语言，Java 的垃圾回收机制省去了程序员手动管理内存的麻烦。这种自动化的垃圾回收方式带来了更大的便利性，减轻了程序员的负担，避免了因为内存泄露而导致的许多潜在问题。

然而 Java 的垃圾回收也存在一些性能上的开销，在实时性要求极高的场景，像 C 语言一样手动管理内存可能更为灵活。这使得程序员可以根据具体需求，在性能和开发效率之间找到平衡点。

1.1.5 代码安全

Java 的代码安全可以类比一座坚固的城堡，通过一系列严密的防护措施，保护着整个 Java 程序环境的安全。

Java 的沙箱模型是 Java 代码的第一层安全防护机制，它限制了程序的行为，确保其只能在受限的环境中运行，防止其越界或对运行造成不良影响。

Java 的三级安全检查机制类比城堡的内城墙，进一步强化了安全屏障。三级安全检查分别是类加载时的验证、字节码验证和运行时的访问控制。

Applet 作为 Java 程序环境的重要组成部分，Java 的安全管理器对 Applet 进行更为严格的权限控制，以确保其不能越权操作。

1.2　一个基本的 Java 程序

1.2.1　Java 环境的配置

在创建第一个 Java 程序之前，我们需要先安装一些必要的开发工具。首先进入 Oracle-SUN 公司官网下载 Java 的 JDK 软件包，其中包含了 Java 开发所需的所有工具，包括组成 Java 开发环境的基本组件：Java 解释器 java、Java 编译器 javac 等。在安装好 JDK 之后一定要正确配置 JAVA_HOME、CLASSPATH 和 Path 环境变量，以便系统能够找到 javac 和 java 所在的目录。

首先登录到 Oracle-SUN 的官网，官网中提供了所有主流操作系统下当前最新版本的 JDK 软件包。读者可以根据自己计算机的详细配置情况自行选择。

这里以 Windows 系统为例，当前下载的文件是 JDK.21.0.1 的版本，如图 1-1 所示。

JDK 21　JDK 17　GraalVM for JDK 21　GraalVM for JDK 17

JDK Development Kit 21.0.1 downloads

JDK 21 binaries are free to use in production and free to redistribute, at no cost, under the Oracle No-Fee Terms and Conditions (NFTC).

JDK 21 will receive updates under the NFTC, until September 2026, a year after the release of the next LTS. Subsequent JDK 21 updates will be licensed under the Java SE OTN License (OTN) and production use beyond the limited free grants of the OTN license will require a fee.

Linux　macOS　Windows

Product/file description	File size	Download
x64 Compressed Archive	185.39 MB	https://download.oracle.com/java/21/latest/jdk-21_windows-x64_bin.zip (sha256)
x64 Installer	163.82 MB	https://download.oracle.com/java/21/latest/jdk-21_windows-x64_bin.exe (sha256)
x64 MSI Installer	162.60 MB	https://download.oracle.com/java/21/latest/jdk-21_windows-x64_bin.msi (sha256)

图 1-1　安装 Java 的 JDK

这里选择下载 x64 MSI Installer，单击对应链接下载完成之后，打开文件即可直接进入安装过程，如图 1-2 所示。

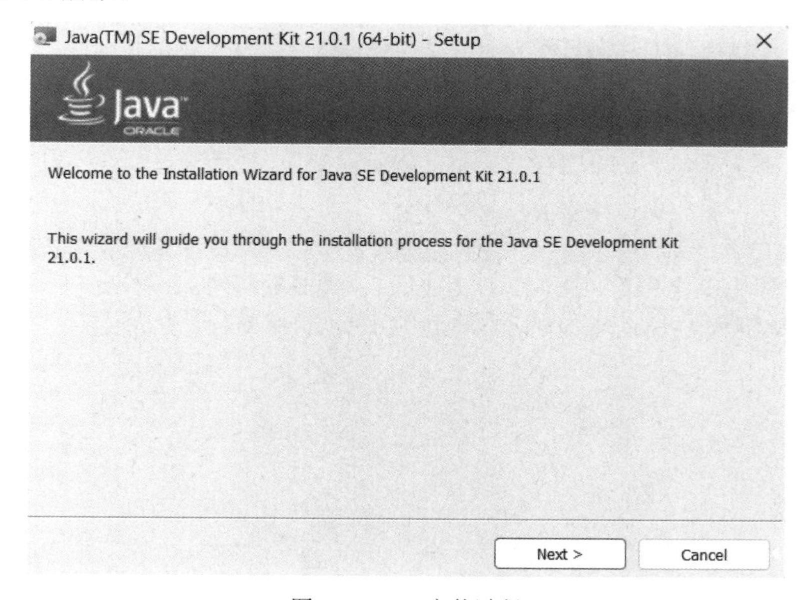

图 1-2　JDK 安装过程

JDK 软件包默认安装位置在 C 盘，读者也可以自行选择安装位置，如图 1-3 所示。

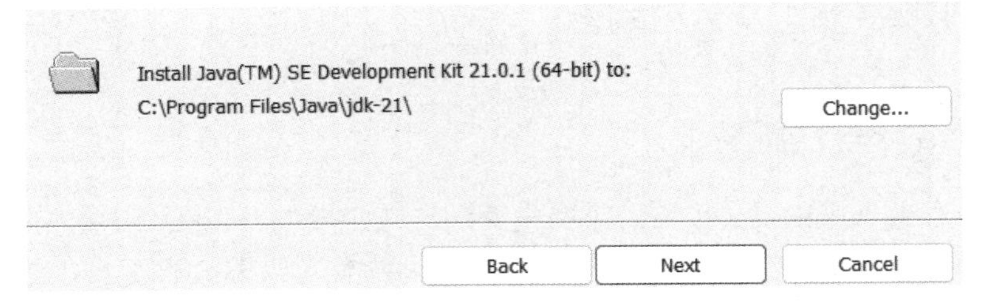

图 1-3　自定义安装位置

单击“Next”按钮，进行安装，最后出现如图 1-4 所示界面，则代表 Java 的 JDK 安装成功。

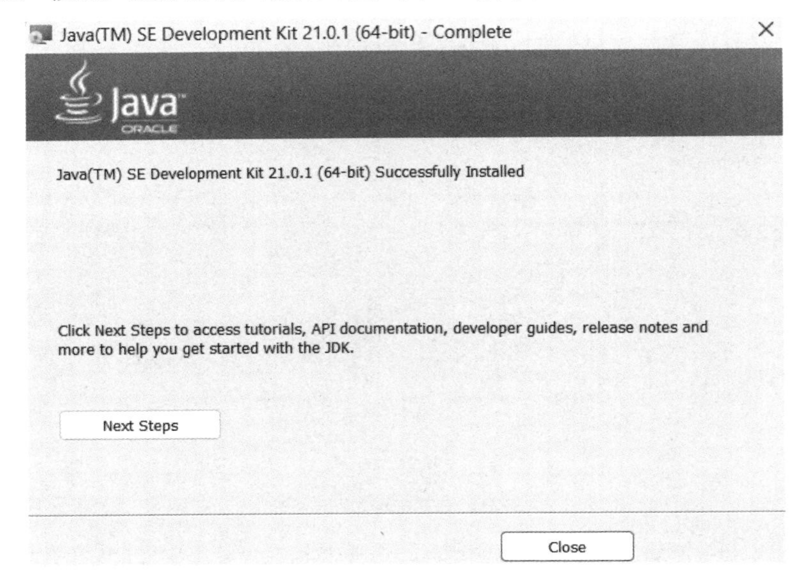

图 1-4　成功安装 JDK

完成以上操作以后，切记要配置三个重要的环境变量。首先我们打开系统设置，找到系统栏目下的系统信息，单击“高级系统设置”，然后就会看到如图 1-5 所示的环境变量选项。点开以后，在用户变量栏目下新建 JAVA_HOME 环境变量，变量值为刚才安装的 JDK 的绝对文件路径，然后单击“确定”按钮。环境变量的配置如图 1-6～图 1-8 所示。

创建完成之后，新建环境变量 CLASSPATH，其变量值为：

```
.;%JAVA_HOME%\lib\dt.jar;%JAVA_HOME%\lib\tools.jar; （注意不要漏了前面的“.”）
```

最后再新建环境变量 Path（注意区分大小写），其变量值为：

```
%JAVA_HOME%\bin;%JAVA_HOME%\jre\bin;
```

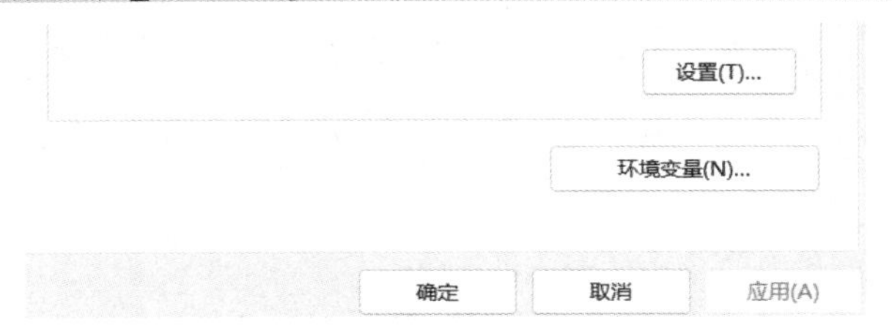

图 1-5　配置环境变量选项

编辑用户变量
变量名(N):
JAVA_HOME
变量值(V):
C:\Program Files\Java\jdk-21
浏览目录(D)...
浏览文件(F)...
确定
取消

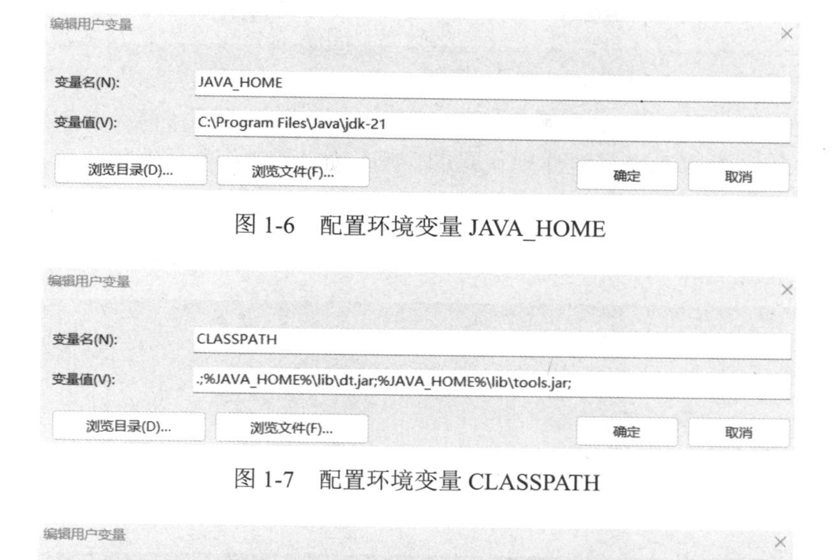

图 1-6　配置环境变量 JAVA_HOME

编辑用户变量
变量名(N):
CLASSPATH
变量值(V):
.;%JAVA_HOME%\lib\dt.jar;%JAVA_HOME%\lib\tools.jar;
浏览目录(D)...
浏览文件(F)...
确定
取消

图 1-7　配置环境变量 CLASSPATH

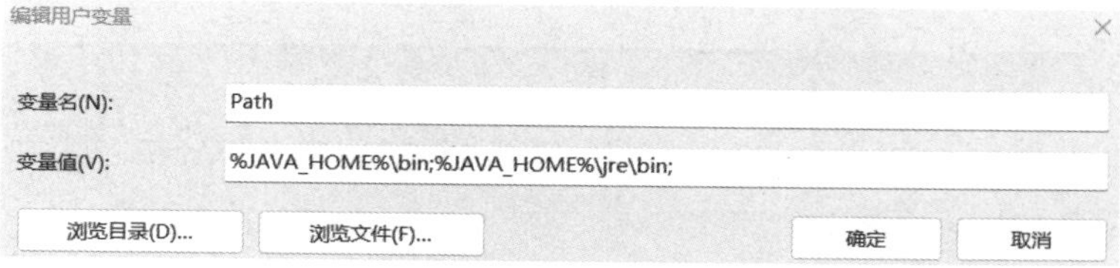

编辑用户变量
变量名(N):
Path
变量值(V):
%JAVA_HOME%\bin;%JAVA_HOME%\jre\bin;
浏览目录(D)...
浏览文件(F)...
确定
取消

图 1-8　配置环境变量 Path

至此，Java 的 JDK 软件包就配置完成了。为了验证自己的安装正确性，可以使用 Win+R 组合键打开计算机运行窗口，再输入 cmd 指令打开命令提示符环境。输入 javac 指令，如果看到如图 1-9 所示帮助信息，则表示已正确安装。

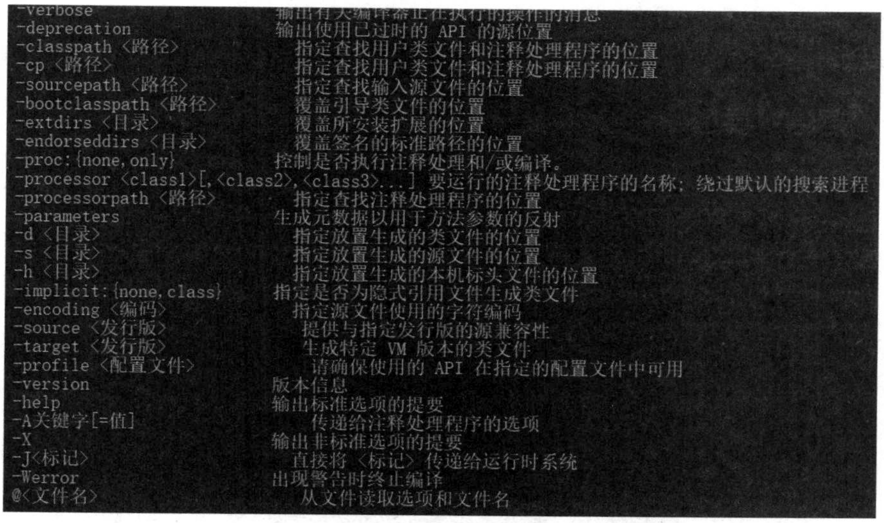

-verbose 输出有关编译器正在执行的操作的消息
-deprecation 输出使用已过时的 API 的源位置
-classpath <路径> 指定查找用户类文件和注释处理程序的位置
-cp <路径> 指定查找用户类文件和注释处理程序的位置
-sourcepath <路径> 指定查找输入源文件的位置
-bootclasspath <路径> 覆盖引导类文件的位置
-extdirs <目录> 覆盖所安装扩展的位置
-endorseddirs <目录> 覆盖签名的标准路径的位置
-proc:{none,only} 控制是否执行注释处理和/或编译。
-processor <class1>[,<class2>,<class3>...] 要运行的注释处理程序的名称；绕过默认的搜索进程
-processorpath <路径> 指定查找注释处理程序的位置
-parameters 生成元数据以用于方法参数的反射
-d <目录> 指定放置生成的类文件的位置
-s <目录> 指定放置生成的源文件的位置
-h <目录> 指定放置生成的本机标头文件的位置
-implicit:{none,class} 指定是否为隐式引用文件生成类文件
-encoding <编码> 指定源文件使用的字符编码
-source <发行版> 提供与指定发行版的源兼容性
-target <发行版> 生成特定 VM 版本的类文件
-profile <配置文件> 请确保使用的 API 在指定的配置文件中可用
-version 版本信息
-help 输出标准选项的提要
-A关键字[=值] 传递给注释处理程序的选项
-X 输出非标准选项的提要
-J<标记> 直接将 <标记> 传递给运行时系统
-Werror 出现警告时终止编译
@<文件名> 从文件读取选项和文件名

图 1-9　检查 JDK 安装正确性

1.2.2　Java 应用程序

Java 程序一般分为两种，一种是 Java 应用程序（Java Application），另一种则是 Java 小应用程序（Applet）。这两者虽然只有一字之差，但却存在很大的差别。从开发难度和复杂度来

说，Java 应用程序无疑更加具有挑战性，一般由大型团队或公司开发，且生命周期长，需要长时间维护更新。而 Java 小应用程序则比较小巧灵活，开发难度不高，且不会消耗太多资源。

和其他编程语言一致，Java 语言也可以创建一个简单的、通常意义下的应用程序。略有不同的是，Java 的主类可以直观地体现代码的作用，如图 1-10 所示的代码会在屏幕上显示字符串“hello world”。

```
//应用程序 Hello World
public class HelloWorld {
        public static void main(String[] args){
          System.out.println("hello world");
     }
}
```

图 1-10　HelloWorld 应用程序

以上代码包含了一个简单小程序的基本组成。

第一行：由两个正斜杠开头，这是一行注释内容的声明标志。注释不会对程序运行产生影响。

第二行：public class HelloWorld，这里定义了一个主类 HelloWorld，其中 public 表示这个类是公开的。

第三行：public static void main(String[] args)，定义了一个特殊的 main 方法，这是 Java 程序的入口。

第四行：“{”，这是一个大括号，表示一个代码块的开始。

第五行：System.out.println("hello world");，这是具体的代码，计算机会把"hello world"打印（显示）到屏幕上。

第六行：“}”，这是代码块的结束。

可以看到 Java 的语法规则和 C 语言类似，都是先查找 main()方法，然后从此处开始执行，如果找不到该方法或是书写不规范，程序就不会执行。而作为 Java 程序入口的 main()函数，它有三个必不可少的修饰符，这是 Java 严格规定的，缺一不可。

1.3　程序的编译与运行

1.3.1　编译

Java 程序具有编译运行和解释运行两种模式，读者可以使用系统自带的文本编辑器，如 Windows 的记事本，输入程序，然后保存为文件 HelloWorld.java（如图 1-11 所示）。Java 对大小写敏感，输入的时候要注意大小写是否正确，同时注意文件名和 Java 程序主类名要保持一致。

图 1-11　编译 Java 代码

打开命令行窗口，进入到文件所在的磁盘下并按回车键，使用 cd 命令进入到包含文件 HelloWorld.java 的文件夹中，使用 dir 命令查看所在文件夹下的文件，可以看到目前文件中只有 HelloWorld.java 一个文件。然后使用 javac 命令编译程序，输入：

```
javac -encoding UTF-8 HelloWorld.java
```

再次用 dir 命令查看，发现该文件夹下出现了一个以.class 为后缀的文件，即说明编译成功，如图 1-12 所示。

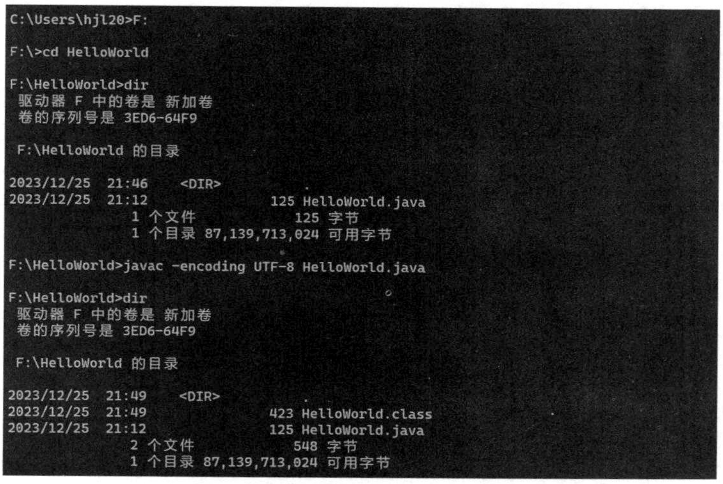

```
C:\Users\hjl20>F:

F:\>cd HelloWorld

F:\HelloWorld>dir
 驱动器 F 中的卷是 新加卷
 卷的序列号是 3ED6-64F9

 F:\HelloWorld 的目录

2023/12/25  21:46    <DIR>          .
2023/12/25  21:12               125 HelloWorld.java
               1 个文件            125 字节
               1 个目录 87,139,713,024 可用字节

F:\HelloWorld>javac -encoding UTF-8 HelloWorld.java

F:\HelloWorld>dir
 驱动器 F 中的卷是 新加卷
 卷的序列号是 3ED6-64F9

 F:\HelloWorld 的目录

2023/12/25  21:49    <DIR>          .
2023/12/25  21:49               423 HelloWorld.class
2023/12/25  21:12               125 HelloWorld.java
               2 个文件            548 字节
               1 个目录 87,139,713,024 可用字节
```

图 1-12　文件夹下的文件

源文件就是纯文本格式的文件，而 Java 的执行系统是无法直接识别的。因此必须对源代码进行编译，生成 Java 字节码的类文件之后才能运行。类文件是二进制的，具有统一格式，JVM 可以识别并执行。

如果编译器没有反馈错误信息，则证明编译成功。反之根据错误提示进一步修改程序，并重新执行编译操作。

1.3.2　运行

顺利完成以上步骤以后，类文件就可以执行了。Java 的解释器是 java，JVM 通过解释器执行类文件。执行以下命令，即可运行程序 HelloWorld：

```
java HelloWorld            //这里的 HelloWorld 是主类名称
```

输入命令并按回车键，结果如图 1-13 所示，会看到屏幕上显示 hello world，这就是程序输出的结果。

注意：如果出现程序执行失败，则可以尝试检查 Java 的 Path 环境变量是否配置正确。

```
F:\HelloWorld>java HelloWorld
hello world
```

图 1-13　运行 Java 程序

1.4　常见错误

1.4.1　编译时错误

一、错误提示内容 1

```
javac:Command not found
```

错误原因：包含 javac 编译器的路径变量设置错误。请检查环境变量的设置是否正确，大多数情况 javac 编译器都放在 JDK 下的 bin 目录中。

二、错误提示内容 2

```
HelloWorld.java:3:Method printl
(java.lang.String)not found in class java.io.Printstream.
System.out.printl("Hello World!");
```

错误原因：在此代码中，输入的方法名为 printl，但正确的方法名应为 println()。错误信息使用符号“^”指示系统无法找到的方法名，其中第一行的数字 3 表示错误发生在第 3 行（注释行不计算在内）。对于系统无法识别的标识符（由符号“^”指示的），可能出现以下几种原因：

1. 程序员可能犯了拼写错误，包括大小写不正确。
2. 方法所在的类可能未引入到当前的命名空间。
3. 实例所对应的类中可能未定义要调用的方法。

三、错误提示内容 3

```
HelloWorld.java:1:Public class HelloWorld must be
defined in a file called "Helloworld.java".
public class Helloworld{
                ^
```

错误原因：在文件 HelloWorld.java 中，定义的公有类 Helloworld 的名称与文件名不匹配。在 Java 中规定，如果一个 Java 文件包含一个公有类，那么文件名必须与类名完全相同。当文件名与类名不一致时，就会出现这个错误。在这个例子中，错误是由于名称中的字母"w"的大小写不一致导致的。

1.4.2 运行时错误

一、错误提示内容 1

```
Can't find class HelloWorld
```

错误原因：系统无法找到名为 HelloWorld 的类文件。通常来说，此错误表明类名与源文件名不一致。编译器在生成 filename.class 文件时，系统使用的是类定义的名称，并且对大小写敏感。

例如：

```
class HelloWorld {...}
```

java 编译器在编译完成后，会生成名为 HelloWorld.class 的类文件。在执行程序时，也需要使用这个文件名。当出现这个错误时，你可以使用文件查看命令，在 UNIX 系列平台上，使用 ls 命令（在 Windows 平台上，使用 dir 命令），来检查当前目录下是否存在相应的文件，并检查文件名的大小写是否匹配。

二、错误提示内容 2

```
In class HelloWorld: main must be public and static
```

错误原因：当 main()方法的左侧缺少 static 或 public，就会发生这个错误。main()方法前面的修饰符有特殊要求：public 表示该方法是公有的，static 表示该方法是一个静态方法（因为它是程序的入口点，无须创建类的实例就可以调用）。

在 Java 中，main()与标准 C 中的 main()函数地位是相同的。一个应用程序只允许有一个 main()方法，main()方法必须包含在一个类中，应用程序的外部标志就是该类。

三、文件中类的个数错误

错误原因：根据 Java 的规范，每个源文件最多只能包含一个公有类，否则将导致运行时错误。如果在一个应用程序中存在多个公有类，则必须将它们分别放置在不同的文件中。然而，一个文件中可以包含任意数量的非公有类，不受限制。这确保了 Java 编程的结构清晰性，使得每个文件对应于一个主要的公有类，而文件中的其他非公有类则可以作为辅助或内部实现而存在。

四、层次错误

错误原因：一个.java 源文件能够含有三个顶层元素，分别是包说明、引入语句、类和接口说明。

1．包说明（package 语句）。这是一个可选的元素，用于指定该源文件中的类所属的包。

2．引入语句（import 语句）。这是另一个可选的元素，允许引入其他包中的类，使其在当前文件中可用。

3．类和接口说明。这是源文件中的主体，包含了定义的类和接口。

这些元素必须按照一定的次序出现：引入语句必须在所有类说明之前出现。而如果使用了包说明，则包说明必须在所有类说明和引入语句前出现。

从总体上来看，Java 程序的结构可以概括为以下几个部分。

1．包说明（package 语句）：可以有零个或一个，必须放置在文件的开头。

2．引入语句（import 语句）：可以有零个或多个，必须放在所有类定义之前。

3．公有的（public）类定义：可以有零个或一个。

4．类定义：可以有零个或多个。

5．接口定义：可以有零个或多个。

在每个 Java 源文件中，至少包含一个类，但最多只能包含一个 public 类。如果源文件中存在 public 类，那么源文件的命名必须与该类的名称完全相同，而且大小写也必须一致。以下是一些正确的语句序列的示例：

```
//这是一个包说明语句，指定该源文件中的类属于“Transportation”包。
package Transportation;
//这是一个引入语句，导入 java.awt.Graphics 类，使其在当前文件中可用。
import java.awt.Graphics;
//这是另一个引入语句，导入 java.applet.Applet 类，使其在当前文件中可用。
import java.applet.Applet;
```

下面是错误的语句示例：

```
Import java.awt.Graphics;
import java.applet.Applet;
package Transportation;
```

错误原因：该例中在包说明语句之前含有其他语句。

```
package Transpo
rtation;
package House;
importjava.applet.Applet;
```

错误原因：该例中含有两个包说明语句。

1.5 使用 Java 核心 API 文档

JDK 文档包含许多 HTML 文件，这些文件构成了 JDK 提供的应用程序编程接口（API）文档，可以通过浏览器进行查阅。API 是 SUN 公司提供的使用 Java 语言开发的类集合，旨在协助程序员开发自己的类、Applet 和应用程序。Java 核心 API 是程序员最常使用的 API 之一。此外，还有其他可用的 API，包括 Java 商业 API、Java 服务器 API、Java 媒体 API、Java 管理 API 和 Java 嵌入式 API。

核心 API 文档按层次结构设计，以主页的形式呈现给用户。主页按链接方式列出每个包的所有内容。如果选择了特定的包，则页面将列出该包成员的所有内容。每个类都对应一个链接，选择该链接将提供有关该类的信息。每个类文档都遵循相同的格式，尽管根据具体的类，某些内容可能会缺失。Java 核心 API 文档共有 43 个包，每个包中都包含若干类和接口，这些又包含若干属性。API 文档按顺序列出了各个类的相应内容。

由于 Java 提供的内容非常丰富，读者不太可能在阅读一两本 Java 教科书后就能完全掌握。在实际编程中，API 是不可或缺的工具。实际上，正是由于其丰富的 API，Java 才取得了如此巨大的成功。

要查看文档，需要先从公司的网站下载文档文件。假设文件被存放在 jdk 目录下，可以通过在浏览器地址栏中输入 jdk\docs\index.html 来查看 JDK 文档。

Java 核心 API 文档的初始页面如图 1-14 所示。

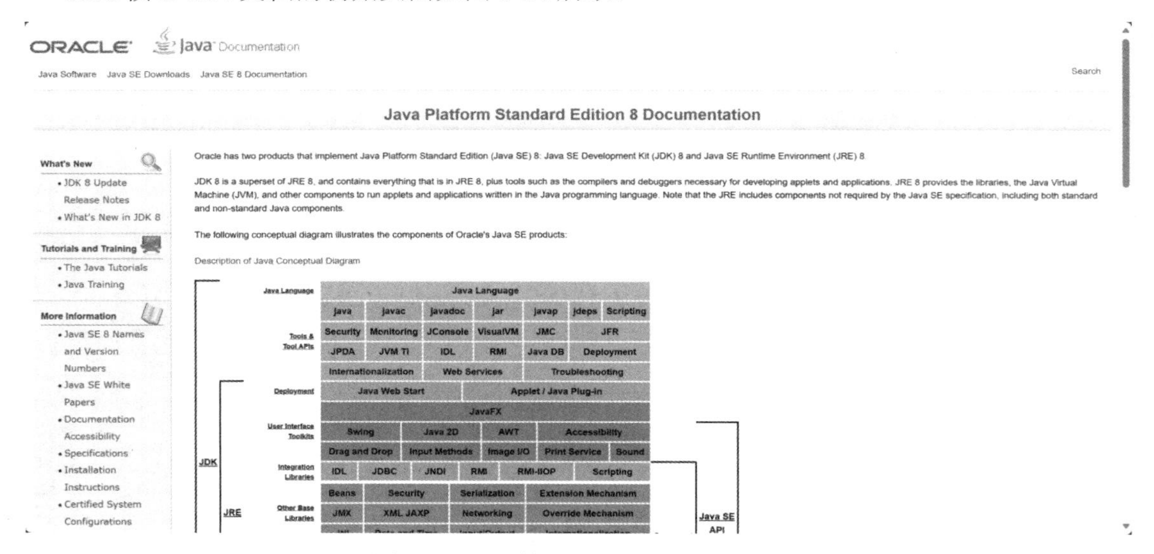

图 1-14　Java 核心 API 文档的初始页面

单击“Java SE API”进入类文档窗口，如图 1-15 所示。

这个窗口分为三部分：左上部分显示 Java JDK8 中提供的所有包的信息，在选中某个包之后，将在左下部分显示这个包中所有接口及类的信息。例如，选择查看 java.lang 包，窗口显示的包内的信息如图 1-16 所示。

如果想进一步查看包中 Integer 类的信息，可选中 Integer，右侧窗口部分将显示 java.lang 中 Integer 类的所有接口及类的内容（见图 1-17），向下拉动滚卷条，定位到所需的位置就可以了。

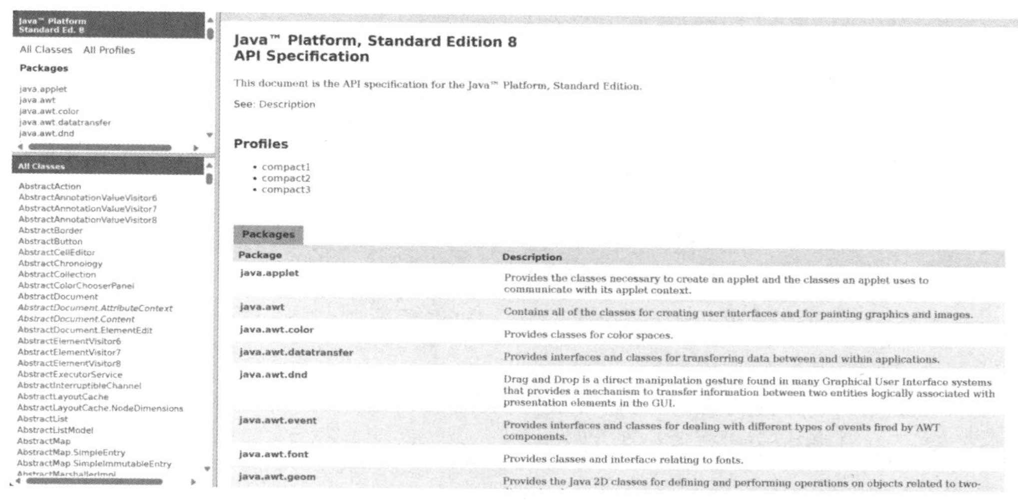

图 1-15　API 类文档窗口

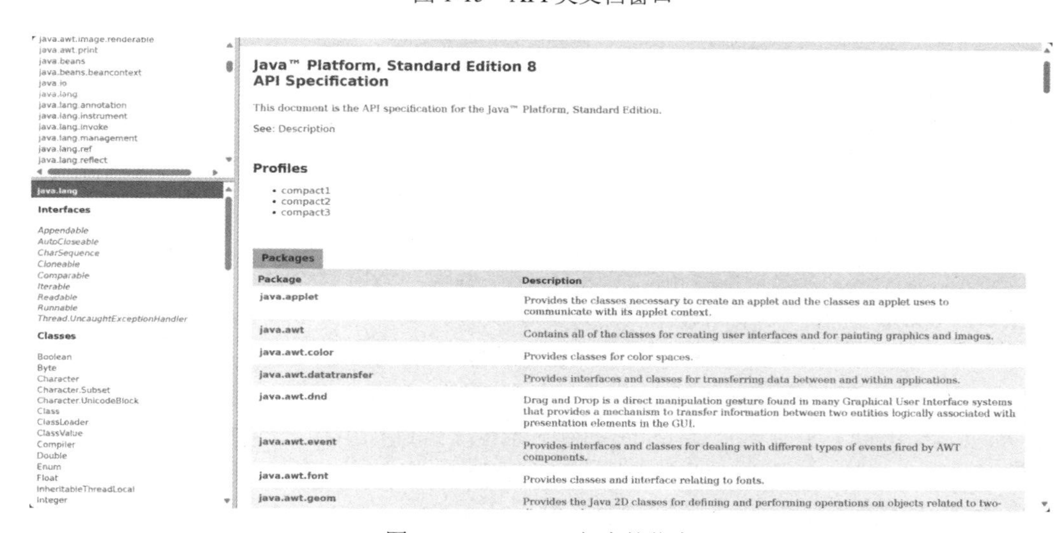

图 1-16　java.lang 包内的信息

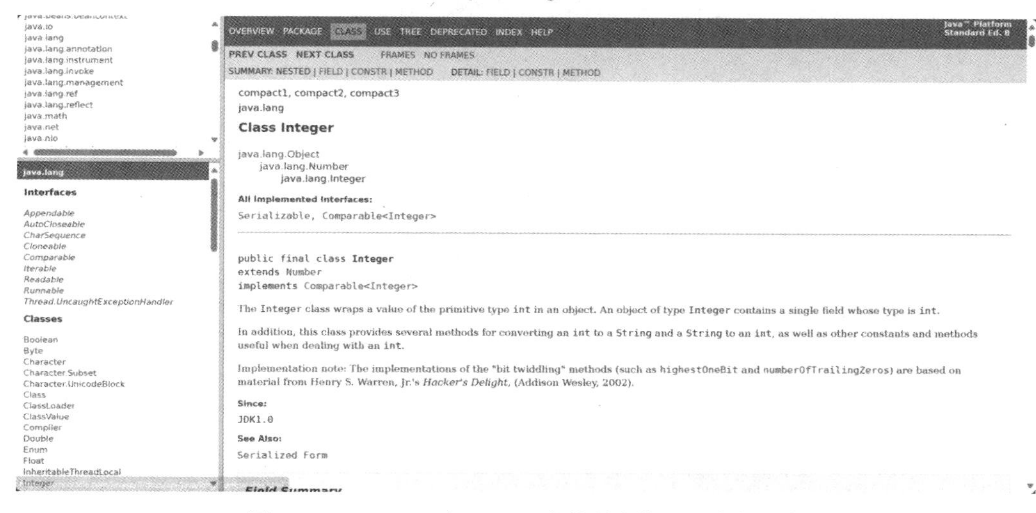

图 1-17　java.lang 中 Integer 类的所有接口及类的内容

通常情况下，一个类的信息可以分为以下几个部分：字段摘要（Field Summary）、构造方法摘要（Constructor Summary）、方法摘要（Method Summary）、字段详细信息（Field Detail）、构造方法详细信息（Constructor Detail）、方法详细信息（Method Detail）。

这 6 个部分是成对呈现的。摘要部分提供了相关内容的简要介绍，而相应的详细信息部分则详细列示了具体的内容。

在字段摘要中，列举了类中的成员变量信息，包括它们的名称、类型和含义。而字段详细信息部分则提供了对这些成员变量的详细介绍。

构造方法摘要中概述了类的构造方法信息，包括参数列表以及对创建实例的解释。构造方法详细信息则在构造方法详细信息部分进行展示。

在方法摘要中，可以找到要使用的方法名称。而在方法详细信息中，将会对该方法的使用进行详细介绍，包括调用参数和返回值的情况。

本章小结

本章着重介绍了 Java 语言的基本特性，其中包括其强大的面向对象编程范式、出色的跨平台能力以及稳健的代码健壮性。通过深入探讨 Java 的三层结构、虚拟机技术以及垃圾回收等核心概念，我们能够全面了解 Java 的基础架构，从而为后续的学习和实践奠定坚实的理论基础。

随后，学习了如何配置 Java 开发环境，从安装 Java Development Kit（JDK）到选择适合自己的开发工具，以确保我们能够顺利地进行 Java 编程。同时，通过实际编写基本的 Java 程序，如 Hello World 示例和简单的数据类型、控制流程代码，能够逐步掌握 Java 语言的基本语法和编程概念，并且深入了解程序的编译和运行过程。

最后，我们深入探讨了常见的编译时和运行时错误，并提供了解决这些错误的方法和调试技巧。同时，还介绍了如何充分利用 Java 核心 API 文档进行更深入的学习和问题解决，以帮助我们在实践中不断提升自己的编程技能。学习这些基础知识不仅让我们打下了扎实的基础，也为我们进一步学习和应用 Java 编程提供了有力的支持。

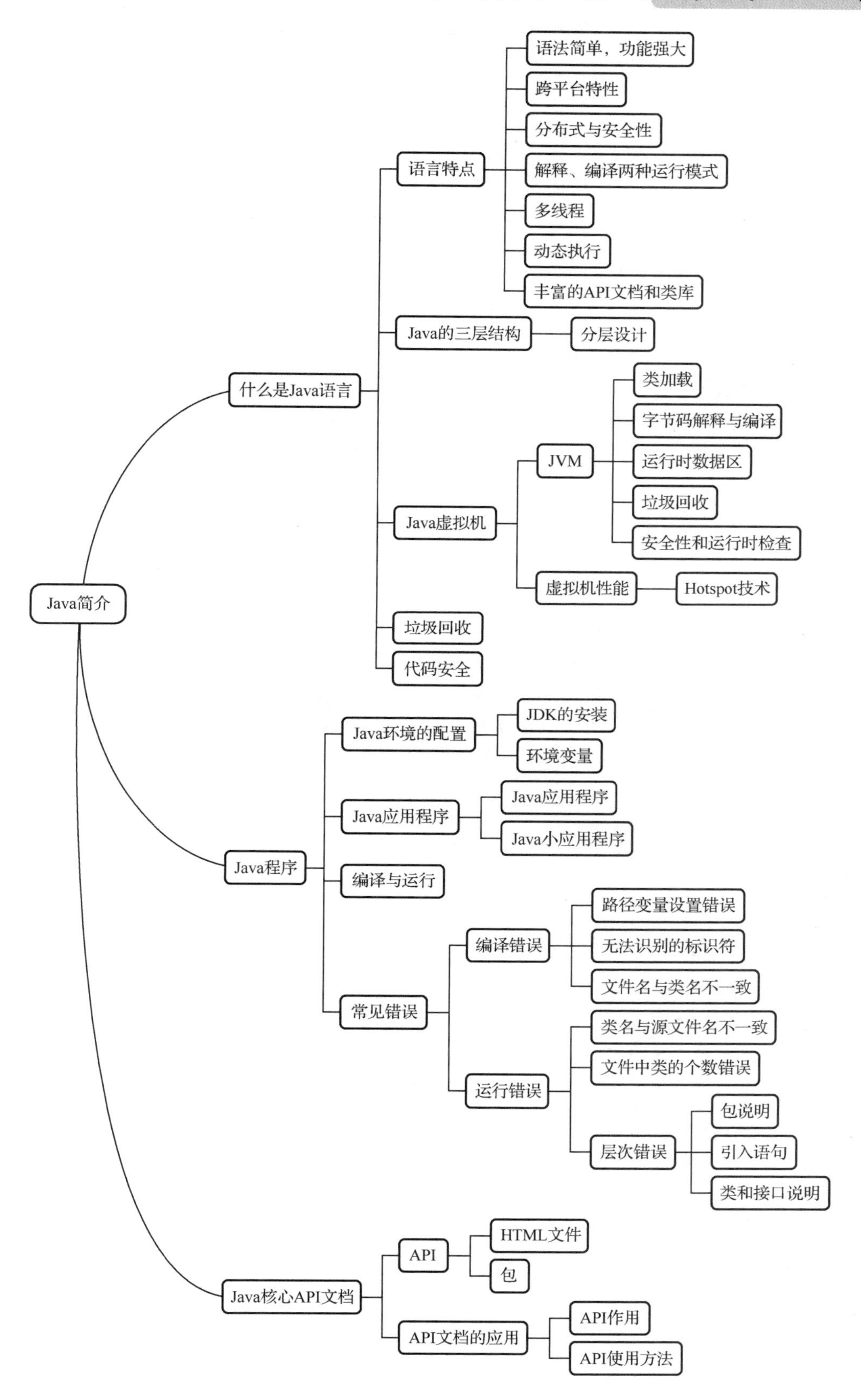
Java简介
什么是Java语言
语言特点
语法简单，功能强大
跨平台特性
分布式与安全性
解释、编译两种运行模式
多线程
动态执行
丰富的API文档和类库
Java的三层结构
分层设计
Java虚拟机
JVM
类加载
字节码解释与编译
运行时数据区
垃圾回收
安全性和运行时检查
虚拟机性能
Hotspot技术
垃圾回收
代码安全
Java程序
Java环境的配置
JDK的安装
环境变量
Java应用程序
Java应用程序
Java小应用程序
编译与运行
常见错误
编译错误
路径变量设置错误
无法识别的标识符
文件名与类名不一致
运行错误
类名与源文件名不一致
文件中类的个数错误
层次错误
包说明
引入语句
类和接口说明
Java核心API文档
API
HTML文件
包
API文档的应用
API作用
API使用方法

习题 1

一、选择题

1．Java 语言的特点不包括（　　）。

A．跨平台性　　B．面向对象　　C．静态编译　　D．多线程支持

2．Java 虚拟机（JVM）的主要作用是（　　）。

A．编译 Java 源代码　　B．解释和执行 Java 字节码

C．控制内存分配　　D．提供图形用户界面

3．在 Java 的三层结构中，处理层的主要功能是（　　）。

A．与底层硬件交互　　B．执行应用程序的逻辑

C．提供图形用户界面　　D．控制程序的运行时错误

4．下列哪个不是 Java 语言的数据类型？（　　）

A．int　　B．Float　　C．char　　D．string

5．编译 Java 程序的命令是（　　）。

A．java　　B．javac　　C．compile　　D．Run

二、判断题

1．在 Java 程序的编译过程中，将源代码编译为字节码的命令是 java。（　　）

2．在 Java 环境的配置中，配置 JDK 的路径是指定环境变量 JAVA_HOME 的值。（　　）

3．Java 中用于捕获和处理异常的关键字是 try。（　　）

4．Java 的自动内存管理机制是通过 JVM（Java 虚拟机）实现的。（　　）

5．Java 核心 API 文档中查找类和方法信息的工具是 javadoc。（　　）

三、编程题

编写一个 Java 程序，输出“HelloWorld!”。

拓展阅读 1

Java 发展史

Java 是在 1991 年由 SUN 公司的 James Gosling（Java 之父）及其团队所研发的一种编程语言，开发第一个版本耗时 18 个月，最开始被命名为 Oak（一种橡树）。Java 现在广泛应用于各种大型互联网应用，其设计的最初动机主要是平台独立（即体系结构中立）语言的需要，可以嵌入到各种消费类电子设备（家用电器等），但市场反应不佳。

随着 20 世纪 90 年代互联网的发展，SUN 公司看到了 Oak 在互联网上的应用场景，在 1995 年将其更名为 Java（印度尼西亚爪哇岛的英文名称，因盛产咖啡而闻名）。随着互联网的崛起，Java 逐渐成为重要的 Web 应用开发语言。Java 的发展可以主要看 Java Web 的发展，Java 也见证了互联网的发展过程。

发展至今，Java 不仅是一门编程语言，还是一个由一系列计算机软件和规范组成的技术体系。Java 是几乎所有类型的网络应用程序的基础，也是开发和提供嵌入式与移动应用程序、游戏、基于 Web 的内容和企业软件的全球标准。

（来源：知乎，作者：星光）

拓展阅读 2

IDE 介绍

集成开发环境（Integrated Development Environment，IDE）是用于提供程序开发环境的应用程序，一般包括代码编辑器、编译器、调试器和图形用户界面等工具，集成了代码编写功能、分析功能、编译功能、调试功能等一体化的开发软件服务套。所有具备这一特性的软件或者软件套（组）都可以叫集成开发环境，如微软的 Visual Studio 系列，Borland 的 C++ Builder、Delphi 系列等。该程序可以独立运行，也可以和其他程序并用。IDE 多被用于开发 HTML 应用软件。例如，许多人在设计网站时使用 IDE（如 HomeSite、Dreamweaver 等），因为很多项任务会自动生成。编程开发软件将编辑、编译、调试等功能集成在一个桌面环境中，这样就大大方便了用户。

优点：

节省时间和精力。IDE 的目的就是要让开发更加快捷方便，通过提供工具和各种性能来帮助程序员组织资源，减少失误，提供捷径。

建立统一标准。当一组程序员使用同一个开发环境时，就建立了统一的工作标准，当 IDE 提供预设的模板，或者不同团队分享代码库时，这一效果就更加明显了。

管理开发工作。首先，IDE 提供文档工具，可以自动输入程序员评论，或者迫使程序员在不同区域编写评论。其次，IDE 可以展示资源，更便于发现应用所处位置，无须在文件系统里面艰难搜索。

缺点：

学习曲线问题。IDE 基本上是比较复杂的工具，为了更好地熟练使用，需要一定的时间和耐心。

初学者的困难。对初学者来说，使用 IDE 来学习开发有相当的难度，不适合在学习一种新语言时使用。

无法修复坏代码或设计。程序员不能完全依赖工具的便捷，还是必须保持专业水准和熟练度，开发的成果好坏主要还是看开发员的技术。

（来源：CSDN 开发者社区，作者：王家五哥）

拓展阅读 3

Java 跨平台原理

1. 编译 Java 代码生成字节码（.class）文件；不同平台编译的字节码文件是相同的。
2. 字节码不能直接运行，必须通过对应的 JVM 编译为机器码才能运行。

我们编写的 Java 代码，编译后会生成.class 文件（字节码文件），（某系统）Java 虚拟机负责将字节码文件编译（转译）成对应系统下的机器码然后运行。也就是说，只要在不同平台上安装对应的 JVM，就可以运行 Java 程序。

在这个过程中，Java 程序没有任何改变，仅仅通过 JVM，就能在不同平台上运行，真正实现了“一次编译，到处运行”。

JVM 是实现 Java 程序跨平台的关键。

注意：跨平台的是 Java 程序，而不是 JVM，不同系统需要安装对应版本的 JVM。

（来源：CSDN 开发者社区，作者：月复西斜）

第 2 章　标识符与数据类型

Java 语言通过标识符与数据类型搭建起沟通的桥梁。标识符如同赋予变量、方法与类生命的名字，是思想的具象化符号；而数据类型从基本到引用，是构建程序王国的基石。它们是思想的形态，使得我们能以精确而清晰的方式，在代码的海洋中捕捉并表达想法。本章我们将深入 Java 的奥秘，启程这场用代码勾勒思想的旅程。

本章学习目标

一、知识目标

1．掌握 Python 语言基础，包括变量的声明、初始化和使用。

2．理解并掌握 Python 中的类型转换，包括自动类型转换和强制类型转换。

3．了解 Python 的命名规则和约定，以及如何正确地定义标识符。

4．掌握 Python 的基本数据类型，并初步了解复合数据类型。

二、技能目标

1．可以编写 Python 程序，实现变量的声明、初始化和使用。

2．能够在 Python 程序中实现自动类型转换和强制类型转换，处理各种数据类型。

3．可以创建符合 Python 命名规则和约定的标识符，提高代码的可读性和可维护性。

4．能够在 Python 程序中使用基本和复合数据类型，处理更复杂的数据结构。

三、情感态度与价值目标

1．培养对 Python 编程和数据处理的热情，对 Python 语言保持持续的兴趣和学习欲望。

2．在编写 Python 程序的过程中，培养良好的编程习惯，遵循 Python 的命名规则和约定，理解其对代码可读性和维护性的重要性。

2.1　Java 的基本语法单位

Java 是一种静态类型的面向对象编程语言，以类、变量、方法和运算符为基本语法单位。类定义对象的属性和行为；变量用于存储数据；方法包含特定任务的代码块；运算符执行运算。理解这些基本元素是掌握 Java 和编写高效程序的关键。

2.1.1　空白注释及语句

一、空白

空白是指在代码中没有实际意义的空格、制表符、换行符和注释。空白主要有两个作用。

1．分隔符：空白可以用于分隔代码中的标识符、关键字、运算符和常量等，以提高代码的可读性。例如，在变量赋值语句中，等号前后的空白可以使代码更清晰易懂，如“int x = 10;”。

2．提高可读性：适当的空白可以使代码更易读，使代码块、表达式和语句的结构更清晰明了。例如，在方法的参数列表中，使用空格将参数分隔开可以提高可读性，如“public void printNumbers(int a, int b, int c)”。

另外，空白还可以用于缩进代码块，以在视觉上表示代码的层次结构。缩进可以使代码块的逻辑结构更加清晰，便于理解和维护。需要注意的是，Java 编译器会忽略空白，因此在语法上不会对程序的执行产生影响。然而，良好的空白使用习惯可以提高代码的可读性和可维护性，使代码更易于理解和修改。

空白的应用如下所示：

```
public class HelloWorld {
    public static void main(String[] args) {
        System.out.println("Hello, World!");
    }
}
```

在上述代码中，空白被用于分隔关键字、类名、方法名、参数列表和语句，使代码更易读。

二、注释

注释是一种特殊的文本标记，用于对代码进行解释、说明和文档化。这些注释在编译过程中会被编译器忽略，不会被翻译成可执行的代码。它们的主要作用是帮助其他开发人员更好地理解代码的意图和功能，提高代码的可读性和可维护性。通过合理使用注释，可以使代码更加易于理解和修改，提高团队协作的效率。

1．单行注释：以双斜线//开始，直到行末为止，用于在一行中对代码进行短暂的解释或说明。

```
//这是一个单行注释
int age = 25; //定义一个年龄变量
```

2．多行注释：以斜线星号 /* 开始，以星号斜线 */ 结束，用于注释一段代码或多行代码。

```
/*
这是一个多行注释的示例。
它可以跨越多行，用于对代码块进行详细解释。
*/
int sum = a + b; //计算两个数的和。
```

3．文档注释：以斜线双星号 /** 开始，以星号斜线 */ 结束，用于生成文档，可以通过工具生成 API 文档。

```
/**
 * 这是一个文档注释的示例。
 * 它可以包含对类、方法、字段等的详细描述。
 */
Public class MyClass {
    /**
     * 这是一个方法的文档注释。
     * 它描述了方法的功能、参数和返回值。
     * @param a  第一个参数
     * @param b  第二个参数
     * @return  两个参数的和
     */
```

```
        public int add(int a, int b) {
            return a + b;
        }
    }
```

此外，文档注释还可以使用标签（以@开头）来提供更多的信息，例如@param 用于描述方法参数，@return 用于描述返回值等。

三、语句、分号和块

语句是用来执行特定操作的代码单元。每条语句通常以分号（;）结尾，表示语句的结束。常见的语句类型包括表达式语句、声明语句、控制流语句和块。

表达式语句：用于执行计算或操作，例如赋值语句和方法调用语句。

声明语句：用于声明变量或常量。

控制流语句：用于控制程序的执行流程，包括条件语句（if-else）、循环语句（for、while、do-while）和跳转语句（break、continue、return）。

块：由一对花括号括起来的一组语句，用于形成逻辑上的代码块，常用于控制流语句和创建局部作用域。

2.1.2 关键字

关键字是一类具有特定含义的保留字，它们用于构建语言结构、实现功能或设定限制。这些关键字具有预先定义的用途，不可用作标识符（如变量名、方法名等）。关键字涵盖了定义类、变量、方法、控制流程等各个方面，通过运用这些关键字，可编写符合语法规范的程序。常用关键字如表 2-1 所示。

表 2-1 常用关键字

关 键 字	作 用
if	条件语句关键字，用于根据表达式的值决定是否执行代码块
else	否则关键字，与 if 配合使用，定义条件不满足时执行的代码块
while	循环关键字，用于创建一个循环，只要条件为真，循环体就会执行
for	循环关键字，用于创建一个循环，初始化表达式、条件表达式和迭代表达式分别定义了循环的起始、条件和增量
break	中断关键字，用于立即退出当前所在的循环结构
continue	继续执行关键字，用于跳过当前循环的剩余代码，直接进入下一次循环
return	返回关键字，用于从方法中返回一个值
void	无返回值关键字，用于声明没有返回值的方法
this	当前对象关键字，用于引用当前对象的成员
super	超类关键字，用于引用当前对象的超类的成员
class	类定义关键字，用来声明一个类，定义类的属性和方法
interface	接口关键字，用来声明一个接口，接口中只包含方法的声明，没有具体的实现
extends	继承关键字，用于子类中，指定父类的类型，实现继承机制
implements	接口实现关键字，用于类中，指定类实现的接口
public	公共访问关键字，用来定义类的公共成员，它们可以在任何地方被访问
private	私有访问关键字，用来定义类的私有成员，它们只能在类内部被访问

总的来说，关键字就像社会主义法治社会的法律法规，为我们的编程行为设定了明确的界限。它们在多个方面发挥作用，就如同我们在建设社会主义现代化国家时需要全面考虑一样。这些关键字引导我们遵循正确的编程规范，引导我们树立正确的价值观，让我们在编程的世界里，也能体验到遵循规则的力量和秩序之美。

2.1.3　标识符

标识符是用于指代变量、方法、类、接口及其他程序实体的名称。标识符的构成要素包括字母、数字、下画线以及美元符号，但在使用过程中，必须遵循一定的命名规范和约定。以下列举了标识符的关键规则与惯例：

1．由字母、数字、下画线（_）和美元符号（$）组成。

2．第一个字符必须是字母、下画线或美元符号，不能是数字。

3．区分大小写，例如，myVariable 和 myvariable 是不同的标识符。

4．不能是关键字和保留字，如 class、public、if 等。

5．具有描述性，以提高代码的可读性。例如，firstName、calculateTotal 等。

以下是一些符合标识符命名约定的示例：

```
int age; //变量名为 age
String firstName; //变量名为 firstName
void calculateTotal() { //方法名为 calculateTotal
    //方法体
}
class MyClass { //类名为 MyClass
    //类定义
}
interface MyInterface { //接口名为 MyInterface
    //接口定义
}
```

请注意，尽管允许美元符号（$）作为标识符的一部分，但在常规编码实践中，美元符号通常仅用于自动生成代码或特定用途。因此，不建议在手动编写的代码中使用美元符号作为标识符。为提高代码的可读性和可维护性，应选择具有实际意义且符合命名约定的标识符。由此可见，妥善选择标识符命名至关重要。

2.2　基本数据类型

2.2.1　基本数据类型简介

基本数据类型是预定义的用于存储和操作基本数据的固定类型。它们涵盖了整数类型（如 int、long）、浮点数类型（如 float、double）、字符类型（如 char）以及布尔类型（如 boolean）等。这些数据类型具有明确的大小和范围，并在内存中占用特定的空间。借助基本数据类型，可以声明变量、执行数值计算、存储字符和布尔值等操作。基本数据类型的应用简洁且高效，是 Java 编程中不可或缺的基础组成部分。

一、布尔类型（boolean）

用于表示逻辑值。其取值仅限于 true（真）和 false（假）两种可能，主要应用于条件判断

和程序控制流程，构成诸如 if-else 语句、while 循环、for 循环等控制结构的核心部分。在声明布尔类型变量时，采用 boolean 关键字，此后，变量可赋予 true 或 false 值。布尔类型变量可参与逻辑运算，包括"与"（&&）、"或"（||）和"非"（!）操作，这些运算符使我们能够组合或修改布尔表达式，构建更为复杂的逻辑条件。

二、整数类型（byte、short、int、long）

用于表示不含小数部分的数值。Java 提供了 4 种不同大小的整型，包括字节（byte）、短整型（short）、整型（int）和长整型（long），它们各自具有不同的位数和取值范围，以满足各种编程需求。如表 2-2 所示的是 4 种整数类型。

表 2-2　4 种整数类型

类　型	字 节 大 小	取 值 范 围	是否有符号
byte	1 字节	$-2^{7}\sim2^{7}-1$	是
short	2 字节	$-2^{15}\sim2^{15}-1$	是
int	4 字节	$-2^{31}\sim2^{31}-1$	是
long	8 字节	$-2^{63}\sim2^{63}-1$	是

以下是对 4 种整数类型的应用：

```
//byte: 范围从-128 到 127
byte b = 100;
//byte b = 200; //这行代码会报错，因为 200 超出了 byte 的取值范围

//short: 范围从-32768 到 32767
short s = 20000;
//short s = 40000; //这行代码会报错，因为 40000 超出了 short 的取值范围

//int: 范围从-2,147,483,648 到 2,147,483,647
int i = 2000000000;
//int i = 3000000000; //这行代码会报错，因为 3000000000 超出了 int 的取值范围

//long: 范围从-9,223,372,036,854,775,808 到 9,223,372,036,854,775,807
long l = 3000000000L; //注意末尾的 L，表示这是一个 long 型的字面量
//long l = 9223372036854775808L; //这行代码会报错，因为 9223372036854775808 超出了 long 的取值范围
```

三、浮点类型（double,float）

用于表示含有小数的部分的数值。Java 提供了两种浮点类型：float 和 double，它们分别代表单精度和双精度浮点数。在内存中，float 占用 4 字节，而 double 占用 8 字节，这使得 double 类型能够提供更大的范围和更高的精度。如表 2-3 所示的是两种浮点类型。

表 2-3　两种浮点类型

类　型	占用存储空间	取 值 范 围	有 效 数 字	默 认 类 型
float	4 字节	$-2^{45}\sim2^{45}$	约 6～7 位	double
double	8 字节	$-2^{1022}\sim2^{1022}$	约 15 位	double

以下是对两种浮点类型的应用：

```
//声明和初始化一个 float 变量
float myFloat = 5.25f;
```

```
System.out.println("Float value: " + myFloat);

//声明和初始化一个 double 变量
double myDouble = 5.25;
System.out.println("Double value: " + myDouble);
```

四、字符类型（char）

用于存储单个字符。char 类型的大小为 16 位，用于表示 Unicode 字符（包括 ASCII 字符）。虽然 char 类型在底层表示为一个无符号的 16 位整数，但其主要用途是存储字符而非数值。在 Java 中，char 类型常用于处理文本数据，而不是进行数值运算。以下是对字符类型的应用：

```
//声明和初始化一个 char 变量
char c = 'A';
System.out.println("Character value: " + c);

//使用转义序列
char newline = '\n';
System.out.println("Newline character: " + newline + "See?");

//使用 Unicode 值
char unicodeChar = '\u0041';
System.out.println("Unicode character: " + unicodeChar);
```

例 2.1　在当前的在线教育环境中，学生们需要通过观看视频来学习各种知识。某在线教育平台上的一门课程包含 10 个视频，每个视频的长度分别为 15 分钟、20 分钟、30 分钟、25 分钟、18 分钟、22 分钟、26 分钟、35 分钟、28 分钟和 32 分钟。要求编写一个程序，计算学生观看整门课程的视频需要多少小时。

引导 Copilot 生成代码的提示语如下：

```
//某在线教育平台上的一门课程包含 10 个视频，每个视频的长度分别为 15 分钟、20 分钟、30 分钟、25 分钟、18 分钟、22 分钟、26 分钟、35 分钟、28 分钟和 32 分钟。要求编写一个程序，计算学生观看整门课程的视频需要多少小时。
```

Copilot 生成的代码如图 2-1 所示。

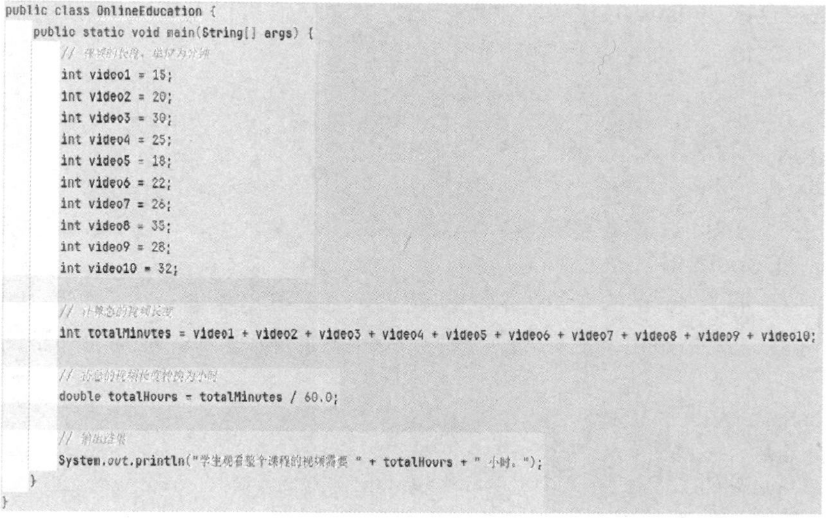

```
public class OnlineEducation {
    public static void main(String[] args) {
        // 视频的长度，单位为分钟
        int video1 = 15;
        int video2 = 20;
        int video3 = 30;
        int video4 = 25;
        int video5 = 18;
        int video6 = 22;
        int video7 = 26;
        int video8 = 35;
        int video9 = 28;
        int video10 = 32;

        // 计算总的视频长度
        int totalMinutes = video1 + video2 + video3 + video4 + video5 + video6 + video7 + video8 + video9 + video10;

        // 将总的视频长度转换为小时
        double totalHours = totalMinutes / 60.0;

        // 输出结果
        System.out.println("学生观看整个课程的视频需要 " + totalHours + " 小时。");
    }
}
```

图 2-1　Copilot 生成的代码（课程视频时间的计算）

在例 2.1 中，代码首先定义了每个视频的长度（以分钟为单位），然后将所有视频的长度相加，得出总的视频长度。接着，将总的视频长度转换为小时。最后，输出学生观看整门课程视频所需的总时间（以小时为单位）。

2.2.2 类型转换

类型转换在编程领域中起到了不可或缺的作用，它能够灵活地变换数据类型。类型转换可以分为隐式转换和显式转换。隐式转换通常在较小的数据类型赋值给较大的类型时自动进行，而显式转换则需要明确指示。通过类型转换，能够增强代码的适应性和操作范围，确保各类数据源的兼容性。然而，在进行类型转换时，需要特别谨慎。特别是在显式转换时，如果不当操作则可能会导致数据丢失。因此，合理利用类型转换能够提升代码效率和灵活性，但同时也需要注意避免潜在的数据丢失风险。表示数据范围从小到大如图 2-2 所示。

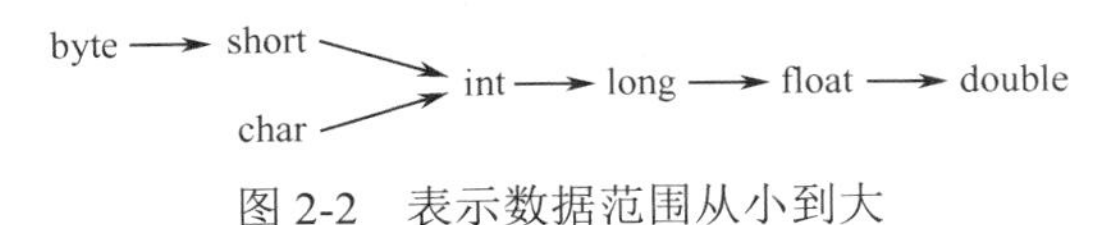

图 2-2　表示数据范围从小到大

以下是对类型转换的应用：

```
//隐式转换
int myInt = 10;
double myDouble = myInt;                    //一个整数自动转换为一个双精度浮点数
System.out.println(myDouble);               //输出 10.0

//显式转换
double anotherDouble = 9.78;
int anotherInt = (int) anotherDouble;       //一个双精度浮点数被强制转换为一个整数
System.out.println(anotherInt);             //输出 9，因为小数部分被截断
```

2.2.3 字面量与常量

一、字面量（Literal）

字面量是指直接在 Java 源代码中出现的固定值。它们可以是整型、浮点型、字符型、布尔型或字符串型的值。字面量在程序编译时就已经确定，并且在运行时不会被改变。例如：

```
int a = 5; //整型字面量
double b = 3.14; //浮点型字面量
char c = 'A'; //字符型字面量
boolean d = true; //布尔型字面量
String e = "Hello World"; //字符串型字面量
```

二、常量（Constant）

常量是指被声明为 final 的变量，它们在初始化之后其值不能被改变。常量必须在声明时进行初始化，而且只能初始化一次。常量的值可以是字面量，也可以是其他类型的常量表达式。例如：

```
public static final int PI = 3; //整型常量
public static final String Version = "1.0"; //字符串型常量
public static final double EULER = 2.718281828459045; //浮点型常量
```

字面量是源代码中直接出现的固定值，如整数、浮点数、字符、布尔值或字符串，它们在编译时确定，并在运行时不可变。常量则是被声明为 final 的变量，其值在初始化后也不可改变。字面量可以作为常量的一种形式，它们都表示程序中的不变量。字面量在编译时就已经确定，而常量在类加载时被初始化。此外，字面量通常存储在常量池中，可以被多个类或接口共享。

例 2.2 北京奥林匹克公园是 2008 年北京奥运会的主要场馆区，占地面积大约 680 公顷。公园的设计大致呈长方形形状，长边约为 2.2 公里（即千米），短边约为 1.8 公里。由于地球的曲率，实际测量的面积会稍微小于理论的平方公里数。为了精确计算这个差异，公园的设计师们定义了一个常量 AREA_ADJUSTMENT_FACTOR，其值为 0.9997。要求编写一个程序，计算并打印出这个公园的理论和实际面积（单位为平方公里和平方米），以及周长（单位为公里和米）。

复制题目引导 Copilot 生成的代码如图 2-3 所示。

```java
public class Main {
    public static void main(String[] args) {
        // 定义常量
        final double LENGTH = 2.2; // 公园的长度（公里）
        final double WIDTH = 1.8; // 公园的宽度（公里）
        final double AREA_ADJUSTMENT_FACTOR = 0.9997; // 面积调整因子

        // 计算理论面积（平方公里）
        double theoreticalAreaKm = LENGTH * WIDTH;
        // 计算实际面积（平方公里）
        double actualAreaKm = theoreticalAreaKm * AREA_ADJUSTMENT_FACTOR;

        // 计算理论面积（平方米）
        double theoreticalAreaM = theoreticalAreaKm * 1e6;
        // 计算实际面积（平方米）
        double actualAreaM = actualAreaKm * 1e6;

        // 计算周长（公里）
        double perimeterKm = 2 * (LENGTH + WIDTH);
        // 计算周长（米）
        double perimeterM = perimeterKm * 1e3;

        // 打印结果
        System.out.printf("理论面积: %.4f 平方公里 或 %.2f 平方米\n", theoreticalAreaKm, theoreticalAreaM);
        System.out.printf("实际面积: %.4f 平方公里 或 %.2f 平方米\n", actualAreaKm, actualAreaM);
        System.out.printf("周长: %.4f 公里 或 %.2f 米\n", perimeterKm, perimeterM);
    }
}
```

图 2-3 复制题目引导 Copilot 生成的代码（北京奥林匹克公园面积和周长的计算）

在例 2.2 中，首先定义了三个关键参数：公园的长度、宽度以及一个面积调整因子。这些参数都是双精度浮点数，代表了公园的物理尺寸和地球曲率对面积的微小影响。接着利用这些参数通过基本的数学运算计算出了公园的理论面积（长度乘以宽度）和周长（两倍的长度加宽度），这些计算都是在公里级别进行的。然后，根据预设的面积调整因子得到了公园的实际面积。这个因子代表了地球曲率对面积的微小影响，使得实际面积略小于理论面积。最后，为了更方便地理解和比较，将所有的计算结果，包括理论面积、实际面积和周长，都从原始的公里或平方公里单位，转换为了更常用的米或平方米单位。这个转换是通过乘以相应的转换因子（1e3 或 1e6）完成的。使用 System.out.printf 函数将所有的计算结果打印出来，这些结果都以公里和米两种单位给出，以便于进行比较和理解。

2.2.4 变量、声明和赋值

变量的声明与赋值占据着至关重要的地位。变量可以被视为存储数据的容器，使我们能够在程序中保存和操作数据。通过声明变量，可以告诉计算机需要一个特定类型的数据存储空间，而通过赋值，将实际数据放入已声明的变量中，以便进行后续的处理和应用。

例 2.3 在一个远离尘世的星球上，存在两种珍稀的宝石，一种叫作“星辉石”，另一种叫作“月影石”。一位勇敢的探险家，决定去寻找这两种宝石。要求：声明两个整型变量，分别命名为 starShineGems 和 moonShadowGems。starShineGems 的数量为 5，moonShadowGems 的数量为 7。然后，声明一个整型变量 totalGems，并计算探险家找到的所有宝石的总数。最后，打印出 totalGems 的值，展示探险家的丰富收获。

引导 ChatGPT 生成代码的提示语如下：

```
//声明两个整型变量，分别命名为 starShineGems 和 moonShadowGems。starShineGems 的数量为 5，moonShadowGems 的数量为 7。然后，声明一个整型变量 totalGems 来存储 starShineGems 和 moonShadowGems 的和，然后打印 totalGems 的结果。
```

ChatGPT 生成的代码如图 2-4 所示。

```java
public class Main {
    public static void main(String[] args) {
        int starShineGems = 5;
        int moonShadowGems = 7;
        int totalGems = starShineGems + moonShadowGems;
        System.out.println("Total gems collected: " + totalGems);
    }
}
```

图 2-4 ChatGPT 生成的代码（探险家的收获）

输出结果如下：

```
Total gems collected: 12
```

总而言之，变量的声明与赋值就如同社会主义建设中的目标设定与实际行动。我们需要明确的目标（声明变量）和实际行动（赋值操作）来实现社会主义现代化梦想。在编程的世界里，我们也能体验到设定目标和采取实际行动的重要性。

2.3 复合数据类型

一、类（Class）

类是 Java 中的核心复合数据类型，它的设计源自面向对象编程的概念。在早期的程序设计中，需要在不同的地方处理数据并对其进行操作，这导致了代码的重复和难以维护。为解决这个问题，人们提出面向对象的编程方法，将数据和操作数据的方法封装在一起，形成了类的概念。类可以包含字段（也就是变量）和方法，这使得可以创建更复杂的数据结构，以满足更复杂的业务需求。

二、数组（Array）

数组是一种基本的复合数据类型，它的设计源于早期编程语言中数组的概念。在早期的编程语言中，如果需要存储多个同一类型的数据，就需要声明多个变量，这无疑增加了代码的复杂性。为解决这个问题，人们设计了数组的概念，可以用一个变量名来存储多个同一类型的数据。

三、接口（Interface）

接口是一种复合数据类型，它的设计源于面向对象编程中的多态性概念。在面向对象编程中，为增加代码的复用性和灵活性，人们提出了多态性的概念，即一个对象可以有多种形态。接口定义了一种规范，规定了实现该接口的类必须要实现哪些方法，这就为实现多态性提供了可能。

四、枚举（Enum）

枚举是 Java 5.0 版本引入的复合数据类型，它的设计源于人们对于限制变量取值范围的需求。在早期的编程语言中，如果需要限制一个变量的取值范围，就需要编写大量的验证代码，这无疑增加了代码的复杂性。为解决这个问题，人们引入了枚举的概念，可以定义一组预设的常量，使得变量只能取这些预设的值。

本章小结

本章主要介绍了 Java 的标识符与数据类型。

1．标识符：用来命名变量、方法、类等。标识符必须遵循特定的命名规则和约定，例如，不能以数字开头，不能使用关键字等。

2．基本数据类型：Java 有 4 种基本数据类型，包括整数类型（byte、short、int、long）、浮点类型（float、double）、字符类型（char）和布尔类型（boolean）。每种类型都有其特定的取值范围和内存大小。

3．变量：必须声明变量的类型并初始化它们才能使用，其值是可以改变的。

4．常量：常量是只能被赋值一次的变量。使用 final 关键字定义常量。常量的命名通常使用全大写字母。

5．类型转换：分为自动类型转换（小范围类型到大范围类型的转换）和强制类型转换（大范围类型到小范围类型的转换）。

6．引用数据类型：除了基本数据类型，Java 还支持引用数据类型，包括类、接口和数组。引用类型和基本类型的主要区别在于引用类型的变量存储的是对象在内存中的地址，而基本类型的变量直接存储值。

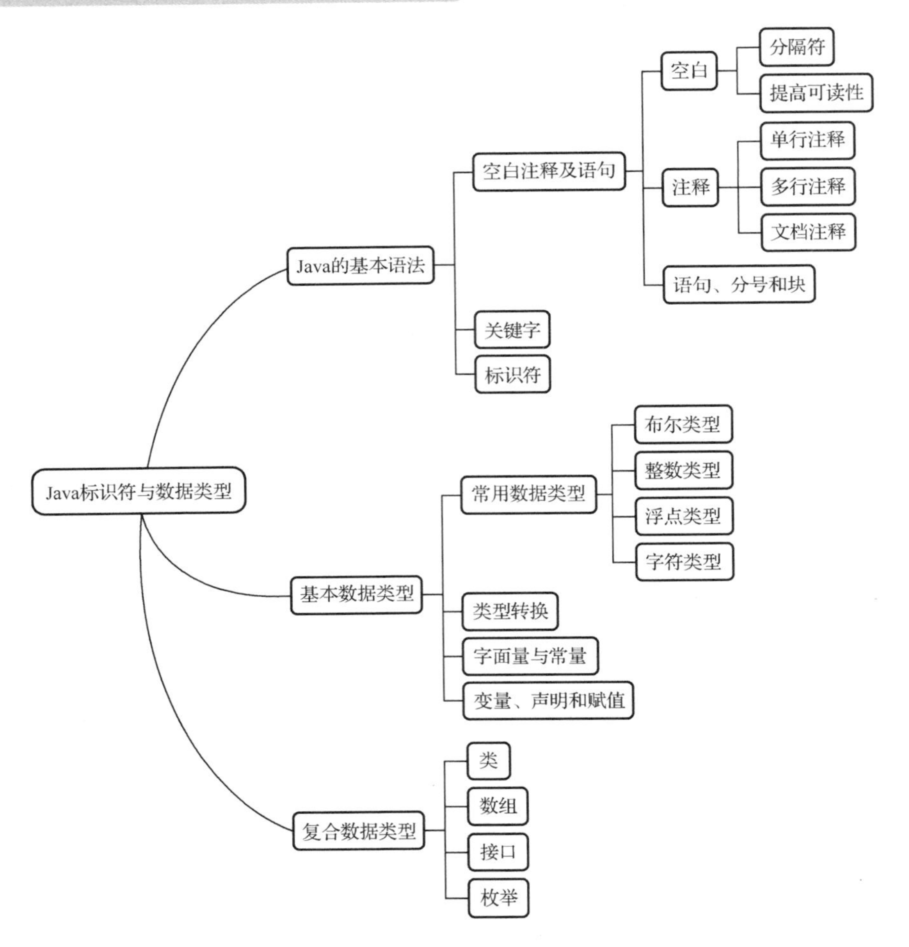

习题 2

一、填空题

1．标识符的命名规则之一是标识符不能以____开头。

2．基本数据类型包括整数类型、浮点类型、________和________。

3．如果在同一个作用域内定义两个同名的变量，就会导致________。

4．字符类型（char）可以被当作整数类型来处理，这是因为每个字符都有一个与之对应的____编码，这个编码是一个整数值。

5．除了基本数据类型，Java 还支持____数据类型，包括类、接口和数组。

二、选择题

1．以下哪个选项的描述最符合空白注释 A、B、C 的功能？（　　）

```
public class BlankCommentExample {
    public static void main(String[] args) {
        int x = 5;

        // Blank Comment A

        // Blank Comment B

        // Blank Comment C
    }
}
```

A．A 是一个空白注释，用于标识变量的初始化位置

B．B 是一个空白注释，用于标识代码的起始位置

C．C 是一个空白注释，用于标识代码的结束位置

D．A、B、C 都不是空白注释

2．关于数据类型的说法，下列哪个选项是错误的？（　　）

A．int 是一种基本数据类型，用于存储整数

B．double 是一种基本数据类型，用于存储浮点数

C．char 是一种基本数据类型，用于存储单个字符

D．String 是一种基本数据类型，用于存储文本

3．给定以下代码：

```
public class Test {
    public static void main(String[] args) {
        int a = 10;
        double b = a;
        System.out.println(b);
    }
}
```

运行上述代码，将输出（　　）。

A．错误信息，因为整数不能转换为浮点数

B．10

C．10.0

D．无输出

4．以下用于从控制台读取用户输入的方法是哪个？（　　）

A．input()　　B．readLine()　　C．getUserInput()　　D．next()

5．请问变量 c 的值是多少？（　　）

```
int a = 10;
double b = 3;
double c = a / b;
```

A．3.0　　B．3.3333333333333335

C．3.3　　D．编译错误

三、编程题

1．编写一个程序，声明一个浮点数变量并初始化为 100.235，然后将其转换为整数并打印结果。

2．创建一个程序来演示自动类型提升。声明一个整数和一个双精度浮点数，将它们相加并打印结果的数据类型和值。

3．编写一个程序，声明一个字符变量并赋值为'P'，然后找到并打印其在 Unicode 表中的对应数字。

4．在古代中国的秦朝时期，伟大的秦始皇下令建造一个巨大的圆形花园，用来庆祝他统一了七个王国。这个花园被称为“七国园”，象征着秦始皇的胜利和统一的力量。花园的半径是 5 里，中心有一个巨大的喷泉，周围布满了各种珍稀的植物和动物。要求编写一个 Java 程

序，计算并打印出这个花园的面积和周长。

5. 在《三体》的世界中，地球人类正处于与三体文明的交流与对抗中。为了进行深层次的研究和交流，科学家们需要频繁地向火星发送信号。要求编写一个 Java 程序，计算从地球发送一个信号到火星需要多少时间（以秒为单位），假设信号以光速（299,792 千米/秒）发送。已知地球到火星的平均距离为 225,000,000 千米。这个计算结果将对地球与火星间的通信策略产生重大影响。

拓展阅读

在深入研究 Java 的第 2 章“标识符与数据类型”时，我们会发现这一章节不仅是 Java 编程的基础，而且是理解 Java 数据处理和操作的关键。*Head First Java* 一书对标识符和数据类型的使用提供了详细的指导和实践。通过分析 Java 的基本数据类型、标识符使用规则以及各种数据类型的操作，揭示了编写高质量 Java 代码的技巧。同时，*Effective Java* 提供了大量实用的示例，展示了标识符和数据类型在解决具体问题时的强大能力。尽管这些著作中的术语和解释方式可能有所不同，但它们共同强调了 Java 编程中标识符和数据类型的核心地位。维基百科将数据类型定义为“对一类相似数据的抽象”，这正好符合本章内容的核心理念。本讲义采用“标识符与数据类型”这一说法，旨在强调通过理解和使用正确的标识符和数据类型来增强代码的可读性、可维护性和效率，正如 Java 官方文档中对这些概念的详尽讨论所体现的那样。

在 Java 中，标识符是程序员定义的变量、方法、类等的名称，它们是 Java 语言的基础。正确地使用标识符，可以使代码更具可读性和可维护性。Java 标识符的命名规则相对严格，必须遵循以下几点：

1. 标识符必须以字母（A～Z 或 a～z）、美元符号（$）或者下画线（_）开始。
2. 之后的字符可以是字母（A～Z 或 a～z）、美元符号（$）、下画线（_）或数字（0～9）。
3. Java 标识符是大小写敏感的，"myVariable"和"MyVariable"是两个不同的标识符。
4. 标识符的长度基本上是无限的，但是过长的标识符会使代码难以阅读和理解。

Java 的数据类型分为两种：基本数据类型和引用数据类型。基本数据类型包括整数类型（byte、short、int、long）、浮点类型（float、double）、字符类型（char）和布尔类型（boolean）。引用数据类型包括类、接口和数组等。理解这些数据类型的特性和使用方式，是编写有效 Java 代码的关键。

Java 的数据类型和标识符是编程的基础，它们决定了我们如何在代码中表示和操作数据。理解和掌握这些概念，可以帮助你更深入地理解 Java，以及如何利用它解决复杂的编程问题。正确地选择和使用数据类型和标识符，将使你能够写出更加清晰、高效和优雅的 Java 代码。

（来源：W3Schools、Oracle 等官网）

第3章　表达式和流程控制语句

表达式和流程控制语句是 Java 非常重要的工具，它们是程序语言和逻辑的骨架，能够帮助控制程序的行为和决策，使程序具有更强大的功能。程序员需要选择合适的表达式和流程控制语句，构建出功能完善的程序。

本章学习目标

一、知识目标

1．理解常量和变量。

2．掌握运算符相关知识。

3．熟悉流程控制语句。

4．掌握注释语句的用法。

二、技能目标

1．能够运用表达式和流程控制语句解决简单的编程问题。

2．能够分析和理解复杂程序中的表达式和流程控制语句，并进行调试和优化。

3．能够编写具有良好可读性和可维护性的代码，包括合理的表达式组织和流程控制结构。

三、情感态度与价值目标

1．培养对 Java 编程的热情和兴趣，意识到表达式和流程控制语句是构建程序逻辑的基础，并能够应用到日常编程实践中。

2．树立持续学习和不断探索的态度，认识到编程是一个不断学习和进步的过程，保持谦逊和开放的心态。

3.1　表达式

表达式是由运算符、变量、常量和方法调用等组成的代码片段，在程序中用于产生一个值或执行一些操作。表达式类比数学中的公式，可以进行各种运算。

3.1.1　操作数

一、常量

常量是一种特殊的变量，其值在定义后不能被修改。常量的定义通常使用 final 关键字，后跟变量类型和变量名。常量名通常全部大写，如果由多个单词组成，则单词之间用下画线分隔。如下所示：

```
final int MAX_SPEED = 120;
final String WELCOME_MESSAGE = "Welcome to our application!";
```

```
final double PI = 3.14;
```

在上述例子中，MAX_SPEED、WELCOME_MESSAGE 和 PI 都是常量，它们的值在定义后不能被修改，如果试图修改它们的值，则编译器会报错。

二、变量

变量是用来存储数据的容器。每个变量都有一个数据类型，用于决定变量可以存储什么样的数据（例如整数、浮点数、字符或布尔值）。

变量在使用之前要进行变量声明，变量声明的基本格式为：

```
类型 变量名 1[=初值 1][，变量名 2=[=初值 2]]……
```

如下所示：

```
int age = 30; //这是一个整数变量
double salary = 8000.50; //这是一个双精度浮点数变量
char initial = 'A'; //这是一个字符变量
boolean isMarried = false; //这是一个布尔变量
String name = "John"; //这是一个字符串变量
```

在上述代码中，age、salary、initial、isMarried 和 name 都是变量，它们的值可以在程序运行过程中被修改。

三、变量初始化

变量初始化是指为变量分配一个初始值的过程。在 Java 中，所有的变量在使用前都必须初始化。变量可以在声明时初始化，也可以在声明后的任何地方初始化。如果在声明时没有初始化变量，那么变量的值将是其数据类型的默认值。例如，对于整数类型，这个默认值是 0；对于布尔类型，这个默认值是 false；对于对象引用，这个默认值是 null。

以下是 Java 变量初始化的示例：

```
int age = 30; //在声明时初始化
double salary; //声明后初始化
salary = 8000.50;
char initial = 'A'; //在声明时初始化
boolean isMarried; //声明后初始化
isMarried = false;
String name; //声明后初始化
name = "John";
```

四、变量作用域

变量的作用域是指变量存在和可用的范围。根据变量声明的位置，可以将变量的作用域分为以下几种。

1．局部变量：在方法、构造函数或者块中声明的变量被称为局部变量。局部变量只在其声明的区域内有效，一旦超出这个区域，这个变量就会立即消失，无法再被访问。

2．成员变量（实例变量）：在类中但不在方法、构造函数或块外部声明的变量被称为成员变量。成员变量在整个类中都是可见的，其值对每个类的实例都是唯一的。

3．类变量（静态变量）：在类中以 static 关键字声明的变量被称为类变量。类变量在整个类中都是可见的，无论类是否被实例化。类变量只有一份拷贝，被类的所有实例共享。

我们可以通过下面代码来初步了解类变量、成员变量、局部变量及其作用域。

```
public class Main {
    static int classVariable = 100; //类变量
```

```
    int instanceVariable = 200; //成员变量

    void method() {
        int localVariable = 300; //局部变量
        System.out.println("Inside method, localVariable: " + localVariable);
    }

    public static void main(String[] args) {
        Main main = new Main();
        main.method();
        System.out.println("Inside main, classVariable: " + classVariable);
        System.out.println("Inside main, instanceVariable: " + main.instanceVariable);
    }
}
```

3.1.2　运算符

Java 中的运算符和 C 语言中的运算符类似，有关系运算符、算术运算符、逻辑运算符、位运算符、赋值运算符、条件运算符、类型比较运算符和特殊运算符等。

一、算术运算符

算术运算符用于执行基本的数学运算，如加法（+）、减法（-）、乘法（*）、除法（/）和模数运算（%）。具体如下所示：

```
int a = 10;
int b = 2;

int sum = a + b; //结果是 12
int difference = a - b; //结果是 8
int product = a * b; //结果是 20
int quotient = a / b; //结果是 5
int remainder = a % b; //结果是 0
```

此外，算术运算符中包括两种特殊的运算符："++"和"--"，分别表示加 1 和减 1 的操作。这两种运算符继承了 C 语言的用法，在使用时，"++"和"--"运算符可以放在变量的前面（前缀形式）或者后面（后缀形式）。两者的区别在于，前缀形式会先执行加/减操作再使用变量，而后缀形式会先使用变量再执行加/减操作。

二、关系运算符

关系运算符用于比较两个操作数，如等于（==）、不等于（!=）、大于（>）、小于（<）、大于等于（>=）和小于等于（<=）。 运算结果是一个逻辑值（true 或 false）。

如下所示：

```
int a = 10;
int b = 20;

System.out.println(a == b); //输出 false
System.out.println(a != b); //输出 true
```

三、逻辑运算符

逻辑运算符用于基于两个或更多条件的逻辑关系来形成更复杂的条件。逻辑运算符包括逻

辑与运算符（&&）、逻辑或运算符（||）、逻辑非运算符（!），其运算结果是一个逻辑值（true 或 false）。

如下所示：

```
boolean a = true;
boolean b = false;

System.out.println(a && b); //输出 false
System.out.println(a || b); //输出 true
System.out.println(!a);        //输出 false
System.out.println(!b);        //输出 true
```

四、位运算符

位运算符用来对二进制数进行操作，包括按位与运算符（&）、按位或运算符（|）、按位异或运算符（^）、按位非运算符（~）、左移运算符（<<）、右移运算符（>>）和无符号右移运算符（>>>），位运算符只能对整型和字符型数据进行操作。

具体操作如下所示：

```
int a = 60;   /* 60 = 0011 1100 */
int b = 13;   /* 13 = 0000 1101 */

int and = a & b;   /* 12 = 0000 1100 */
int or = a | b;    /* 61 = 0011 1101 */
int xor = a ^ b;   /* 49 = 0011 0001 */
int not = ~a;       /*-61 = 1100 0011 */

int shiftLeft = a << 2;   /* 240 = 1111 0000 */
int shiftRight = a >> 2; /* 15 = 0000 1111 */
int shiftRightZeroFill = a >>> 2; /* 15 = 0000 1111 */

System.out.println("a & b = " + and);
System.out.println("a | b = " + or);
System.out.println("a ^ b = " + xor);
System.out.println("~a = " + not);
System.out.println("a << 2 = " + shiftLeft);
System.out.println("a >> 2 = " + shiftRight);
System.out.println("a >>> 2 = " + shiftRightZeroFill);
```

为了更好地熟悉位运算，以下给出一个关于位运算的例题。

例 3.1 用户输入一个六位数密码，请你编写一段代码，将该密码用位运算符进行加密，即把用户输入的密码与 123456 进行异或运算（^），例如给出密码为 234567，则 234567^123456=161287，则 161287 为加密之后的密码。

引导 Copilot 给出代码的指令如下。

```
//（复制题目）请使用 Java 语言设计一个程序实现。
```

Copilot 给出的代码如下所示：

```
import java.util.Scanner;

public class Main {
    public static void main(String[] args) {
```

```
        Scanner scanner = new Scanner(System.in);
        System.out.println("请输入一个 6 位数整数密码：");
        int pwd = scanner.nextInt();
        int key = 123456;

        //加密密码
        int encPwd = pwd ^ key;
        System.out.println("加密后的密码是：" + encPwd);

        //解密密码
        int decPwd = encPwd ^ key;
        System.out.println("解密后的密码是：" + decPwd);
    }
}
```

在这个代码中，首先从用户那里获取一个六位数的整数密码，然后使用一个密钥对密码进行异或运算加密密码，最后再使用同一个密钥对加密后的密码进行异或运算解密密码。

五、赋值运算符

赋值运算符用于将右侧操作数或变量的值赋给左侧的变量，赋值运算符有“=”、“+=”、“-=、“%=”、“/=”、“*=”、“<<=”、“>>=”、“&=”、“|=”和“^=”。

六、条件运算符

条件运算符也被称为三元运算符，是唯一需要三个操作数的运算符，一般形式如下：

```
condition ? value1 : value2
```

如果 condition 为真（结果为非零），则表达式的结果是 value1，否则为 value2。

以下是一个示例代码：

```
int a = 10;
int b = 20;
int max = (a > b) ? a : b;
System.out.println("最大值是：" + max);
```

七、类型比较运算符

类型比较运算符是 instanceof。它用于检查一个对象是否是一个特定类型（类或接口）的实例。

以下是一个示例代码：

```
String str = "Hello, World!";
boolean result = str instanceof String;
System.out.println(result); //输出 true
```

在以上代码中使用 instanceof 运算符检查 str 是否是 String 类的实例。

八、特殊运算符

在 Java 中有一些常见的特殊运算符。

1．“.”（点运算符）：用于访问对象的成员变量和方法。

2．“[]”（数组访问运算符）：用于访问数组元素。

3．“()”（方法调用运算符）：用于调用方法。

4．“new”：用于创建新的对象实例。

九、运算符的优先次序

在表达式中，运算符的优先级决定运算的顺序。优先级高的运算符对应的表达式会先被计算。如果运算符的优先级相同，那么通常会从左到右进行计算（赋值运算符和条件运算符是从右到左计算的），也可以使用括号()来改变运算的顺序。

运算符的优先级如表 3-1 所示。

表 3-1　运算符的优先级

<table>
<tr><th>优 先 级</th><th>运 算 符</th><th>运 算</th></tr>
<tr><td rowspan="4">1</td><td>[]</td><td>数组下标</td></tr>
<tr><td>.</td><td>对象成员引用</td></tr>
<tr><td>i++</td><td>后缀加</td></tr>
<tr><td>i--</td><td>后缀减</td></tr>
<tr><td rowspan="6">2</td><td>--i</td><td>前缀减</td></tr>
<tr><td>++i</td><td>前缀加</td></tr>
<tr><td>+</td><td>一元加</td></tr>
<tr><td>-</td><td>一元减</td></tr>
<tr><td>~</td><td>位运算非</td></tr>
<tr><td>!</td><td>逻辑非</td></tr>
<tr><td>3</td><td>new</td><td>对象实例</td></tr>
<tr><td rowspan="3">4</td><td>*</td><td>乘法</td></tr>
<tr><td>/</td><td>除法</td></tr>
<tr><td>%</td><td>取余</td></tr>
<tr><td rowspan="2">5</td><td>+</td><td>加法和字符串连接</td></tr>
<tr><td>-</td><td>减法</td></tr>
<tr><td rowspan="2">6</td><td>>></td><td>用符号位填充的右移</td></tr>
<tr><td><<</td><td>左移</td></tr>
<tr><td rowspan="5">7</td><td><</td><td>小于</td></tr>
<tr><td><=</td><td>小于等于</td></tr>
<tr><td>></td><td>大于</td></tr>
<tr><td>>=</td><td>大于等于</td></tr>
<tr><td>instanceof</td><td>类型比较</td></tr>
<tr><td rowspan="2">8</td><td>==</td><td>相等</td></tr>
<tr><td>!=</td><td>不相等</td></tr>
<tr><td>9</td><td>&</td><td>位运算与和布尔与</td></tr>
<tr><td>10</td><td>^</td><td>位运算异或和布尔异或</td></tr>
<tr><td>11</td><td>|</td><td>位运算或和布尔或</td></tr>
<tr><td>12</td><td>&&</td><td>逻辑与</td></tr>
<tr><td>13</td><td>||</td><td>逻辑或</td></tr>
<tr><td>14</td><td>? :</td><td>条件运算符</td></tr>
</table>

续表

优 先 级	运 算 符	运　　算
15	=	赋值
	+=	加法赋值和字符串连接赋值
	-=	减法赋值
	*=	乘法赋值
	/=	除法赋值
	%=	取余赋值
	<<=	左移赋值
	>>=	右移（符号位）赋值
	>>>=	右移（0）赋值
	&=	位与赋值和布尔与赋值
	^=	位异或赋值和布尔异或赋值
	|=	位或赋值和布尔或赋值

3.1.3　表达式的提升和转换

在 Java 中，表达式的提升和转换是指在进行运算时，不同类型的数据需要转换为同一种类型才能进行运算。这种转换遵循一定的规则，称为类型提升规则。

以下是 Java 中的类型提升规则：

如果两个操作数中有一个是 double 类型，另一个操作数就会转换为 double 类型。如果两个操作数中有一个是 float 类型，则另一个操作数就会转换为 float 类型。如果两个操作数中有一个是 long 类型，则另一个操作数就会转换为 long 类型。否则，两个操作数都会转换为 int 类型。

注意，这些规则只适用于数值类型。对于非数值类型（如布尔类型和对象类型），不能进行这种类型的提升和转换。

以下是示例代码：

```
int i = 10;
long l = 20L;
float f = 30.0F;
double d = 40.0;

//在进行运算时，i 会被提升为 long 类型
long result1 = i + l;

//在进行运算时，l 会被提升为 float 类型
float result2 = l + f;

//在进行运算时，f 会被提升为 double 类型
double result3 = f + d;
```

3.2　流程控制语句

流程控制语句允许程序员根据条件来控制程序的执行流程，像是给程序添加一种决策能

力。下面介绍几种类型的流程控制语句，包括表达式语句、块、选择结构和循环语句。

3.2.1 表达式语句

在 Java 中几乎所有的语句都可以作为表达式语句，包括赋值语句、方法调用语句和增量/减量语句等。

表达式语句通常包括以下几种。

1．赋值表达式：例如 a = b，a += b 和 a *= b 等。

2．递增和递减表达式：例如 a++，a--，++a，--a。

3．方法调用：例如 System.out.println("Hello, World!")。

4．对象创建表达式：例如 new MyClass()。

以下是示例代码：

```
int a = 10; //赋值表达式
int b = a++; //递增表达式
int c = --b; //递减表达式
System.out.println(a + b + c); //方法调用
String s = new String("Hello, World!"); //对象创建表达式
```

在上述代码中，每条语句都是一个表达式语句，执行之后会产生一个结果。这些语句可以单独使用，也可以作为更复杂的语句的一部分。

需要注意的是，表达式语句的结果通常被忽略，因为它们主要用于执行某些操作而不是返回一个值。如果需要使用表达式的结果，则可以将其赋值给一个变量或者作为方法的返回值使用。

3.2.2 块

在 Java 中，块是由大括号 {} 包围的一组表达式语句。块可以用在任何允许使用单条语句的地方，主要用于组织和控制代码的结构，特别是在控制流语句（如 if、for 和 while 等）中。

块可以嵌套，即一个块可以包含另一个块。块也定义了变量的作用域，即在块内部定义的变量只在该块及其子块中可见。

以下是示例代码：

```
//这是一个块
{
    int x = 10;
    System.out.println(x);
}
//这是一个嵌套的块
{
    int x = 10;
    {
        int y = 20;
        System.out.println(x + y); //可以访问外部块的变量
    }
    //System.out.println(y); //错误：不能访问内部块的变量
}
//块在控制流语句中的使用
if (true) {
```

```
        int x = 10;
        System.out.println(x);
    }
    for (int i = 0; i < 5; i++) {
        int x = i * 10;
        System.out.println(x);
    }
```

块的存在使得代码可以更加具有组织性和可读性。它们可以将相关的代码段组合在一起，并限制变量的作用范围，避免命名冲突。此外，块还可以用于控制流程。需要注意的是，块本身并不是一个独立的语句，它只是一种容器，用于组织和限定代码的执行范围。在大多数情况下，块中的语句会按照顺序依次执行，除非遇到控制流语句（如 break、continue 和 return 等）或异常。

3.2.3　选择结构

在 Java 中，选择结构用于根据条件来选择不同的执行路径。

选择结构包括单选择结构、双选择结构以及多选择结构，如图 3-1、图 3-2 和图 3-3 所示。

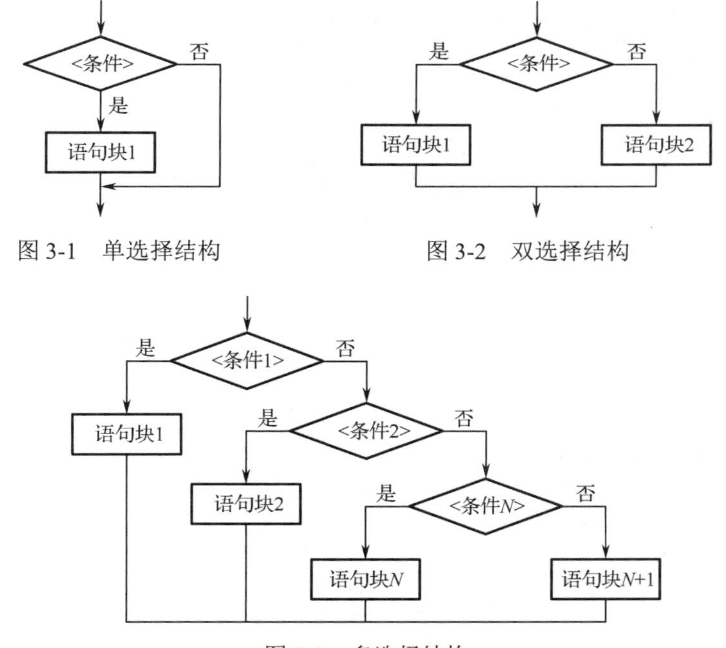

图 3-1　单选择结构　　　　图 3-2　双选择结构

图 3-3　多选择结构

Java 中的选择结构主要包括 if 语句、if-else 语句、if-else-if 语句和 switch 结构。这种结构根据条件的成立与否，来决定是否执行相应的代码块。

以下是 Java 选择结构的基本格式。

一、if 语句

if 语句用于根据一个条件来执行不同的代码块。如果条件为 true，则执行 if 语句块中的代码；如果条件为 false，则跳过 if 语句块。

if 语句的基本格式：

```
if (condition) {
    //执行语句
}
```

二、if-else 语句

if-else 语句在 if 语句的基础上增加一个 else 分支，用于在判断结果为 false 时执行另一段代码。

if-else 语句的基本格式：

```
if (condition) {
    //执行语句 1
} else {
    //执行语句 2
}
```

三、if-else-if 语句

if-else-if 语句可以用于测试多个条件，并在满足条件时执行相应的代码块。

if-else-if 语句的基本格式：

```
if (condition1) {
    //执行语句 1
} else if (condition2) {
    //执行语句 2
} else if (condition3) {
    //执行语句 3
} else {
    //执行语句 4
}
```

分支语句中的条件表达式必须是一个布尔类型的值或可以转换为布尔类型的值。在 if 语句和 if-else 语句中，条件为 true 时执行相应代码块。

例 3.2 编写一段代码，根据用户输入的月份判断并输出该月份对应的节日。中国有许多传统节日，例如一月的元旦节、二月的春节、四月的清明节、五月的端午节、八月的中秋节和十月的国庆节等。

引导 Copilot 给出代码的指令如下。

```
//（复制题目）请使用 Java 语言设计一个程序实现。
```

Copilot 给出的代码如下所示：

```
import java.util.Scanner;

public class Main {
    public static void main(String[] args) {
        Scanner scanner = new Scanner(System.in);
        System.out.print("请输入月份（1-12）：");
        int month = scanner.nextInt();

        if (month == 1) {
            System.out.println("一月份的中国的传统节日是元旦。");
        } else if (month == 2) {
            System.out.println("二月份的中国的传统节日是春节。");
        } else if (month == 4) {
```

```
                System.out.println("四月份的中国的传统节日是清明节。");
            } else if (month == 5) {
                System.out.println("五月份的中国的传统节日是端午节。");
            } else if (month == 8) {
                System.out.println("八月份的中国的传统节日是中秋节。");
            } else if (month == 10) {
                System.out.println("十月份的中国的传统节日是国庆节。");
            } else {
                System.out.println("该月份没有特定的传统节日。");
            }
        }
    }
```

在这个例子中，用户需要输入一个月份，程序通过 if-else-if 语句根据月份判断对应的节日。如果输入的月份对应一个节日，则输出该节日的名称；否则输出“该月份没有特定的传统节日。”。

四、switch 语句

在 Java 中，switch 语句是一种多路选择语句，它可以根据一个表达式的值来决定执行对应的代码。switch 语句包含多个 case，每个 case 对应一个可能的值和一段代码。如果表达式的值与某个 case 的值匹配，那么对应的代码就会被执行。如果没有任何 case 与表达式的值匹配，那么 default 后面的代码会被执行。

switch 语句的基本格式：

```
switch (expression) {
    case value1:
        //执行代码块 1
        break;
    case value2:
        //执行代码块 2
        break;
    case value3:
        //执行代码块 3
        break;
    //可以有更多的 case 语句
    default:
        //默认情况下执行的代码块
        break;
}
```

以下是一个 switch 语句的示例代码：

```
int day = 3;
switch (day) {
    case 1:
        System.out.println("星期一");
        break;
    case 2:
        System.out.println("星期二");
        break;
    case 3:
```

```
            System.out.println("星期三");
            break;
        case 4:
            System.out.println("星期四");
            break;
        case 5:
            System.out.println("星期五");
            break;
        case 6:
            System.out.println("星期六");
            break;
        case 7:
            System.out.println("星期日");
            break;
        default:
            System.out.println("无效的天数");
            break;
}
```

在这个例子中，switch 语句根据变量 day 的值来决定输出星期几的名称。注意每个 case 后面都有一个 break 语句，这是为了防止程序继续执行下一个 case，这种行为被称为“贯穿”（Fall Through）。如果你需要贯穿的效果，则可以省略 break 语句。

例 3.3 根据用户输入的节气判断并输出用户的喜好活动。在中国的传统文化中，每个节气都有对应的习俗和活动，请写出前 9 个节气的习俗和活动（例如，立春踏青，雨水赏梅，惊蛰放风筝，春风交游，清明扫墓，谷雨采茶，立夏游泳，小满采草莓，芒种品尝新鲜水果）。

引导 ChatGPT 给出代码的指令如下。

```
//（复制题目）请使用 Java 语言设计一个程序实现。
```

ChatGPT 给出的代码如图 3-4 和图 3-5 所示。

```
import java.util.Scanner;

public class Main  {
    public static void main(String[] args) {
        Scanner scanner = new Scanner(System.in);

        System.out.print("请输入节气名称：");
        String solarTerm = scanner.nextLine();

        String activity = getActivityBySolarTerm(solarTerm);

        if (activity != null) {
            System.out.println("您喜欢的活动是：" + activity);
        } else {
            System.out.println("对不起，没有找到与该节气相关的活动。");
        }

        scanner.close();
    }
```

图 3-4　二十四节气的代码（部分一）

```
1个用法
public static String getActivityBySolarTerm(String solarTerm) {
    switch (solarTerm) {
        case "立春":
            return "踏青赏花";
        case "雨水":
            return "赏梅";
        case "惊蛰":
            return "放风筝";
        case "春分":
            return "踏青郊游";
        case "清明":
            return "扫墓祭祖";
        case "谷雨":
            return "采茶";
        case "立夏":
            return "游泳";
        case "小满":
            return "采摘草莓";
        case "芒种":
            return "品尝新鲜水果";
```

图 3-4　二十四节气的代码（部分一）（续）

```
        default:
            return null;
    }
  }
}
```

图 3-5　二十四节气的代码（部分二）

3.2.4　循环语句

在 Java 编程语言中，循环语句像是一位勤奋的音乐指挥家，指挥着乐曲的重复演奏，直到满足结束的条件。Java 中有三种主要的循环语句：for 循环、while 循环和 do-while 循环。

一、for 循环

for 循环是一种常用的循环结构，它在执行循环之前初始化循环变量，然后判断循环条件是否满足，如果满足则执行循环体中的代码，并更新循环变量的值。循环体代码执行完毕后，再次判断条件是否满足，如果满足则继续执行循环体代码，直到条件不满足时循环结束。

for 循环的基本格式：

```
for (初始化; 条件; 更新) {
    //循环体代码
}
```

例 3.4　请根据以下情况编写代码：

有一个人他的任务是在 100 层的塔中寻找宝藏。每一层都有可能有宝藏，也可能没有。这个人每到一层，都会大喊一声：“我现在在第××层，这里有宝藏吗？”。

引导 Copilot 给出代码的指令如下。

```
//（复制题目）请使用 Java 语言设计一个程序实现。
```

Copilot 给出的代码如下所示：

```
public class Main {
    public static void main(String[] args) {
        for (int floor = 1; floor <= 100; floor++) {
            System.out.println("我现在在第" + floor + "层，这里有宝藏吗？");
        }
    }
}
```

在这个代码中，使用 for 循环来模拟人在塔中寻找宝藏的过程。每次迭代，这个人都会到达下一层，并大喊一声："我现在在第××层，这里有宝藏吗？"。

二、while 循环

while 循环在执行循环体之前先判断条件是否满足，如果条件满足，则执行循环体中的代码。当循环体代码执行完毕后，再次判断条件是否满足，如果满足，则继续执行循环体代码，直到条件不满足时循环结束。

while 循环的基本格式：

```
while (条件) {
    //循环体代码
}
```

例 3.5　一位音乐家正在创作一首美妙的乐曲。他决定使用一个特殊的循环结构来实现乐曲的重复部分。乐曲的每个小节有四个音符，分别是 C、D、E、F。他希望通过循环来重复演奏这四个音符，直到达到预定的演奏次数。现在，编写一个程序来模拟这个乐曲的演奏过程吧！

引导 Copilot 给出代码的指令如下。

```
//（复制题目）请使用 Java 语言设计一个程序实现。
```

Copilot 给出的代码如下所示：

```
public class Main {
    public static void main(String[] args) {
        int playCount = 5; //预定的演奏次数
        int currentCount = 0; //当前演奏的次数

        System.out.println("音乐创作开始了！");

        while (currentCount < playCount) {
            System.out.println("C D E F"); //演奏四个音符

            currentCount++; //演奏次数加一
        }

        System.out.println("音乐创作完成！");
    }
}
```

在这个例子中，使用一个 while 循环来模拟音乐家创作乐曲的过程，循环的终止条件是当前演奏的次数达到了预定的演奏次数。每次循环中，打印出乐曲的四个音符（C、D、E、F），表示演奏了一个小节。然后，将当前演奏的次数加 1，以便在达到预定次数时结束循环。

三、do-while 循环

do-while 循环与 while 循环类似，不同之处在于它先执行一次循环体代码，再判断条件是否满足。如果条件满足，则继续执行循环体代码，直到条件不满足时循环结束。

以下是 do-while 循环的基本格式：

```
do {
    //循环体代码
} while (条件);
```

例 3.6　小明正在为艺术项目编写代码，他需要创建一个美丽的星形图案。每行都有星星，且每行增加一个星星，直到达到用户指定的行数。然后，每行减少一个星星，直到只剩下一个星星。请编写一个 Java 程序，从用户那里获取行数，然后输出星形图案。

引导 Copilot 给出代码的指令如下。

```
//（复制题目）请使用 Java 语言设计一个程序实现。
```

Copilot 给出的代码如下所示：

```
import java.util.Scanner;

public class Main {
    public static void main(String[] args) {
        Scanner scanner = new Scanner(System.in);
        System.out.println("请输入行数：");
        int rows = scanner.nextInt();

        int i = 1;
        do {
            for (int j = 0; j < i; j++) {
                System.out.print("*");
            }
            System.out.println();
            i++;
        } while (i <= rows);

        i = rows - 1;
        do {
            for (int j = 0; j < i; j++) {
                System.out.print("*");
            }
            System.out.println();
            i--;
        } while (i > 0);
    }
}
```

在这个代码中，我们使用 do-while 循环来创建星形图案。第一个 do-while 循环用于打印上半部分的星形，每行增加一个星星。第二个 do-while 循环用于打印下半部分的星形，每行减少一个星星。

3.2.5 continue 和 break 语句

在 Java 中，continue 和 break 都是循环控制语句。

一、标号

在 Java 中，标号（label）是可选的，通常与循环语句一起使用，以提供一个额外的级别的循环控制。其基本格式是：

```
标号：语句;
```

二、break 语句

break 语句的主要作用是立即终止当前的循环或开关语句，并跳出该语句的执行。它可以运用到 switch 语句、循环语句和块语句中。

以下是 break 语句的使用方法：

```
for (int i = 0; i < 10; i++) {
    if (i == 5) {
        break;
    }
    System.out.println(i);
}
```

在上述代码中，当 i 等于 5 时，break 语句会被执行，整个循环会立即结束，“System.out.println(i);”不会被执行。

break 标号如下所示：

```
outer: for (int i = 0; i < 5; i++) {
    for (int j = 0; j < 5; j++) {
        if (j == 3) {
            break outer;
        }
        System.out.println("i = " + i + ", j = " + j);
    }
}
```

在上述代码中有两个嵌套的 for 循环，外部循环有一个标号 outer（标号名称）。当 j 等于 3 时，“break outer;”语句会被执行，这会跳出 outer 循环，即结束整个外部循环。

三、continue 语句

continue 语句的主要作用是跳过当前迭代中的剩余代码，并开始下一次迭代。它可以帮助我们在特定条件下忽略一部分代码，提高代码的灵活性和可读性。在循环中，当遇到 continue 语句时，程序会立即终止当前迭代的循环，并跳过循环体中 continue 语句之后的代码，直接进入下一次迭代。

例如：

```
for (int i = 0; i < 10; i++) {
    if (i % 2 == 0) {
        continue;
    }
    System.out.println(i);
}
```

在上述代码中，当 i 是偶数时，continue 语句会被执行，“System.out.println(i);”会被跳过，直接开始下一次循环。

continue 标号如下所示：

```
outer: for (int i = 0; i < 5; i++) {
    for (int j = 0; j < 5; j++) {
        if (j == 3) {
            continue outer;
        }
        System.out.println("i = " + i + ", j = " + j);
    }
}
```

在上述代码中有两个嵌套的 for 循环，外部循环有一个标号 outer（标号名称）。当 j 等于 3 时，“continue outer;” 语句会被执行，这会跳过 outer 循环的当前迭代，即跳过当 i 等于当前值，j 从 3 到 4 的所有循环。

例 3.7　有一个人的任务是在一个 5 层的塔中寻找钥匙。每一层都有可能有钥匙，也可能没有。他每到一层，都会大喊一声：“我现在在第××层，这里有钥匙吗？”。如果他在第 4 层找到了钥匙，就会高兴地离开塔。但是，如果他到达了第 2 层，觉得累了，会选择跳过这一层，直接去下一层。请编写一个 Java 程序，模拟这个人在塔中寻找钥匙的过程。

引导 Copilot 给出代码的指令如下。

```
//（复制题目）请使用 Java 语言设计一个程序实现。
```

Copilot 给出的代码如下所示：

```
public class Main {
    public static void main(String[] args) {
        outer: for (int floor = 1; floor <= 5; floor++) {
            if (floor == 2) {
                System.out.println("我现在在第" + floor + "层，我累了，我要去下一层。");
                continue outer;
            }
            System.out.println("我现在在第" + floor + "层，这里有钥匙吗？");
            if (floor == 4) {
                System.out.println("我找到钥匙了，我要离开这个塔了！");
                break outer;
            }
        }
    }
}
```

在这个代码中，使用 for 循环和标号 outer 来模拟人在塔中寻找钥匙的过程。当人到达第 2 层时，“continue outer;” 语句会被执行，这会跳过 outer 循环的当前迭代，即跳过第 2 层，直接去第 3 层。当人在第 4 层找到钥匙时，“break outer;” 语句会被执行，这会跳出 outer 循环，即结束整个循环。

3.3　简单的输入/输出

在 Java 中，输入和输出是程序与用户交互的重要部分，为程序赋予了生命和灵魂。输入是从外部世界（用户）获取数据的过程，类比从大海中捕捞宝贵的珍珠。Java 中最常用的输入方式是通过控制台进行输入。

一、Scanner 类

Scanner 类是 Java 中用于读取输入数据的工具类，它可以从多种来源读取数据，包括控制台输入、文件和字符串等。Scanner 类提供了一系列的 nextXxx()方法，其中 Xxx 代表不同的数据类型，如 nextInt()、nextDouble()和 nextLine()等。

下面是一个简单的示例，演示如何使用 Scanner 类从控制台读取用户的输入：

```
import java.util.Scanner;

public class Main {
    public static void main(String[] args) {
        Scanner scanner = new Scanner(System.in); //创建 Scanner 对象，使用 System.in 作为输入源

        System.out.print("请输入您的姓名：");
        String name = scanner.nextLine(); //读取一行输入并存储到 name 变量中

        System.out.print("请输入您的年龄：");
        int age = scanner.nextInt(); //读取一个整数并存储到 age 变量中

        System.out.println("您好，" + name + "！您的年龄是" + age + "岁。");

        scanner.close(); //关闭 Scanner 对象
    }
}
```

上述程序首先创建一个 Scanner 对象，并将 System.in 作为输入源，表示从控制台读取输入。然后，通过调用 nextLine()方法读取用户输入的姓名，并将其存储到 name 变量中。接下来，通过调用 nextInt()方法读取用户输入的年龄，并将其存储到 age 变量中。最后，将用户的姓名和年龄输出到控制台。

需要注意的是，在使用 Scanner 类读取完数据后，应该调用 close()方法关闭 Scanner 对象以释放资源。

例 3.8 制作一个“石头、剪刀、布”游戏（1 代表石头，2 代表剪刀，3 代表布，输入 0 代表结束游戏）。

引导 Copilot 给出代码的指令如下。

```
//（复制题目）请使用 Java 语言设计一个程序实现。
```

Copilot 给出的代码如下所示：

```
import java.util.Random;
import java.util.Scanner;

public class Main {
    public static void main(String[] args) {
        Scanner scanner = new Scanner(System.in);
        Random random = new Random();
        String[] choices = {"石头", "剪刀", "布"};
```

```
        while (true) {
            System.out.println("请输入你的选择（1 代表石头，2 代表剪刀，3 代表布）或者输入 0 来结
束游戏：");
            int userChoice = scanner.nextInt();

            if (userChoice == 0) {
                break;
            }

            String computerChoice = choices[random.nextInt(choices.length)];
            System.out.println("计算机选择了：" + computerChoice);

            if (choices[userChoice - 1].equals(computerChoice)) {
                System.out.println("平局！");
            } else if ((userChoice == 2 && computerChoice.equals("布")) ||
                    (userChoice == 1 && computerChoice.equals("剪刀")) ||
                    (userChoice == 3 && computerChoice.equals("石头"))) {
                System.out.println("你赢了！");
            } else {
                System.out.println("你输了！");
            }
        }
    }
}
```

二、NumberFormat 类和 DecimalFormat 类

NumberFormat 类是一个抽象类，它提供格式化和解析数字的通用功能，可以用于格式化整数、浮点数和货币等数字类型。NumberFormat 类提供静态方法 getInstance()，该方法根据当前本地化环境返回适当的 NumberFormat 实例。通过 NumberFormat 类，程序员可以将数字格式化为本地化的字符串表示形式，或者将字符串解析为对应的数字。

DecimalFormat 类是 NumberFormat 类的一个子类，它提供更精细的数字格式化控制，可以根据指定的模式将数字格式化为字符串，并且可以使用特定的符号、小数位数、分组分隔符等来自定义格式。它还支持解析字符串，并将其转换为对应的数字。

下面是一个简单的示例，演示了如何使用 DecimalFormat 类来格式化和解析数字：

```
import java.text.DecimalFormat;
import java.text.NumberFormat;
import java.text.ParseException;

public class Main {
    public static void main(String[] args) {
        double number = 12345.6789;

        //格式化数字
        DecimalFormat decimalFormat = new DecimalFormat("#,##0.00");
        String formattedNumber = decimalFormat.format(number);
        System.out.println("Formatted Number: " + formattedNumber);
```

```
        //解析字符串
        try {
            Number parsedNumber = decimalFormat.parse(formattedNumber);
            System.out.println("Parsed Number: " + parsedNumber.doubleValue());
        } catch (ParseException e) {
            e.printStackTrace();
        }
    }
}
```

在这个示例中，使用 DecimalFormat 类创建一个格式化模式"#,##0.00"，它指定了使用逗号作为分组分隔符，保留两位小数。然后，将一个数字 12345.6789 格式化为字符串，并输出格式化后的结果。接着，尝试解析这个格式化后的字符串，并将其转换为对应的数字。最后，输出解析后的数字。

通过 NumberFormat 类和 DecimalFormat 类，可以方便地对数字进行格式化和解析，使其更符合特定的显示需求。这些类提供灵活的选项和功能，可以满足不同场景下的数字格式化需求。

本章小结

1．常量是定义后不可修改的特殊变量。

2．变量是用于存储和操作数据的内存空间，具有特定的数据类型和可变的值。

3．运算符用于执行算术、逻辑和位操作，实现数据的计算、比较和赋值。

4．表达式的提升和转换可以确保运算的准确性和一致性，包括数据类型的自动转换和显式类型转换。

习题 3

一、选择题

1．以下哪个 Java 运算符用于比较两个值是否相等？（　　）

A．=　　　B．==　　　C．!=　　　D．===

2．请问以下代码执行后，result 的值是多少？（　　）

```
int a = 5;
int b = 3;
int c = 7;
int result = 0;

result = a * b + c / b - a % b;

System.out.println(result);
```

A．5　　　B．6　　　C．8　　　D．9

3．以下哪个关键字用于创建一条条件语句？（　　）

A．if　　　B．loop　　　C．iterate　　　D．repeat

4．在 Java 中，以下哪个选项正确地描述了一个代码块？（　　）

A．代码块是由大括号 {} 包围的一段代码。

B．代码块是由圆括号 () 包围的一段代码。

C．代码块是由尖括号 <> 包围的一段代码。

D．代码块是由方括号 [] 包围的一段代码。

5．以下哪种方式可以在 Java 中用来写多行注释？（　　）

A．//这是一个多行注释

B．/* 这是一个多行注释 */

C．#这是一个多行注释

D．-- 这是一个多行注释

二、编程题

1．找出 1～100 中所有的质数并输出。

2．编写一个程序，根据员工的工作绩效等级，计算并输出员工的奖金。根据绩效等级，奖金计算规则如下：

（1）绩效等级为"优秀"（"A"）的员工，奖金为工资的 20%；

（2）绩效等级为"良好"（"B"）的员工，奖金为工资的 15%；

（3）绩效等级为"一般"（"C"）的员工，奖金为工资的 10%；

（4）绩效等级为"不及格"（"D"）的员工，奖金为工资的 5%。

要求用户输入员工的绩效等级和工资，然后根据规则计算并输出员工的奖金。

3．编写一个程序，要求用户输入一个正整数 n（$n>0$），然后按照以下规则输出幸运数字：

（1）从 1 开始，依次输出 $1, 2, 3,\cdots, n-1, n$。

（2）当输出的数字是 7 的倍数或包含数字 7 时，输出"Lucky"代替数字。

（3）其他情况下，正常输出数字。

拓展阅读

变量是程序的骨架，常量是其灵魂。

Variables are the skeleton of a program, while constants are its soul.

——David Guaspari

程序就像诗歌一样，它们既可以清晰地表达逻辑，又可以美妙地展现思想。

Programming is like poetry; it can express logic clearly and display thoughts wonderfully.

——Grace Hopper

在编程的世界里，控制流就像是音乐的节奏，它指导着代码的旋律，创造出动人的编程乐章。

In the world of programming, control flow is like the rhythm of music; it guides the melody of the code, creating captivating programming symphonies.

——Donald Knuth

在程序设计中，每一个细节都重要，就像是一个珠宝盒中的宝石，它们共同构成了完美的作品。

In programming, every detail matters, like gemstones in a jewelry box, they together form a perfect masterpiece.

——Brian Kernighan

代码就像小说，需要注释来解释其内涵，让读者更容易理解作者的意图。

Code is like a novel, it needs comments to explain its connotation, making it easier for readers to understand the author's intent.

——Martin Fowler

第 4 章　数组和向量

Java 是一种面向对象的编程语言，提供了多种数据结构供程序员使用，包括数组和向量（Vector）。这两种数据结构都可以用于存储和操作数据，但性质和用法有所不同，在面对实际问题时要根据具体需求来选择使用哪一种，从而更好地解决问题。

本章学习目标

一、知识目标

1．掌握 Java 中数组和向量（Vector）的基本概念和特性。

2．理解数组和向量的存储结构和内存管理方式。

3．掌握数组和向量的基本操作，如创建、访问、修改和删除等。

4．了解 Java 中常见的与数组和向量相关的标准库和拓展库。

二、技能目标

1．能够使用 Java 编程语言创建和操作数组与向量。

2．能够理解数组和向量在数据存储和处理中的作用，根据需要选择合适的数据结构。

3．能够独立设计和实现基于数组和向量的数据处理任务，如排序、查找、分析等。

三、情感态度与价值目标

1．培养对数据处理和算法的兴趣和热情，增强解决实际问题的能力和信心。

2．培养对编程规范和代码质量的认识，遵守良好的编程习惯，提高代码的可维护性和可扩展性。

3．培养勤奋、耐心和创新的品质。在面对数据处理问题时，能够持之以恒、不断学习和改进，寻求更好的解决方案。

4.1　数组

当面对大量相关的数据时，如果没有数组，则就像在海滩上一块一块地捡石头，每捡一块就要找一个新的口袋来装，这样不仅耗时，而且效率低下。而有了数组，就好比有了一个大网，可以一次性捡起很多石头，并且每块石头都镶嵌在网中一个固定的孔洞里（数组的索引），它让我们在处理数据时更加得心应手。

4.1.1　创建数组

在 Java 中，创建数组需要进行定义和初始化两个步骤。在定义一个数组后，只是声明了一个变量来引用数组，此时并没有为数组分配任何内存空间，因此不能够直接访问数组的元素。

为了能够正确使用数组，需要对其进行初始化。在初始化过程中，需要为数组分配内存空间，并为数组的每个元素赋予初始值。在 Java 中，可以在定义数组时进行初始化，也可以在稍后的代码中进行初始化。与 C 语言不同，Java 中的数组定义时不需要在方括号中指定数组的大小，这是因为 Java 会根据初始化时提供的元素数量自动推断数组的大小。此外，方括号可以放在数组名的左边或右边，这取决于个人的编码风格。例如，以下两种写法都是合法的：

```
int[] numbers = new int[5];     //方括号在数组名的右边
int numbers[] = new int[5];     //方括号在数组名的左边
```

数组的初始化包括静态初始化和动态初始化，静态初始化就是在创建时直接放入数据，下面是一些通过静态初始化正确创建数组的示例。

```
//创建一个 int 类型的数组
int[] intArray = {1, 2, 3, 4, 5};
//创建一个 String 类型的数组
String[] stringArray = {"Hello", "World", "Java", "is", "fun"};
//创建一个 float 类型的数组
float[] floatArray = {1.1f, 2.2f, 3.3f, 4.4f, 5.5f};
//创建一个 boolean 类型的数组
boolean booleanArray[] = {true, false, true, false, true};
//创建一个 byte 类型的数组
byte byteArray[] = {1, 2, 3, 4, 5};
```

动态初始化只指定数组长度，由系统为数组初始分配值。格式为数组类[]数组名=new 数据类型[数组长度]，下面是一个通过动态初始化数组的范例：

```
int[] arr=new int[3];
```

对于引用类型的数组，动态初始化后，数组中的每个元素的默认值是 null，表示没有引用任何对象。如果想要使用这些元素，必须手动创建（实例化）对象并赋值给对应的数组元素。例如：

```
String[] arr = new String[5]; //默认初始化为 null
//必须逐一创建数组里的对象
arr[0] = new String("Hello");
arr[1] = new String("World");
```

上述代码创建了一个长度为 5 的 String 类型的数组，然后逐个创建 String 对象并赋值给数组中的元素。

Java 中数组的动态初始化会根据数组的类型给数组元素赋上默认值。以下是不同类型数组动态初始化后的默认值：

```
//整型数组（如 int[], byte[], short[], long[]）：默认值为 0
int[] intArray = new int[5];   //{0, 0, 0, 0, 0}
//浮点型数组（如 float[], double[]）：默认值为 0.0
double[] doubleArray = new double[5];   //{0.0, 0.0, 0.0, 0.0, 0.0}
//字符型数组（char[]）：默认值为'\0'（空字符）
char[] charArray = new char[5];   //{'\0', '\0', '\0', '\0', '\0'}
//布尔型数组（boolean[]）：默认值为 false
boolean[] boolArray = new boolean[5];   //{false, false, false, false, false}
//引用类型数组（如 String[], Object[], 自定义类数组等）：默认值为 null
String[] strArray = new String[5];   //{null, null, null, null, null}
```

以上就是 Java 中不同类型数组动态初始化后的默认值。

如果访问一个还没有引用任何对象的数组元素（即值为 null 的元素），Java 会打印出该数组类型的对应值。所以，对于引用类型的数组，动态初始化后必须逐一创建数组里的对象才能访问想要的数据。

当在编码时已经知道数组的具体内容，也就是能够明确指定每个元素的值时，应该使用静态初始化。当在编码时只知道数组的大小，但不知道具体的内容，或者内容需要在运行过程中计算得出时，应该使用动态初始化。

值得注意的是，在 Java 中不能在定义时指明数组大小，例如下面所示的代码是错误的。

```
float array[5];
```

4.1.2　访问数组

在学习数组的访问之前想要打印数组，初学者大概率会写出类似于下面的代码。

```
String[] array2={"lisi","zhangsan"};
System.out.println(array2);
```

然而令人失望的是，这段代码打印出的结果为[LJava.lang.String;@5caf905d，并不是数组里的元素，而是数组的地址，所以这种访问方式是行不通的。

在 Java 中，数组中的每个元素都有一个与之关联的索引，用于标识其在数组中的位置。

在 Java 中可以通过索引访问数组中的元素，索引是从 0 开始的，所以数组中的第一个元素的索引是 0，第二个元素的索引是 1，以此类推。例如，如果有一个名为 arr 的数组，就可以通过 arr[0]访问第一个元素，通过 arr[1]访问第二个元素，等等。

```
int[] arr = {1, 2, 3, 4, 5};
int firstElement = arr[0];   //firstElement 现在是 1
int secondElement = arr[1]; //secondElement 现在是 2
```

需要注意的是，数组的元素必须进行初始化后才能访问，但遗憾的是，编译器在访问数组时并不能检测出要访问的元素是否进行了初始化，所以程序员在使用数组时要格外小心。

遍历是编程中的一个基本概念，它指的是访问一个集合中的每个元素，并对其执行某种操作。在 Java 中，通常使用 for 循环或者 for-each 循环来遍历数组。

一、使用 for 循环遍历数组

```
int[] arr = {1, 2, 3, 4, 5};
for (int i = 0; i < arr.length; i++) {
    System.out.println(arr[i]);
}
```

在这个例子中，i 是循环变量，代表当前元素的索引。arr.length 是数组的长度，也就是数组中元素的数量。arr[i]则是使用索引 i 访问数组中的元素。

二、使用 for-each 循环遍历数组

```
int[] arr = {1, 2, 3, 4, 5};
for (int num : arr) {
    System.out.println(num);
}
```

在这个例子中，num 是每次循环时从数组中取出的元素。for-each 循环会自动遍历数组中的每个元素，无须手动处理索引。

需要注意的是，如果试图访问一个不存在的索引（例如，索引大于等于数组长度的值），Java 会抛出一个 ArrayIndexOutOfBoundsException 异常。

下面的例子定义了一个数组，存储 1 到 10 这 10 个整数，统计数组里面一共有几个数字能被 3 整除。

```
public class main {
    public static void main(String[] args) {
        //定义一个数组，存储 1 到 10 这 10 个整数
        int[] arr = {1, 2, 3, 4, 5, 6, 7, 8, 9, 10};
        //初始化计数器
        int count = 0;
        //遍历数组
        for (int num : arr) {
            //检查数字是否可以被 3 整除
            if (num % 3 == 0) {
                //如果可以被 3 整除，增加计数器
                count++;
            }
        }
        //输出结果
        System.out.println("数组中能被 3 整除的数字有 " + count + " 个");
    }
}
```

4.1.3 二维数组

在 Java 中可以创建和访问二维数组。二维数组可以看作是数组的数组，即每个元素都是一个数组。

一、创建二维数组

下面是创建二维数组的示例。

1．静态初始化：

```
int[][] arr = {{1, 2, 3}, {4, 5, 6}, {7, 8, 9}};
int[][] arr = {{1, 2, 3}, {4, 5}, {7, 8, 9}};
int[][] arr = {1, 2, 3, 4, 5, 6, 7};
```

前两种创建方式是对的，由于 Java 中不存在实际的二维数组，其中的二维数组只是通过数组嵌套数组实现的，所以第三种初始化方式是不对的。

2．动态初始化：

```
int[][] arr = new int[3][3]; //创建一个 3×3 的二维数组
```

或者

```
int[][] arr = new int[3][]; //创建一个有 3 个一维数组的二维数组（直角三角形），每个一维数组的长度递增
arr[0] = new int[1]; //指定第一个一维数组的长度为 1
arr[1] = new int[2]; //指定第二个一维数组的长度为 2
arr[2] = new int[3]; //指定第三个一维数组的长度为 3
```

这段代码等价于：

```
int[][]arr= new int[3][];
for (int i = 0; i < arr.length; i++)
{
arr[i]=new int[i];
}
```

下面是一些错误的二维数组的声明：

```
int arr[3][4];
int arr[][]=new int[][3];
int arr[3][4]=new int[3][4];
```

第一行代码：Java 不允许在声明数组时指定数组的大小。

第二行代码：在 Java 中，当你创建一个二维数组时，必须至少指定第一维的大小，不能只指定第二维的大小。正确的声明和初始化方式应该是“int[][] arr = new int[3][];”。然后，你可以为每个一维数组分配空间，如“arr[0] = new int[4];”。

第三行代码：和第一行代码犯了相同的错误，不能在声明数组时指定数组的大小。

二、访问和遍历二维数组

访问二维数组的元素需要两个索引，第一个索引表示一维数组的位置，第二个索引表示在该一维数组中的位置。例如，可以通过以下方式访问上述静态初始化的二维数组的元素：

```
int[][]={{1,2,3},{4,5,6},{7,8,9}};
System.out.println(arr[0][0]);
System.out.println(arr[1][2]);
System.out.println(arr[2][1]);
```

可以使用嵌套的 for 循环来遍历该二维数组：

```
for (int i = 0; i < arr.length; i++) {
    for (int j = 0; j < arr[i].length; j++) {
        System.out.print(arr[i][j] + " ");
    }
    System.out.println();//换行
}
```

打印结果为

```
1 2 3
4 5 6
7 8 9
```

System.out.print 方法将传入的参数输出到控制台，但不会在输出后添加换行符。这意味着如果你连续调用 System.out.print，所有的输出都会在同一行显示。此处通过调用 System.out.println() 实现换行，所以打印结果为一个 3×3 的矩阵。

下面的例子创建了一个 5×5 的二维 int 数组，计算了每一行中的最大值和最小值之差，并找出了差值最大的那一行。

```
public class main {
    public static void main(String[] args) {
        int[][] arr = {
            {1, 2, 3, 4, 3},
            {5, 6, 7, 2, 9},
            {10, 11, 20, 13, 14},
            {15, 16, 17, 13, 19},
            {20, 21, 22, 23, 25}
        };
        int maxDifference = Integer.MIN_VALUE;
        int maxDiffRow = -1;
        for (int i = 0; i < arr.length; i++) {
            int minVal = arr[i][0];
```

```
            int maxVal = arr[i][0];
            for (int j = 1; j < arr[i].length; j++) {
                if (arr[i][j] < minVal) {
                    minVal = arr[i][j];
                }
                if (arr[i][j] > maxVal) {
                    maxVal = arr[i][j];
                }
            }
            int difference = maxVal - minVal;
            if (difference > maxDifference) {
                maxDifference = difference;
                maxDiffRow = i;
            }
        }
        System.out.println("The row with the largest difference between the maximum and minimum values is: " + maxDiffRow);
    }
}
```

在这个程序中首先创建一个 5×5 的二维数组，然后遍历每一行，找出每一行的最大值和最小值，并计算差值，如果这个差值大于之前找到的最大差值，就更新最大差值和对应的行索引，最后打印出差值最大的那一行的索引。

4.1.4 复制数组

数组一经创建后其大小不可再被改变，但是可以使用这个数组的引用变量指向一个全新的数组。

```
int[] array1={1, 2, 3};
int[] array2={4, 5, 6};
int[] array2=array1;
array2[0] = 10;
System.out.println(array1[0]);
```

在这段代码中，array2 指向了 array1，这意味着 array1 和 array2 都是指向同一个数组的引用，并且如果没有其他的引用指向 array2 原来指向的数组，那么 array2 原来指向的数组里的数据就丢失了（因为无法访问这个数组）。当通过 array2 修改数组中的元素时，实际上也修改了 array1 中的元素，因为它们都是指向同一个数组的引用。所以，当执行“array2[0]=10;”这行代码后，array1[0]的值也会变成 10。因此，“System.out.println(array1[0]);”的输出将会是 10。

在 Java 中，System.arraycopy()是一个内建的方法，用于将源数组的内容复制到目标数组。这个方法非常高效，因为它是直接在内存中进行复制操作的。

System.arraycopy()方法需要 5 个参数。

1. src：源数组，即要复制的数组。
2. srcPos：源数组中的开始位置（起始索引）。
3. dest：目标数组，即要将数据复制到的数组。
4. destPos：目标数组中的开始位置（起始索引）。
5. length：要复制的数组元素的数量。

以下是一个具体的使用例子：

```
int[] srcArray = {1, 2, 3, 4, 5};
int[] destArray = new int[5];
System.arraycopy(srcArray, 0, destArray, 0, srcArray.length);
```

在这个例子中首先创建了一个有 5 个元素的源数组 srcArray。然后创建了一个新的、长度为 5 的空数组 destArray，最后使用了 System.arraycopy()方法将 srcArray 的所有元素复制到 destArray 中。

在这个操作之后，destArray 将包含与 srcArray 相同的元素。注意，这是一个浅复制（Shallow Copy），如果数组中的元素是引用类型，那么复制的只是引用，而不是实际的对象。如果需要深复制（Deep Copy），即复制实际的对象，那么需要采取其他的方法。

例 4.1　在开发一款电子商务应用时，程序员李亚坤遇到了一个问题：他需要跟踪每个商品的库存量。商品包括书籍、电子设备、家用电器和玩具等类别，每个类别下又有许多不同的商品。请写一段代码帮助他有效存储和访问这些信息。

引导 ChatGPT 生成的自然语言如下：

```
//编写一个 Java 程序，创建一个二维数组表示不同类别的商品库存，每个类别是一个数组，每个数组中的元素是该类别下的一个商品的库存量，然后计算每个类别的总库存，并打印输出。
```

ChatGPT 生成的代码如下：

```java
public class main {
    public static void main(String[] args) {
        //创建一个二维数组，每个类别是一个数组，每个数组中的元素是该类别下的一个商品的库存量
        int[][] stock = {
            {150, 200, 250}, //书籍库存
            {100, 120, 140}, //电子设备库存
            {300, 350, 400}, //家用电器库存
            {500, 550, 600} //玩具库存
        };
        //计算每个类别的总库存
        for(int i = 0; i < stock.length; i++) {
            int categoryTotal = 0;
            for(int j = 0; j < stock[i].length; j++) {
                categoryTotal += stock[i][j];
            }
            System.out.println("Category " + (i + 1) + " total stock: " + categoryTotal);
        }
    }
}
```

在例 4.1 中定义了一个二维数组 stock，其中每个一维数组代表一种类别的商品，数组中的元素表示该类别下每种商品的库存量。然后通过两层嵌套的 for 循环遍历这个二维数组，计算出每个类别的总库存。内层循环负责累加一个类别内所有商品的库存，外层循环则遍历所有类别。最后，代码将每个类别的总库存通过 System.out.println 打印输出。

例 4.2　曾经有一个小村庄，村庄里的居民们都非常喜欢种植花朵。他们每天都会花费大量的时间和精力来照料自己的花园，希望能培育出最美丽的花朵。然而，村庄的居民们对花朵的颜色有着不同的偏好。有的人喜欢红色的玫瑰，有的人喜欢蓝色的风信子，还有的人喜欢黄色的向日葵。为了更好地了解村庄居民对花朵的喜好，村长决定进行一次调查：他要求每个居

民在自己的花园里种植一种花朵，并记录下自己种植的花朵颜色。请编写一个 Java 程序帮助村长统计出每种花朵颜色的居民数量。

引导 ChatGPT 生成的自然语言如下：

编写一个 Java 程序，统计给定居民对花朵颜色的喜好，输出每种花朵颜色的居民数量。使用二维数组 flowerPreferences 记录居民的喜好，其中 true 表示喜欢，false 表示不喜欢。通过遍历数组并计数，统计每种花朵颜色的居民数量，并输出结果。

ChatGPT 给出的代码如下：

```
public class FlowerPreference {
    public static void main(String[] args) {
        //创建一个二维数组用来记录居民对花朵颜色的喜好
        boolean[][] flowerPreferences = {
            {true, false, true},    //第一个居民喜欢红色和黄色的花朵
            {false, true, false},   //第二个居民喜欢蓝色的花朵
            {true, true, false},    //第三个居民喜欢红色、蓝色的花朵
            {false, false, true}    //第四个居民喜欢黄色的花朵
        };
        //统计每种花朵颜色的居民数量
        int[] colorCounts = new int[3];  //三种花朵颜色
        for (int i = 0; i < flowerPreferences.length; i++) {
            for (int j = 0; j < flowerPreferences[i].length; j++) {
                if (flowerPreferences[i][j]) {
                    colorCounts[j]++;
                }
            }
        }
        //输出每种花朵颜色的居民数量
        System.out.println("红色花朵的居民数量：" + colorCounts[0]);
        System.out.println("蓝色花朵的居民数量：" + colorCounts[1]);
        System.out.println("黄色花朵的居民数量：" + colorCounts[2]);
    }
}
```

在例 4.2 中使用了一个二维布尔数组 flowerPreferences，其中的每个元素代表一个居民对花朵颜色的喜好，然后通过遍历二维数组，统计每种花朵颜色的居民数量，并将结果存储在整型数组 colorCounts 中，最后输出每种花朵颜色的居民数量。

4.2 Vector 类（向量）

想象一下，你是一位图书馆管理员，你的图书馆是一个巨大的知识宝库，每一本书都是一颗璀璨的明珠。你的任务是跟踪每本书被哪些读者借阅过，这样你就可以了解哪些书最受欢迎，哪些书可能需要更多的推广。然而，图书馆的访问者每天都在变化，新的读者加入，旧的读者离开，每一本书的借阅者也在不断变化。因此，你需要一个能够动态增长和缩小的数据结构来存储这些借阅者。另外，你的图书馆并非只有你一人在管理，还有其他的管理员也在同时更新这些数据。在这种情况下，普通的数组就像是一个固定大小的网，它无法满足你的需求。但是，Java 中的 Vector 就像是一个神奇的网，它不仅可以动态地伸缩，还可以安全地被多个收集者同时使用。

4.2.1　概述

在 Java 中，Vector 是一种动态数组，可以根据需要增长或缩小。它是 Java 集合框架的一部分，Vector（以及其他 Java 集合，如 ArrayList）相对于数组的优势主要包括以下几点。

1．能够动态调整大小：数组在创建时需要指定大小，并且一旦创建就无法更改大小。相比之下，Vector 可以动态地调整大小，当添加更多的元素时，它会自动增长，当删除元素时，它也可以缩小。

2．提供丰富的操作：Vector 类提供了许多有用的方法，如添加、删除、获取元素，查找元素的索引，检查元素是否存在等。而数组没有这些内置方法，需要手动编写代码来实现这些操作。

3．可以包含不同类型的元素：数组可以存储基本数据类型或对象，但一个数组只能存储一种类型的元素。相比之下，Vector 可以存储不同类型的对象（尽管这不是一个推荐的做法，因为它可能会导致类型转换错误）。

4．内置的同步支持：Vector 是线程安全的，可以在多线程环境中使用，而不需要外部同步。

然而，这些优点并不意味着你应该始终使用 Vector 代替数组。在某些情况下，数组可能是更好的选择。例如，对于固定大小，且不需要执行复杂操作的数据集，数组可能会提供更高的性能。另外，如果你正在处理基本数据类型（byte、short、int、long、float、double、char、boolean），数组可能会更有效，因为集合会自动装箱和拆箱这些类型，这会带来额外的开销。

4.2.2　Vector 类的构造方法

Java 的 Vector 类提供了三种主要的构造方法。

1．无参数构造方法：这种构造方法创建一个默认大小（容量）为 10 的空向量，其基本格式为

```
Vector<E> vector = new Vector<>();
```

2．指定初始容量的构造方法：这种构造方法创建一个指定大小的空向量。如果向量的元素数量超过了初始容量，向量的容量会自动增长，其基本格式为

```
Vector<E> vector = new Vector<>(initialCapacity);
```

其中 initialCapacity 是向量的初始容量。

3．指定初始容量和容量增长的构造方法：这种构造方法创建一个指定大小的空向量，并指定当需要增加容量时向量的容量增长量，其基本格式为

```
Vector<E> vector = new Vector<>(initialCapacity, capacityIncrement);
```

其中 initialCapacity 是向量的初始容量，capacityIncrement 是向量的容量增长量。如果 capacityIncrement 为 0，则当需要增加容量时，向量的新容量将是其旧容量的两倍。

在这些构造方法中，E 是向量元素的类型（下文的 E 相同）。如果指定的初始容量为负，则这些构造方法都会抛出 IllegalArgumentException 错误。

4.2.3　Vector 类对象的操作

Vector 类提供了一系列方法来增加、删除和查找元素。

一、增加元素

add(E element)：在向量的末尾添加一个元素。

add(int index, E element)：在向量的指定位置插入一个元素，后面的元素向后移动。

addElement(E obj)：在向量的末尾添加一个元素，这是一个遗留方法，与 add(E element)功能相同。

下面是一个添加元素的示例：

```
//创建一个 Vector 对象
Vector<String> books = new Vector<>();
//使用 add 方法在 Vector 末尾添加元素
books.add("The Great Gatsby");
books.add("Moby Dick");
//使用 add 方法在特定位置插入元素
books.add(1, "To Kill a Mockingbird");
//使用 addElement 方法添加元素，这是一个遗留方法，与 add 方法功能相同
books.addElement("1984");
```

二、删除元素

remove(int index)：删除向量中指定位置的元素，后面的元素向前移动。

remove(Object o)：删除向量中第一次出现的指定元素（如果存在的话）。

removeElement(Object obj)：删除向量中第一次出现的指定元素，这是一个遗留方法，与 remove(Object o)功能相同。

removeAllElements()：删除向量中的所有元素，这是一个遗留方法，与 clear()功能相同。

下面是删除元素的示例：

```
//创建一个 Vector 对象
Vector<String> books = new Vector<>();
//添加一些元素
books.add("The Great Gatsby");
books.add("Moby Dick");
books.add("To Kill a Mockingbird");
books.add("1984");
//使用 remove 方法删除特定位置的元素
books.remove(1);
//使用 remove 方法删除第一次出现的特定元素
books.remove("1984");
//使用 removeElement 方法删除第一次出现的特定元素，这是一个遗留方法，与 remove 方法功能相同
books.removeElement("The Great Gatsby");
```

三、查找元素

get(int index)：返回向量中指定位置的元素。

indexOf(Object o)：返回向量中第一次出现的指定元素的索引，如果向量不包含该元素，则返回-1。

lastIndexOf(Object o)：返回向量中最后一次出现的指定元素的索引，如果向量不包含该元素，则返回-1。

contains(Object o)：如果向量包含指定的元素，则返回 true。

elementAt(int index)：返回向量中指定位置的元素，这是一个遗留方法，与 get(int index)功能相同。

如果索引超出范围（索引小于 0 或大于等于向量的大小），这些方法都可以抛出 ArrayIndexOutOfBoundsException 异常。

下面是查找元素的示例：

```
//创建一个 Vector 对象
Vector books = new Vector<>();
//添加一些元素
books.add("The Great Gatsby"); books.add("Moby Dick");
books.add("To Kill a Mockingbird"); books.add("1984");
//使用 contains 方法检查 Vector 是否包含特定元素
if (books.contains("Moby Dick"))
{
System.out.println("Moby Dick is in the list.");
}
else
{
System.out.println("Moby Dick is not in the list.");
}
//使用 indexOf 方法获取特定元素在 Vector 中第一次出现的索引
int index = books.indexOf("1984");
if (index != -1)
{
System.out.println("1984 is at index " + index);
}
else
{
System.out.println("1984 is not in the list.");
 }
//使用 elementAt 方法获取特定位置的元素
StringbookAtPosition2 = books.elementAt(2);
System.out.println("The book at position 2 is " + bookAtPositions）
```

例 4.3　在一个遥远的星系中，存在着一种稀有的能量晶石，被称为“星辰石”。这种石头蕴含着强大的能量，可以用于推动飞船和供能设备。星际探险家们纷纷来到这个星系，希望能够找到并收集星辰石。在星系中，有一支由不同种族的探险家组成的队伍，他们需要将收集到的星辰石进行分配。每个探险家都有一个身份和一定数量的星辰石。现在需要编写一个简单的 Java 程序，使用向量来存储探险家的身份和星辰石数量，并计算队伍总共收集到的星辰石数量。

引导 ChatGPT 生成的自然语言如下：

```
//编写 Java 程序，请用一个向量存储探险家身份和星辰石数量，并计算队伍总共收集到的星辰石数量。
```

ChatGPT 给出的代码如下：

```
import java.util.Vector;
public class EnergyCrystalAllocation {
    public static void main(String[] args) {
        //创建探险家的身份和星辰石数量的向量
        Vector<String> identities = new Vector<>();
        Vector<Integer> crystalQuantities = new Vector<>();
        //添加探险家的身份和星辰石数量数据
        identities.add("人类探险家");
        crystalQuantities.add(10);
```

```
            identities.add("外星生物探险家");
            crystalQuantities.add(8);
            identities.add("机器人探险家");
            crystalQuantities.add(12);
            //计算队伍总共收集到的星辰石数量
            int totalCrystalQuantity = 0;
            for (int quantity : crystalQuantities) {
                totalCrystalQuantity += quantity;
            }
            //打印结果
            System.out.println("队伍总共收集到的星辰石数量: " + totalCrystalQuantity);
        }
    }
```

在例 4.3 中，这段代码创建了一个名为 EnergyCrystalAllocation 的 Java 类，并在 main()方法中使用 Vector 类分别创建了两个向量：identities 用于存储探险家的身份，crystalQuantities 用于存储每位探险家收集到的星辰石数量。然后使用 add()方法向这两个向量中添加了三位探险家的身份和对应的星辰石数量。接下来代码通过一个循环遍历 crystalQuantities 向量中的每个元素，将每个探险家收集到的星辰石数量累加到 totalCrystalQuantity 变量中。最后通过输出语句将队伍总共收集到的星辰石数量打印出来。

本章小结

本章介绍了数组和向量的概念和使用。

1．数组在创建时其大小就被固定下来，无法改变，而 Vector 是动态的，可以根据需要增长或缩小。

2．Vector 提供了一些额外的方法，如 addElement()、removeElement()、contains()、indexOf()等，这使得 Vector 在处理数据时更加灵活。而数组则没有这些方法。

3．由于数组的大小是固定的，所以访问其元素通常比访问 Vector 元素更快。

4．数组适合放基本类型数据和对象类型数据，而 Vector 只能放对象类型数据。

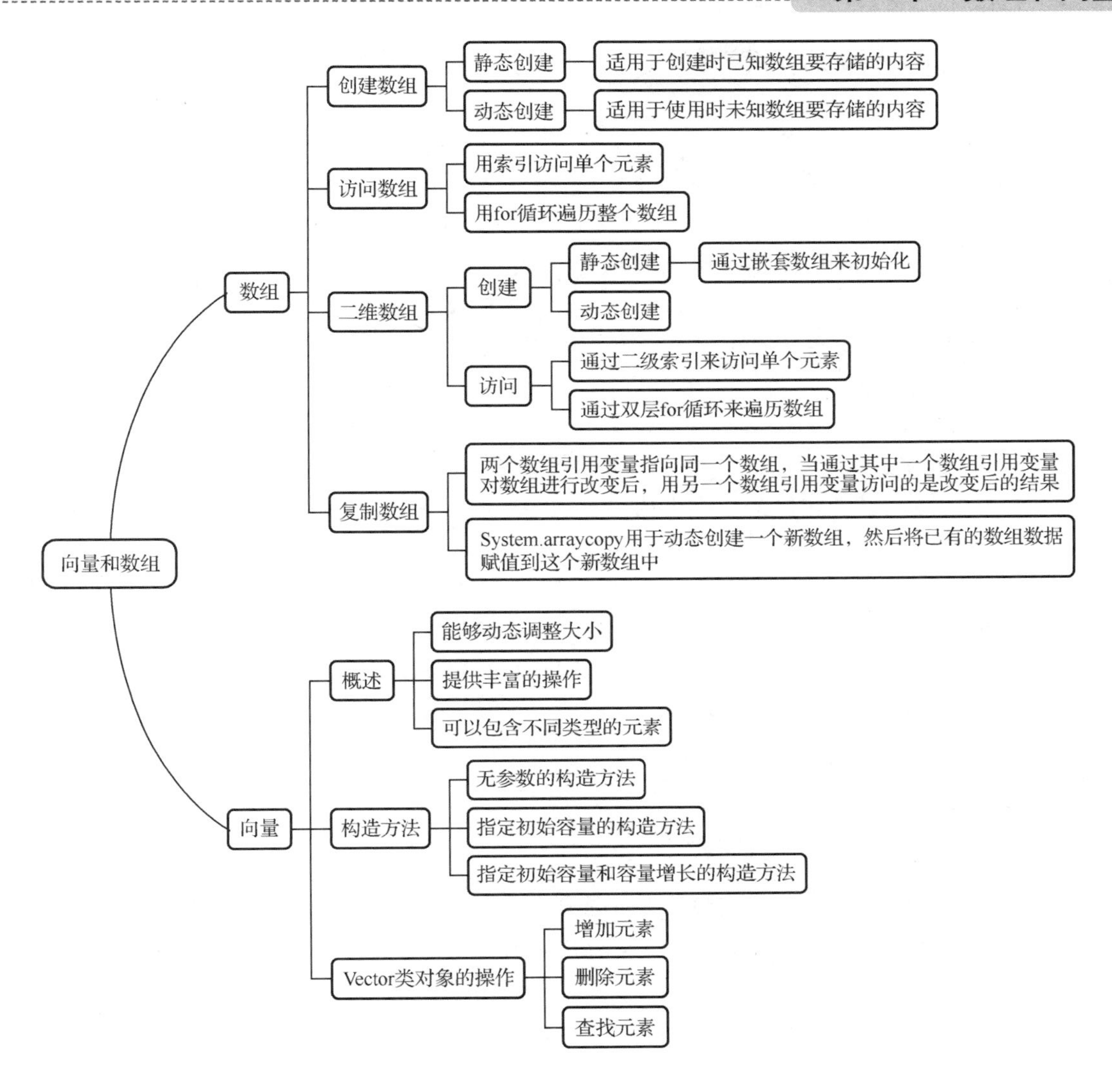

习题 4

一、填空题

1．在 Java 中，________是一种可以动态改变大小并且线程安全的数据结构，________是一个简单、快速并且内存使用效率高的数据结构。

2．数组和 Vector 都可以存储对象，但是数组可以存储________类型，包括基本类型和对象类型。然而，Vector 只能存储________，不能直接存储基本类型，例如 int、char 等。

3．在 Java 中，可以使用________关键字来创建一个数组对象。

4．数组可以通过索引来访问和修改元素，索引从________开始。

5．使用 Vector 类的 indexOf()方法可以获取指定元素在向量中的______。

二、选择题

1．在 Java 中，数组的大小是怎样的？（　　）

A．固定的　　B．动态变化的

C．可以通过方法调整的　　D．取决于数组中存储的数据类型

2．下列哪项是向量的特点？（　　）

A．固定大小　　B．动态大小

C．只能存储基本数据类型　　D．能存储任意数据类型

3．哪个方法可以将元素添加到向量中？（　　）

A．put()　　B．insert()　　C．add()　　D．append()

4．使用 Vector 类的哪个方法可以删除向量中的指定元素？（　　）

A．remove()　　B．delete()　　C．erase()　　D．discard()

5．哪个方法可以检查向量中是否包含指定的元素？（　　）

A．contains()　　B．exists()　　C．includes()　　D．has()

三、操作题

1．编写一个 Java 程序，计算给定整数数组中所有元素的平均值。

2．编写一个 Java 程序，使用向量存储一组字符串，并按照字符串长度升序排序再按顺序输出。

3．编写一个 Java 程序，要求实现以下功能：

（1）创建一个整型数组，包含以下元素：[10, 20, 30, 40, 50]。

（2）创建一个向量（Vector），并将数组中的元素添加到向量中。

（3）在向量中添加一个新元素：60。

（4）输出向量中的所有元素。

拓展阅读

在 Java 中，ArrayList 是一种实现了 List 接口的可变大小的数组。与常规数组不同，ArrayList 可以动态地增长和缩小。这是 ArrayList 最大的优点之一，因为你不需要知道在创建 ArrayList 时需要多少元素。

以下是一些关于 ArrayList 的基本信息。

1. 存储：ArrayList 可以存储任何类型的对象（包括 null），并且你可以在 ArrayList 中存储不同类型的对象。然而，通常我们使用泛型来限制 ArrayList 只能存储一种类型的对象，这有助于保持类型安全。

2. 动态调整大小：当添加更多的元素时，ArrayList 会自动增长。当元素被删除时，ArrayList 可以动态地缩小。

3. 访问元素：可以使用 get()和 set()方法通过索引访问或修改 ArrayList 中的元素。这些操作的时间复杂度为 $O(1)$。

4. 添加元素：可以使用 add()方法在 ArrayList 的末尾添加元素，或者在指定的位置添加元素。添加元素到 ArrayList 的末尾的时间复杂度为 $O(1)$，但是在 ArrayList 的中间添加元素则可能需要移动元素，所以时间复杂度为 $O(n)$。

5. 删除元素：可以使用 remove()方法删除指定的元素或者在指定的位置删除元素。删除元素可能需要移动元素，所以时间复杂度为 $O(n)$。

6. 其他操作：ArrayList 还提供了其他一些有用的方法，如 size()（返回 ArrayList 的大小）、isEmpty()（检查 ArrayList 是否为空）、contains()（检查 ArrayList 是否包含指定的元素）等。

下面是 ArrayList 的一个简单示例：

```
ArrayList<String> list = new ArrayList<String>(); //创建一个新的 ArrayList
list.add("Hello"); //添加元素
list.add("World");
System.out.println(list.get(0)); //获取并打印第一个元素（输出 "Hello"）
System.out.println(list.size()); //获取并打印 ArrayList 的大小（输出 "2"）
list.remove(0); //删除第一个元素
System.out.println(list.get(0)); //获取并打印第一个元素（输出 "World"）
```

第 5 章　字符串

字符串是一种用于表示文本和字符序列的数据类型，它不仅仅是字符的有序集合，更是 Java 程序与用户交流、信息存储和处理的主要工具。了解字符串的本质和操作方法是每位 Java 开发者的必备技能。

本章学习目标

一、知识目标

1．领悟字符串的本质。

2．掌握字符串的常规操作。

3．熟悉字符串方法。

二、技能目标

1．能够使用不同的字符串格式化方式格式化输出字符串。

2．掌握使用正则表达式等工具对字符串进行搜索和匹配。

三、情感态度与价值目标

1．培养耐心和毅力，学习字符串是需要不断实践和尝试的。

2．注重精确性，使用字符串时，细节和准确性是极其重要的。

3．学习字符串操作可以激发创造性思维，掌握更多字符串处理技巧。

5.1　初识字符串

5.1.1　字符串的特性

在 Java 中，字符串是一个表示文本数据的对象。字符串是不可变的，这意味着一旦创建了字符串对象，就无法更改其内容。字符串在 Java 中是通过 java.lang.String 类来表示的。

以下是一些关于 Java 字符串的特性。

1．不可变性：字符串一旦被创建，其内容不能被修改。任何对字符串的操作都会产生一个新的字符串对象。

2．String 类：字符串是通过 String 类来表示的。这个类提供了许多用于操作字符串的方法，如拼接、比较、截取等。

3．字符串字面值：在 Java 中，可以使用双引号创建字符串字面值，例如，"Hello, World!"。这是一种创建字符串对象的简便方式。

4．字符串方法：String 类提供了许多实用的方法，如 length()（获取字符串长度）、

charAt(index)（获取指定位置的字符）、substring(beginIndex, endIndex)（获取子字符串）等。

5.1.2　字符串的创建

1．使用字符串字面值：这是最简单和常见的方式，直接使用双引号括起来的字符序列来创建字符串。

```
String str = "Hello, World!";
```

2．使用 String 类的构造方法：可以使用 String 类的构造方法来创建字符串对象。这种方法允许在运行时动态地创建字符串。

```
String str = new String("Hello, World!");
```

5.2　字符串的操作

5.2.1　字符串的基本操作

一、字符串拼接

字符串拼接是指将两个或多个字符串合并成一个新的字符串的操作。在 Java 中，可以使用不同的方法进行字符串连接。

1．使用+运算符

```
String str1 = "Hello";
String str2 = "World";
String result = str1 + ", " + str2; //结果为 "Hello, World"
```

2．使用 concat()方法

```
String str1 = "Hello";
String str2 = "World";
String result = str1.concat(", ").concat(str2); //结果为 "Hello, World"
```

二、字符串比较

1．使用 equals()方法

equals()方法用于比较两个字符串的内容是否相同。

```
String str1 = "Hello";
String str2 = "hello";
boolean isEqual = str1.equals(str2); //结果为 false
```

2．使用 compareTo()方法

compareTo()方法用于按字典顺序比较两个字符串。

```
String str1 = "apple";
String str2 = "banana";
int result = str1.compareTo(str2);
//result < 0，表示 str1 在字典顺序上小于 str2
//result == 0，表示两个字符串相等
//result > 0，表示 str1 在字典顺序上大于 str2
```

三、字符串长度和字符索引

1．获取字符串长度

使用 length()方法可以得到字符串的长度。

```
String str = "Hello, Java!";
```

```
int length = str.length(); //结果为 13
```

2. 字符索引

通过 charAt()方法可以获取字符串中指定位置的字符，索引从 0 开始。

```
String str = "Hello, Java!";
char firstChar = str.charAt(0); //结果为 'H'
char fifthChar = str.charAt(4); //结果为 'o'
```

字符串的索引操作可以逐个访问字符串中的字符，执行各种字符级别的操作。

例 5.1 在 Java 字符串部落中，有一位年轻的勇士在做任务。请与其共同完成以下任务。

1. 请定义两个字符串变量 str1 和 str2，其内容分别为"Java"和"Programming"。

2. 使用" + "运算符将这两个字符串连接起来，并将结果存储在一个新的字符串变量 str3 中。

3. 使用 equals()方法比较新的字符串与"JavaProgramming"是否相等，并将比较结果存储在一个布尔变量 result 中。

4. 使用 charAt()方法获取 str3 中索引为 5 的字符，并将结果存储在一个字符变量 ch 中。

5. 输出变量 str3、result、ch 的内容。

> 提示：字符串创建后不可改变，需要重新创建一个新字符串来接收新的内容。

为实现上述例题，可以使用以下指令引导 Copilot 生成代码（注：下面的指令是引导 Copilot 生成代码的，具体与例题中的任务一致，这里不做省略，全书统一处理）：

> 任务 1：请定义两个字符串变量 str1 和 str2，其内容分别为"Java"和"Programming"。
> 任务 2：使用"+"运算符将这两个字符串连接起来，并将结果存储在一个新的字符串变量 str3 中。
> 任务 3：使用 equals()方法比较新的字符串与"JavaProgramming"是否相等，并将比较结果存储在一个布尔变量 result 中。
> 任务 4：使用 charAt()方法获取新字符串中索引为 5 的字符，并将结果存储在一个字符变量 ch 中。
> 任务 5：输出变量 str3、result、ch 的内容。
> 请编写一个程序来完成以上任务。

引导 Copilot 生成的代码如下所示：

```
public class Test {
    public static void main(String[] args) {
        //Task 1
        String str1 = "Java";
        String str2 = "Programming";
        //Task 2
        String str3 = str1 + str2;
        //Task 3
        boolean result = str3.equals("JavaProgramming");
        //Task 4
        char ch = str3.charAt(5);
        //Task 5
        System.out.println("str3: " + str3);
        System.out.println("result: " + result);
        System.out.println("ch: " + ch);
    }
}
```

5.2.2　StringBuffer 和 StringBuilder 类

一、StringBuffer 类

指可变字符序列，用于构造字符串对象。其内部使用自动扩容的数组来操作字符串数据。StringBuffer 类常用构造器介绍如下。

1．StringBuffer()：构造一个不带字符的字符串缓冲区，其初始容量为 16 个字符。

2．StringBuffer(int capacity)：构造一个不带字符，但具有指定初始容量的字符串缓冲区，即可对 byte[] value 的大小进行指定。

3．StringBuffer(String str)：构造一个字符串缓冲区，并将其内容初始化为指定字符串的内容。

StringBuffer 类常用方法介绍如下。

1．int length()：该方法可以获取到当前 StringBuffer 容器中字符串的有效长度。

2．int capacity()：该方法可以返回当前容器的容量。

3．StringBuffer append(...)：该方法可以将传入的形参对应的字符串加入到当前容器中。

4．StringBuffer delete(int start, int end)：该方法可以删除当前容器中指定序列部分的内容。传入的两个形参代表了删除的区间——[start, end)，仍然是熟悉的前闭后开的形式。

5．StringBuffer replace(int start, int end, String str)：该方法可以将当前容器中指定序列部分的字符串替换为传入的 str 字符串。前两个形参的作用同 delete 方法的形参。最后一个形参为最终替换成的字符串。

6．StringBuffer reverse()：该方法可以将当前容器中的字符串反转顺序后再返回。

7．StringBuffer insert(int offset, String str)：该方法可以在当前容器中字符串的指定索引处插入一段字符串，原字符串中的内容从该索引处自动后移。

由于 StringBuilder 类使用和 StringBuffer 类兼容的 API，因此，这两者的常用方法基本相同，故在此只展示其中一种。

二、StringBuilder 类

被设计用作 StringBuffer 类的一个简易替换，用在字符缓冲区被单个线程使用的时候。StringBuilder 类常用构造器介绍如下。

1．StringBuilder()：同 StringBuffer()。

2．StringBuilder(int capacity)：同 StringBuffer(int capacity)。

3．StringBuilder(String str)：同 StringBuffer(String str)。

StringBuilder 和 StringBuffer 的区别在于线程安全性，StringBuilder 不是线程安全的，而 StringBuffer 是线程安全的，适用于多线程环境。

5.2.3　字符串的格式化

字符串格式化符号如表 5-1 所示。

表 5-1　字符串格式化符号表

说明符	适用于	输出
%a	浮点数（BigDecimal 除外）	浮点数的十六进制输出
%b	任意种类	如果为非空，则为“真”，如果为空，则为“假”

续表

说明符	适用于	输出
%c	字符	Unicode 字符
%d	整数（包括字节、短整数、整数、长整数、大整数）	十进制整数
%e	浮点	科学计数法中的十进制数
%f	浮点	十进制数
%g	浮点	十进制数，可能采用科学计数法，具体取决于精度和值
%h	任意种类	来自 hashCode()方法的十六进制字符串值
%n	没有	特定于平台的行分隔符
%o	整数（包括字节、短整数、整数、长整数、大整数）	八进制数
%s	任意种类	字符串值
%t	日期/时间（包括 long、Calendar、Date 和 TemporalAccessor）	%t 是日期/时间转换的前缀。在此之后需要更多的格式化标志
%x	整数（包括字节、短整数、整数、长整数、大整数）	十六制字符串

1．在 Java 中格式化字符串的最常见方法是使用 String.format()。

```
String output = String.format("%s = %d", "joe", 35);
```

2．对于格式化的控制台输出，还可以使用 printf()或 System.out 和 System.err PrintStreams 的 format()方法。

```
System.out.printf("My name is: %s%n", "joe");
```

3．创建一个 Formatter 并将其连接到 StringBuilder。使用 format()方法格式化的输出将附加到 StringBuilder。

```
StringBuilder sbuf = new StringBuilder();
Formatter fmt = new Formatter(sbuf);
fmt.format("PI = %f%n", Math.PI);
System.out.print(sbuf.toString());
//you can continue to append data to sbuf here.
```

例 5.2 在 Java 字符串部落中，有一位年轻的工匠擅长在雕刻中使用字符串作为图纹。请与其共同完成以下任务：

1．使用 String 类的构造方法创建一个字符串对象 str1，内容为"Java Programming is fun!"。

2．使用 StringBuilder 类将 str1 转换为全大写，并将结果存储在一个新的字符串变量 str2 中。

3．使用 StringBuffer 类在 str2 后面添加两个感叹号"!"，并将结果存储在一个新的字符串变量 str3 中。

4．使用 printf 方法将 str3 进行格式化输出，格式为："Ethan's masterpiece: %s"。

提示：在 Java 中，字符串创建后可以使用 StringBuilder 和 StringBuffer 类进行内容更改。

为实现上述例题，可以使用以下指令引导 Copilot 生成代码：

```
任务 1：使用 String 类的构造方法创建一个字符串对象 str1，内容为"Java Programming is fun!"。
任务 2：使用 StringBuilder 类将 str1 转换为全大写，并将结果存储在一个新的字符串变量 str2 中。
任务 3：使用 StringBuffer 类在 str2 后面添加两个感叹号"!"，并将结果存储在一个新的字符串变量 str3 中。
```

任务 4：使用 printf 方法将 str3 进行格式化输出，格式为："Ethan's masterpiece: %s"。
请编写一个程序来完成以上任务。

引导 Copilot 生成的代码如下所示：

```
public class Test {
    public static void main(String[] args) {
        //Task 1
        String str1 = new String("Java Programming is fun!");
        //Task 2
        StringBuilder sb = new StringBuilder(str1);
        String str2 = sb.toString().toUpperCase();
        //Task 3
        StringBuffer stringBuffer = new StringBuffer(str2);
        stringBuffer.append("!!");
        String str3 = stringBuffer.toString();
        //Task 4
        System.out.printf("Ethan's masterpiece: %s", str3);
    }
}
```

5.2.4　字符串方法

在 Java 中，字符串类提供了许多方法来进行各种字符串操作。本小节将介绍一些常用的字符串方法，包括 charAt()方法、indexOf()方法、lastIndexOf()方法、substring()方法、length()方法以及 isEmpty()方法。

一、charAt()方法、indexOf()方法、lastIndexOf()方法等的使用

1．charAt()方法：获取指定位置的字符。

```
String str = "Hello, Java!";
char charAtIndex = str.charAt(7); //获取索引位置为 7 的字符，结果为 'J'
```

2．indexOf()方法：查找字符或子串第一次出现的位置。

```
String str = "Hello, Java!";
int index = str.indexOf("Java"); //查找子串 "Java" 第一次出现的位置，结果为 7
```

3．lastIndexOf()方法：查找字符或子串最后一次出现的位置。

```
String str = "Hello, Java!";
int lastIndex = str.lastIndexOf("a"); //查找字符 'a' 最后一次出现的位置，结果为 10
```

二、substring()方法：用于截取字符串的子串

```
String str = "Hello, Java!";
String subString = str.substring(7); //从索引位置 7 开始截取子串，结果为 "Java!"
```

substring(int beginIndex, int endIndex) 还可以指定起始和结束位置。

```
String str = "Hello, Java!";
String subString = str.substring(7, 11); //从索引位置 7 到 11（不包括 11）截取子串，结果为 "Java"
```

三、length()方法和 isEmpty()方法

1．length()方法：获取字符串的长度。

```
String str = "Hello, Java!";
int length = str.length(); //获取字符串的长度，结果为 13
```

2．isEmpty()方法：判断字符串是否为空。

```
String str1 = "Hello, Java!";
```

```
String str2 = "";
boolean isStr1Empty = str1.isEmpty(); //结果为 false
boolean isStr2Empty = str2.isEmpty(); //结果为 true
```

例 5.3 在 Java 字符串部落中，有一位女孩正在测试字符串处理能力。请与其共同完成以下任务：

1. 创建一个字符串变量 str1，内容为："Welcome to the jungle! It gets worse here every day."。
2. 使用 indexOf()方法找到字符串中第一次出现字符 'w' 的位置，并将其存储在一个整数变量 num 中。
3. 使用 substring()方法截取字符串中从第一个 'w' 出现位置开始到结尾的子串，并将结果存储在一个新的字符串变量 str2 中。
4. 使用 isEmpty()方法判断截取得到的子串是否为空，并将判断结果存储在一个布尔变量 result 中。
5. 输出变量 str1、str2、num、result 的内容。

提示：在 Java 中，存在大量的字符串方法进行字符串操作，对于常用的方法需要反复使用巩固。

为实现上述例题，可以使用以下指令引导 Copilot 生成代码：

任务 1：创建一个字符串变量 str1，内容为："Welcome to the jungle! It gets worse here every day."。
任务 2：使用 indexOf()方法找到字符串中第一次出现字符 'w' 的位置，并将其存储在一个整数变量 num 中。
任务 3：使用 substring()方法截取字符串中从第一个 'w' 出现位置开始到结尾的子串，并将结果存储在一个新的字符串变量 str2 中。
任务 4：使用 isEmpty()方法判断截取得到的子串是否为空，并将判断结果存储在一个布尔变量 result 中。
任务 5：输出变量 str1、str2、num、result 的内容。
请编写一个程序来完成以上任务。

引导 Copilot 生成的代码如下所示：

```
public class Test {
    public static void main(String[] args) {
        //Task 1
        String str1 = "Welcome to the jungle! It gets worse here every day.";
        //Task 2
        int num = str1.indexOf('w');
        //Task 3
        String str2 = str1.substring(num);
        //Task 4
        boolean result = str2.isEmpty();
        //Task 5
        System.out.println("str1: " + str1);
        System.out.println("str2: " + str2);
        System.out.println("num: " + num);
        System.out.println("result: " + result);
    }
}
```

5.3　正则表达式

5.3.1　正则表达式的基本概念

正则表达式是一种强大而灵活的文本匹配工具，用于在字符串中查找、替换和匹配模式。以下是正则表达式的基本要素。

1．字符类：使用方括号[]表示，用于匹配一个字符的集合。

例如，[abc]表示匹配字符 'a'、'b' 或 'c'。

2．元字符：具有特殊意义的字符，例如 ^、$、.、* 等。

例如，^ 表示匹配字符串的开头，$ 表示匹配字符串的结尾。

3．量词：用于指定匹配的次数。

例如，* 表示零个或多个，+ 表示一个或多个，? 表示零个或一个。

4．转义字符：使用反斜杠\来转义元字符，使其失去特殊意义。

例如，\. 表示匹配点字符（.）而不是任意字符。

5.3.2　使用 Pattern 和 Matcher 类进行正则匹配

Pattern 类用于创建一个正则表达式，也可以说创建一个匹配模式，它的构造方法是私有的，不可以直接创建，但可以通过 Pattern.complie(String regex)方法创建一个正则表达式。

```
Pattern p=Pattern.compile("\\w+");
p.pattern();//返回 \w+
```

pattern()返回正则表达式的字符串形式，其实返回 Pattern.complile(String regex)的是 regex 参数。

1. Pattern.split(CharSequence input)：用于分隔字符串，并返回一个 String[]。String.split(String regex)是通过 Pattern.split(CharSequence input)来实现的。

```
Pattern p=Pattern.compile("\\d+");
String[] str=p.split("QQ 号是:456456 电话是:0532214 邮箱是:aaa@aaa.com");
//结果:str[0]="QQ 号是:" str[1]="电话是:" str[2]="邮箱是:aaa@aaa.com"
```

2. Pattern.matcher(String regex,CharSequence input) 是一个静态方法，用于快速匹配字符串，该方法适合用于只匹配一次且匹配全部字符串。

```
Pattern.matches("\\d+","2223");//返回 true
Pattern.matches("\\d+","2223aa");//返回 false,需要匹配到所有字符串才能返回 true,这里 aa 不能匹配到
Pattern.matches("\\d+","22bb23");//返回 false,需要匹配到所有字符串才能返回 true,这里 bb 不能匹配到
```

3．Pattern.matcher(CharSequence input):返回一个 Matcher 对象。Matcher 类的构造方法也是私有的，不能随意创建，只能通过 Pattern.matcher(CharSequence input)方法得到该类的实例。

```
Pattern p=Pattern.compile("\\d+");
Matcher m=p.matcher("22bb23");
m.pattern();//返回 p，也就是返回该 Matcher 对象是由哪个 Pattern 对象的创建的
```

4．Matcher.matches()方法、Matcher.lookingAt()方法。

Matcher 类提供三个匹配操作方法，该三个方法均返回 boolean 类型，当匹配到时返回 true，没匹配到则返回 false。matches()对整个字符串进行匹配，只有整个字符串都匹配了才返回 true。

```
Pattern p=Pattern.compile("\\d+");
```

```
Matcher m=p.matcher("22bb23");
m.matches();//返回 false，因为 bb 不能被\d+匹配，导致整个字符串匹配未成功
Matcher m2=p.matcher("2223");
m2.matches();//返回 true，因为\d+匹配到了整个字符串
```

lookingAt()对前面的字符串进行匹配，只有匹配到的字符串在最前面才返回 true。

```
Pattern p=Pattern.compile("\\d+");
Matcher m=p.matcher("22bb23");
```

5．示例：

```
import java.util.regex.*;
public class RegexExample {
    public static void main(String[] args) {
        String input = "Hello, 2022!";
        //定义正则表达式
        String regex = "\\d+";
        //编译正则表达式
        Pattern pattern = Pattern.compile(regex);
        //创建 Matcher 对象
        Matcher matcher = pattern.matcher(input);
        //进行匹配
        if (matcher.find()) {
            System.out.println("匹配到数字：" + matcher.group());
        } else {
            System.out.println("未匹配到数字");
        }
    }
}
```

上述代码使用正则表达式 \d+ 来匹配字符串中的数字，使用 Pattern.compile() 方法编译正则表达式，然后使用 Matcher 对象进行匹配。

例 5.4 在 Java 字符串部落中，有一位年轻猎手擅长使用正则表达式来捕捉字符串中的特定模式，请与其共同完成以下任务：

1．创建一个字符串 str，内容为："The code is AB-123 and XY-456 is the secret code."。

2．使用正则表达式找出所有形如"XX-YYY"（其中 X 和 Y 是字母，Y 是数字）的模式，并将它们存储在一个新的字符串数组 arr 中。

3．使用 Pattern 和 Matcher 类进行正则匹配，找出所有符合要求的模式并输出。

提示：在 Java 中，正则表达式是一项重要的技术，专门用于字符的匹配。

为实现上述例题，可以使用以下指令引导 Copilot 生成代码：

任务 1：创建一个字符串 str，内容为："The code is AB-123 and XY-456 is the secret code."。

任务 2：使用正则表达式找出所有形如"XX-YYY"（其中 X 和 Y 是字母，Y 是数字）的模式，并将它们存储在一个新的字符串数组 arr 中。

任务 3：使用 Pattern 和 Matcher 类进行正则匹配，找出所有符合要求的模式并输出。

请编写一个程序来完成以上任务。

引导 Copilot 生成的代码如下所示：

```
import java.util.regex.Matcher;
import java.util.regex.Pattern;
public class Test {
    public static void main(String[] args) {
```

```
        //Task 1
        String str = "The code is AB-123 and XY-456 is the secret code.";
        //Task 2
        String[] arr = findPatterns(str);
        //Task 3
        printPatterns(arr);
    }
    private static String[] findPatterns(String str) {
        Pattern pattern = Pattern.compile("[A-Z]{2}-\\d{3}");
        Matcher matcher = pattern.matcher(str);
        StringBuilder sb = new StringBuilder();
        while (matcher.find()) {
            sb.append(matcher.group()).append(" ");
        }
        return sb.toString().split(" ");
    }
    private static void printPatterns(String[] arr) {
        for (String pattern : arr) {
            System.out.println(pattern);
        }
    }
}
```

本章小结

1．字符串的本质：是由字符组成的不可变序列，可以包含各种字符和控制字符。

2．字符串的创建：掌握创建字符串的多种方式，包括使用字符串字面值和使用 String 类的构造方法。

3．字符串的基本操作：深入研究了字符串的基本操作，包括字符串拼接、字符串比较、求字符串长度等。

4．字符串的格式化：探讨了多种字符串格式化的方法，包括 printf 和 format 方法、String.format()方法。

5．字符串方法：学习了多个字符串方法，包括查找子串、获取长度、判断非空等。

6．正则表达式：正则表达式作为一种强大的文本模式匹配工具，为处理更复杂的字符串模式提供了高级技术。

7．StringBuilder 和 StringBuffer 类的使用：StringBuilder 和 StringBuffer 的区别在于线程安全性，StringBuilder 不是线程安全的，而 StringBuffer 是线程安全的，适用于多线程环境。

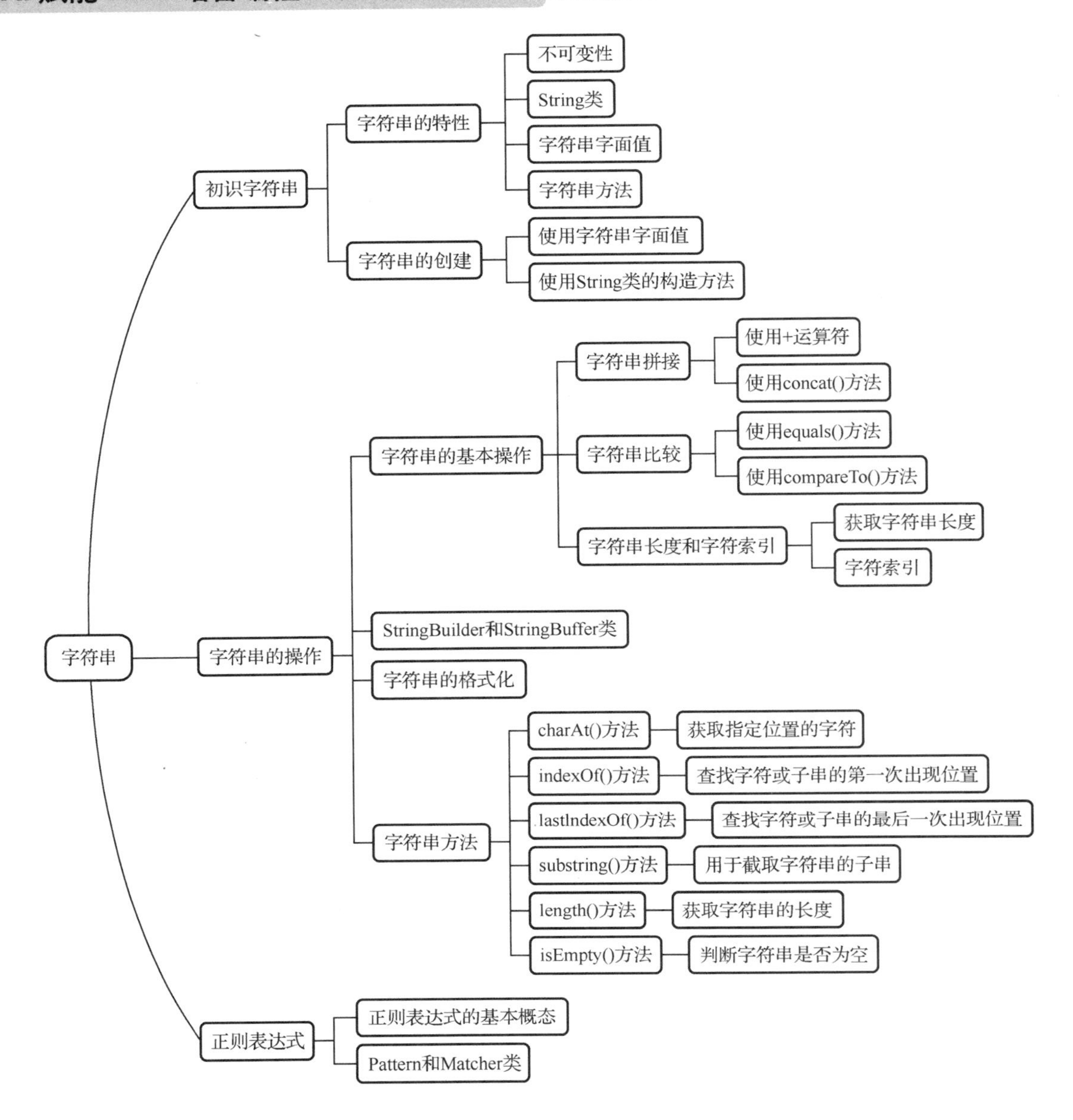

习题 5

一、判断题

1．不可变性指的是字符串在 Java 中一旦被创建，其内容可以被修改。（　　）

2．String 类提供了用于操作字符串的方法，如拼接、比较、截取等。（　　）

3．StringBuilder 和 StringBuffer 在功能上完全相同，可以互换使用。（　　）

4．正则表达式的元字符^表示匹配字符串的结尾。（　　）

5．在 Java 中，字符串长度可以使用 length()方法获取。（　　）

二、选择题

1．下面哪种方法可以用于字符串的拼接？（　　）

A．append()　　B．subtract()　　C．multiply()　　D．divide()

2．String.format()方法与 printf 方法有什么区别？（　　）

A．没有区别，两者可以互换使用。

B．printf 方法用于格式化输出，而 String.format()方法返回格式化的字符串。

C．String.format()方法用于格式化输出，而 printf 方法返回格式化的字符串。

D．两者都只返回格式化的字符串。

3．indexOf()方法的作用是（　　）。

A．获取字符串的长度　　B．判断字符串是否为空

C．获取指定位置的字符　　D．查找子串第一次出现的位置

4．以下哪个正则表达式可以匹配至少一个数字？（　　）

A．\d　　B．\d+　　C．\D　　D．\D+

5．StringBuilder 和 StringBuffer 的主要区别是（　　）。

A．StringBuilder 效率更高，但不适用于多线程环境

B．StringBuilder 是不可变的，StringBuffer 是可变的

C．StringBuilder 是线程安全的，StringBuffer 是非线程安全的

D．StringBuffer 效率更高，但不适用于单线程环境

三、编程题

1．在 Java 字符串部落中，有一种特殊的语言叫作“颠倒语”，它的特点是将每个单词的字母顺序颠倒过来，但保持单词间的顺序不变。例如，单词“hello”在颠倒语中变成了“olleh”。现在，请编写一个 Java 程序，将给定句子转换为颠倒语。原句子：I love coding in Java。

2．在 Java 字符串部落中，有一种神秘的传说，称为“幻影字符串”。据说，一旦掌握了它的力量，就能够从字符串中提取出隐藏的信息。请编写一个 Java 程序，根据以下规则从给定的字符串中提取出幻影字符串：

（1）从字符串的第一个字符开始，每隔一个字符取一个字母。

（2）从字符串的最后一个字符开始，每隔一个字符取一个字母。

（3）将上述步骤得到的两个结果连接起来，形成幻影字符串。

原字符串：Java is amazing!

3．在 Java 字符串部落中，有一位程序员对回文字符串（即正着读和倒着读都一样的字符串）很感兴趣。于是发明了一个游戏，游戏规则如下：输入一个字符串，如果它是回文字符串，则表示赢；如果不是，则表示输。现在，请编写一个 Java 程序，实现这个有趣的游戏（假设给定的字符串中只包含小写字母）。

拓展阅读 1

String 类、StringBuffer 类、StringBuilder 类

（一）StringBuffer 类与 String 类的相互转化

1．String ——> StringBuffer

方式一：利用 StringBuffer(String str)。

Eg：StringBuffer stringBuffer_0 = new StringBuffer("Java yyds");

方式二：利用 StringBuffer()和 append 方法向容器中添加字符（串）。

Eg：StringBuffer stringBuffer_1 = new StringBuffer();

stringBuffer_1.append("Cyan_RA9");

2. StringBuffer ——> String

方式一：利用 StringBuffer 类提供的 toString 方法。

Eg : StringBuffer stringBuffer_0 = new StringBuffer("Java yyds");

String str_0 = stringBuffer.toString();

方式二：利用 String 类提供的构造器，在形参列表中直接传入一个 StringBuffer 类对象。

Eg : StringBuffer stringBuffer_1 = new StringBuffer();

String str_1 = new String(stringBuffer_1);

（二）String 类、StringBuffer 类、StringBuilder 类总比较

1. 特性对比

① String：不可变字符序列，效率低，但是复用率高。

② StringBuffer：可变字符序列，效率较高，且线程安全。

③ StringBuilder：可变字符序列，效率最高，但线程不安全。

2. 使用场景对比

① String：适用于字符串很少被修改，且被多个对象引用的情况，比如定义数据库的 IP 信息、配置信息等。

② StringBuffer：适用于存在大量修改字符串的情况，且满足多线程条件。

③ StringBuilder：适用于存在大量修改字符串的情况，且满足单线程条件。

（来源：知乎专栏）

拓展阅读 2

正则表达式

正则表达式，又称规则表达式（Regular Expression，在代码中常简写为 regex、regexp 或 RE），计算机科学中的一个概念。正则表达式通常被用来检索、替换那些符合某个模式（规则）的文本。

正则表达式是对字符串[包括普通字符，例如，a 到 z 之间的字母）和特殊字符（称为“元字符”）]操作的一种逻辑公式，就是用事先定义好的一些特定字符及这些特定字符的组合，组成一个“规则字符串”，这个“规则字符串”用来表达对字符串的一种过滤逻辑。正则表达式是一种文本模式，该模式描述在搜索文本时要匹配的一个或多个字符串。

（一）校验数字的表达式

- 数字：^[0-9]*$
- *n* 位的数字：^\d{n}$
- 至少 *n* 位的数字：^\d{n,}$
- *m*～*n* 位的数字：^\d{m,n}$
- 零和非零开头的数字：^(0|[1-9][0-9]*)$
- 非零开头的最多带两位小数的数字：^([1-9][0-9]*)+(\.[0-9]{1,2})?$
- 带 1～2 位小数的正数或负数：^(\-)?\d+(\.\d{1,2})$
- 正数、负数和小数：^(\-|\+)?\d+(\.\d+)?$
- 有两位小数的正实数：^[0-9]+(\.[0-9]{2})?$

- 有1～3位小数的正实数：^[0-9]+(\.[0-9]{1,3})?$
- 非零的正整数：^[1-9]\d*$或^([1-9][0-9]*){1,3}$ 或 ^\+?[1-9][0-9]*$
- 非零的负整数：^-[1-9]\d*$
- 非负整数：^\d+$或^[1-9]\d*|0$
- 非正整数：^-[1-9]\d*|0$或^((-\d+)|(0+))$
- 浮点数：^(-?\d+)(\.\d+)?$或^-?([1-9]\d*\.\d*|0\.\d*[1-9]\d*|0?\.0+|0)$

（二）校验字符的表达式

- 汉字：^[\u4e00-\u9fa5]{0,}$
- 英文和数字：^[A-Za-z0-9]+$或^[A-Za-z0-9]{4,40}$
- 长度为3～20的所有字符：^.{3,20}$
- 由26个英文字母组成的字符串：^[A-Za-z]+$
- 由26个大写英文字母组成的字符串：^[A-Z]+$
- 由26个小写英文字母组成的字符串：^[a-z]+$
- 由数字和26个英文字母组成的字符串：^[A-Za-z0-9]+$
- 由数字、26个英文字母或者下画线组成的字符串：^\w+$或^\w{3,20}$
- 中文、英文、数字包括下画线：^[\u4E00-\u9FA5A-Za-z0-9_]+$
- 中文、英文、数字但不包括下画线等符号：^[\u4E00-\u9FA5A-Za-z0-9]+$或^[\u4E00-\u9FA5A-Za-z0-9]{2,20}$
- 可以输入含有^%&',;=?$\"等字符：[^%&',;=?$\x22]+
- 禁止输入含有~的字符：[^~\x22]+

（来源：知乎专栏）

第 6 章　对象和类

在 Java 中，一切皆为对象。对象是程序中的基本构建块，可以代表现实世界中的实体或概念，并具有状态、行为和标识。而类则是对象的蓝图或模板，定义对象的结构和行为。通过类能够创建多个相似的对象，可为代码的重用和组织提供有效的手段。

本章学习目标

一、知识目标

1．理解面向对象编程的基本概念。

2．掌握类的声明并深入了解对象的特性。

3．了解封装的概念。

二、技能目标

1．能够使用构造方法来构造对象和类，解决实际问题。

2．掌握继承和多态实现对对象和类的重用与拓展。

三、情感态度与价值目标

1．培养对未知事物探索的品质，探索对象与类之间的关系。

2．培养灵活的思维，提高对实际问题的处理能力。

6.1　对象和类的初步介绍

对象与类是面向对象编程（OOP）的基本概念，赋予 Java 语言强大的抽象能力和灵活性，使得程序设计变得更加模块化、可维护和可扩展。

6.1.1　面向对象技术

一、使用面向对象技术的原因

在面向对象编程出现之前，编程流行的还是面向过程的设计方式。使用面向过程设计方式时，代码缺乏良好的抽象机制，可重用性和灵活性差，不利于团队协作。当程序的规模扩展时，需要修改很多代码，导致维护困难。

随着开发系统的不断强大，面向过程的设计方法已经不能满足使用者的要求。这时，面向对象编程技术横空出世，它使程序的结构变得简单，团队协作更加容易，最重要的是，代码的可重用性和灵活性大大提高。

二、面向对象编程的概念

面向对象编程是一种软件开发的编程范式或方法论，其核心思想是使用对象和类的概念来组织和设计代码，模拟现实世界中的实体和其相互之间的关系。面向对象编程包含的主要概念有类、对象、封装、继承、多态、抽象、接口以及实例化。

6.1.2 对象和类的定义

一、类的定义

在面向对象编程中，类是一种用于描述对象共同特征和行为的抽象数据类型。类是一种对象的模板或蓝图，定义对象的属性（也称为成员变量或字段）和方法。通过实例化，可以基于类创建具体的对象。类通常包含以下元素：类名、成员变量、构造方法、方法。

类定义含有两部分：数据成员变量和成员方法。其中 class 是关键字，表明后面定义的数据类型是一个类。class 前面的修饰符可以有多个，用来限制定义的类的使用方式。类名是用户给这个类起的名字，它必须是一个合法的标识符，并且遵从命名约定。

类定义中的数据成员变量，可以不止一个。变量名前面的数据类型是变量的类型；类的方法可以有多个，方法名前面的返回类型是方法返回值的类型，下面的方法体是方法需要执行的语句。

二、对象的定义

在 Java 编程中，对象是类的实例，是具有特定的属性和行为的实体。

对象的定义需要包括以下关键点。

1．类与实例：对象通过类定义，是类的具体实体。

2．属性（成员变量）：对象具有一组描述对象特征的属性。

3．行为（成员方法）：对象能够执行由类中的成员方法定义的特定操作。

4．状态：对象的状态由成员变量的当前值决定，其反映对象在某时刻的属性值。

5．封装：对象封装数据和行为，限制对内部的直接访问，需要通过公共接口提供对象的访问。

6．实例化：实例化是根据类创建对象的过程。通过关键字 new 可实例化一个类，为对象分配内存并调用构造方法进行初始化。

6.2 类的基本结构

类的基本结构包括三个部分：声明、成员变量和成员方法、构造方法。这只是基本结构，在实际应用中需要根据具体需求进行调整和扩展。

6.2.1 声明

类的声明指定义一个类的基本结构，包括类的访问修饰符、类名以及包含在大括号内的类体。图 6-1 所示的是类声明的一般格式。

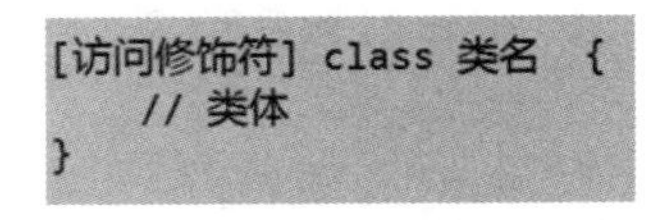
```
[访问修饰符] class 类名 {
    // 类体
}
```

图 6-1 类声明的一般格式

一、访问修饰符

访问修饰符是用于控制类的访问级别。常见的修饰符有 public（公共）、private（私有）、

protected（受保护）以及默认修饰符（无修饰符）。public 修饰符创建的类对所有的类可见，protected 修饰符创建的类对同一包内的类和所有子类可见，private 修饰符创建的类在同一类中可见。

二、类名

对于类的取名，有一些注意事项需要知道。

1．标识符规则：

（1）由字母、数字、下画线和美元符号组成。

（2）第一个字符必须是字母、下画线或美元符号。

（3）不能是 Java 关键字。

2．命名规范：遵循 Java 的命名规则，类名应该使用驼峰命名法，即每个单词的首字母大写，其余的小写。

3．清晰和描述性：类名要具有清晰和描述性的特点，能够准确反映类的用途和职责，增强代码的可读性和可维护性。

4．避免缩写：尽量避免使用缩写，除非缩写是广泛认可的或是行业标准。

6.2.2 成员变量和成员方法

成员变量和成员方法分别定义类的状态和行为。

一、成员变量

成员变量是类中用于描述对象状态的变量，有时也被称为属性或字段。每个类的对象都有一组独立的成员变量，这些变量的值可以在类的各个方法中使用和修改。

成员变量通常在类的顶部声明，一般在类的大括号之内，类方法之外。成员变量可以使用访问修饰符来控制其访问级别。在成员变量创建完成时，系统会给成员变量赋予默认值，例如 int 类型的默认值是 0。成员变量的生命周期与对象的生命周期相同，在对象被销毁时销毁。成员变量可以分为实例变量和类变量。实例变量属于对象，类变量属于类。

二、成员方法

成员方法是类中定义用于执行特定操作或者提供特定功能的函数，也被称为方法或类函数。成员方法用于表示对象的行为，可以操纵成员变量，并提供外部访问对象的接口。

成员方法被声明在类的内部，即在类的大括号之内。成员方法可以有返回值，类型可以是任何合法的 Java 数据类型，还可以用访问修饰符来控制访问级别。

6.2.3 构造方法

构造方法是类中一种特殊类型的方法，它的名称必须与类名相同且没有返回类型，并在使用 new 创建对象时自动调用。在一个类中，只要参数类型不同，即可有多个构造方法。

例 6.1 宠物店需要统计狗狗的各种特点。请编写一个程序实现类 Animal 的创建，并在类中添加需要的属性，比如品种、大小、年龄和颜色等。

引导 ChatGPT 给出的代码如下所示。

```
public class Animal {
    //属性
    private String species;
    private String size;
    private int age;
```

```
        private String color;

    //构造方法
    public Animal (String species, String size, int age, String color) {
        this.species = species;
        this.size = size;
        this.age = age;
        this.color = color;
    }
```

6.3　对象的创建和使用

对象的创建和使用是面对对象编程中的核心操作。通过类的实例化，可以创建具体的对象，并通过调用对象的方法和访问器属性来实现程序的逻辑。对象的使用使得程序更模块化、可维护，同时提供一种自然且直观的方式来处理复杂系统。

6.3.1　创建对象

对象的创建是通过实例化对应的类来实现的。类定义对象的属性和方法，实例化指基于类创建一个具体的对象的过程。

Java 一般使用 new 关键字来创建一个新的对象。在这个过程中会有堆内存为对象分配空间，并返回对该空间的引用。当使用的类有参数化的构造函数时，可以在创建对象时传递参数。

创建对象的一般格式为

```
ClassName objectName = new ClassName(arguments);
```

注：ClassName 是要实例化的类的名称，objectName 是引用新创建对象的变量名，arguments 是传递给类构造方法的函数，用于初始化对象的属性。

6.3.2　访问成员变量和调用成员方法

访问成员变量和调用成员方法是面向对象编程中的基本概念，通常使用在类和对象的上下文中。

一、访问成员变量

通过访问成员变量，程序员能够获取和修改对象的属性。访问成员变量的方法取决于变量的访问修饰符。通常，成员变量被声明为私有并通过公共方法类提供访问。

用户可以直接访问公共成员变量。若成员变量的访问修饰符是公共的（public），则可以直接通过实例对象来访问。但为了更好地控制成员变量，一般会被声明为私有的（private）。这时不能用上面的方法来访问成员变量，可以用 Getter 和 Setter 方法提供间接访问。

还可以使用封装将对象的内部隐藏起来，这样可以更灵活地控制和保护成员变量。另外，若成员变量是静态的，则可以通过类名直接访问，无须创建类的实例。

访问成员变量的一般格式为

```
objectName.memberVariable
```

注：objectName 是对象的引用变量，memberVariable 是成员变量的名称。

二、调用成员方法

调用成员方法是面向对象编程中的一项基本操作，用于执行对象所具有的特定功能。调用成员方法需要使用对象实例并通过点运算符“.”来调用方法。语法通常是“对象实例.方法名”。在方法内部，可以使用 this 关键字引用当前对象实例。调用成员方法时，程序会执行方法中的代码块。

调用成员方法的一般格式为

```
objectName.methodName(arguments)
```

注：methodName 是成员变量的名称，arguments 是传递给方法的参数。

6.3.3　对象引用

对象引用是用于访问和操作对象的一种机制。创建完对象后，可以对对象进行引用，几乎所有的数据类型都是引用类型。基本数据类型是值类型，但可以被包装成对应的引用类型。

一、引用变量

引用变量是一种特殊类型的变量，用于储存对象的引用而不是对象本身。引用变量充当指针的角色，指向堆内存中储存的实际对象。这种设计提供灵活性和对象的动态性，允许在运行的时候创建和销毁对象。

多个引用变量可以指向同一个对象。这意味着对一个引用变量的更改会影响到其他引用变量。引用变量可赋值为 null，表示不引用任何对象。

Java 是具有垃圾回收机制的，负责自动释放不再被引用的对象的内存。当没有任何引用指向一个对象时，该对象成为不可访问的，最终会被垃圾回收器回收。

引用变量的一般格式为

```
DataType variableName;
```

例 6.2　图书馆中的书籍非常多，为方便管理员整理这些书籍，请编写程序创建一个类并实例化一个对象，用于存放书籍的相关信息。

使用 ChatGPT 编写的代码如下所示。

```
//Book 类表示图书
class Book {
    //属性
    private String title;
    private String author;
    private int publicationYear;
    private boolean isAvailable;          //表示图书是否可借阅

    //构造方法
    public Book(String title, String author, int publicationYear) {
        this.title = title;
        this.author = author;
        this.publicationYear = publicationYear;
        this.isAvailabel = true;                //初始状态下图书可借阅
    }

    //方法：获取图书信息
    public String getBookInfo() {
        return "Title:" + title + "\nAuthor:" + author + "\nPublication Year: " + publicationYear +
                "\nAvailability: " + (isAvailable ? "Available" : "Not Available");
    }
```

```
}
```

二、引用类型

在 Java 中，每个基本数据类型都有对应的包装类，用于将基本数据类型包装成引用类型。这些包装类提供一些额外的方法和功能，同时也允许在需要引用类型的场合使用基本数据类型。下面是基本数据类型及其对应的包装类。

1. 整型：基本数据类型 int；包装类 Integer。
2. 长整型：基本数据类型 long；包装类 Long。
3. 浮点型：基本数据类型 float；包装类 Float。
4. 双精度浮点型：基本数据类型 double；包装类 Double。
5. 字符型：基本数据类型 char；包装类 Character。
6. 布尔型：基本数据类型 boolean；包装类 Boolean。

这些包装类提供丰富的方法，例如，将字符串转换为对应类型的值、将字符串转换为基本数据类型等。随着 Java 不断发展，Java 引入了自动装箱（Autoboxing）和拆箱（Unboxing）的特性，使得基本数据类型和其对应的包装类之间的转换更加方便。系统会自动地将基本数据类型和对应的包装类进行转换。

6.4 封装

封装是面向对象编程中一项重要概念，指将一个类的实现细节隐藏起来，只向外界提供访问和操作的接口。在 Java 中，封装通过访问修饰符和方法来实现。

6.4.1 访问修饰符

访问修饰符用于控制类、接口、成员变量和方法的访问权限。Java 提供了四种修饰符，分别是 private、default、protected、public。

1. private（私有的）：表示最小的访问权限。被其修饰的成员只能在其内部访问，其他任何类都不能直接访问。

2. default（默认，无修饰符）：当没有使用任何访问修饰符时，成员的访问权限为包级别，即在同一个包内可见，其他包中不可见。

3. protected（受保护的）：被 protected 修饰的成员可以在同一个包内以及其子类中访问，但在其他包中不可访问。

4. public（公共的）：被 public 修饰的成员可以被任何类访问，无论是同一个包内还是其他包中。

这些访问修饰符可以用于类的声明、成员变量、方法以及构造方法。选择适当的访问修饰符可以帮助控制代码的可见性，从而提高代码的封装性和安全性。

访问修饰符一般的使用格式为

```
[访问修饰符] [非访问修饰符] 返回类型 方法名(参数列表) {
    //方法体
}
```

6.4.2 封装的优势

封装是面向对象编程的一个基本原则，通过类的封装可以带来多方面的优势。

一、信息隐藏

封装允许将对象的内部细节隐藏起来，只暴露必要的接口给外部。在 Java 中，通过使用私有修饰符，可以限制成员变量和方法的访问权限，从而实现信息的隐藏。这有助于提高代码的安全性和可维护性。

二、模块化和组织性

封装有助于将代码组织成模块化的单元。类的封装使得代码更易于理解和维护，每个类都扮演着特定的角色，有特定的职责。

三、代码复用

封装可以促进代码的复用。通过创建具有独立功能的类，这些类可以在不同的应用程序中重复使用，从而减少代码的冗余。

四、抽象和多态

封装支持抽象概念的建模。通过定义抽象类和接口，可以实现多态性，使得代码更加灵活和可拓展。

五、隔离变化

类的封装有助于隔离变化。当类的内部实现发生变化时，只需要修改类的内部，而不会影响其他使用该类的代码。这提高了代码的可维护性和灵活性。

6.4.3 Getter 和 Setter 方法

在 Java 中，Getter 和 Setter 方法用于访问和修改对象的私有字段（成员变量）。这两种方法允许通过类的公共接口访问和修改对象的状态，同时保持对象内部实现的封装。Getter 和 Setter 的使用如下所示。

```
public class Person {
    //私有成员变量
    private String name;
    private int age;

    //Getter 方法用于获取私有成员变量的值
    public String getName() {
        return name;
    }

    public int getAge() {
        return age;
    }

    //Setter 方法用于设置私有成员变量的值
    public void setName(String newName){
        this.name = newName;
    }
```

```
        public void setAge(int newAge){
            //在 Setter 方法中可以加入一些验证逻辑
            if (newAge >= 0){
                this.age = newAge;
            }else {
                System.out.println("年龄不能为负数");
            }
        }
    }
```

例 6.3　丽娟暑假想要带着家人出去旅游，她需要将旅游计划整理出来。其中包括行程安排、酒店预订、交通工具等。请使用类封装的概念，编写一个程序来整理旅游行程安排。

引导 ChatGPT 编写的程序如下所示。

```
import java.util.ArrayList;
import java.util.List;

public class TravelPlan {
    private List<String> itinerary = new ArrayList<>();        //行程安排
    private String hotelBooking;                               //酒店预订信息
    private String transportation;                             //交通工具信息

    //添加行程安排
    public void addItineraryItem(String item){
        itinerary.add(item);
    }

    //设置酒店预订信息
    public void setHotelBooking(String hotelDetails){
        this.hotelBooking = hotelDetails;
    }

    //设置交通工具信息
    public void setTransportation(String transportationDetails){
        this.transportation = transportationDetails;
    }

    //获取完整的旅游计划
    public String getFullTravelPlan(){
        teturn String.format(***
            旅游计划：
            行程安排：%s
            酒店预订：%s
            交通工具：%s
            ***, String.join("\n",itinerary),hotelBooking,transportation);
    }

    public static void main(String[] args){
        //示例用法
```

```
        TravelPlan travelPlan = new TravelPlan();
        TravelPlan.addItineraryItem("第一天：参观景点 A");
        TravelPlan.addItineraryItem("第二天：品尝当地美食");
        TravelPlan.setHotelBooking("酒店名称：xxx，入住日期：2024-07-01");
        TravelPlan.setTransportation("交通工具：高铁 G123，出发时间：2024-06-30 08:00");

        //打印完整的旅游计划
        System.out.println(travelPlan.getFullTravelPlan());
    }
}
```

6.5 继承

继承是面向对象编程的重要概念之一。通过继承，一个类可以使用另一个类的属性和方法，从而实现代码的扩展。在 Java 中，继承可以通过使用 extends 关键字来实现。除此之外，我们还需要了解 super 关键字。

6.5.1 基类与派生类

基类与派生类是面向对象编程中的两个关键概念，这两个类构成继承关系。

基类也称为父类、超类，是其他类的起点，包含一组通用的属性和方法。这些属性和方法可以被其他类继承和重用。基类的作用有提供通用的属性和方法，供多个派生类共享；作为派生类的模板，减少代码的重复；构建继承层次结构，使代码更有层次感、可拓展性和可维护性。一般使用 class 关键字定义基类并声明基类的成员变量和方法。

派生类也称为子类，继承一个或多个基类的属性和方法，并在此基础上添加新的属性和方法或者覆写基类的方法。可以使用 extends 继承基类，声明派生类的成员变量和新增方法。

6.5.2 extends 关键字

extends 关键字用于建立类之间的继承关系，被用于声明一个类是另一个类的子类（派生类），从而使得子类继承父类的属性和方法。extends 关键字的一般用法为

```
class ChildClass extends ParentClass {
    //子类的成员和方法
}
```

在使用 extends 关键字的时候，需要注意父类属性和方法的访问权限。子类可以继承父类的非私有成员，如果成员是私有的，则子类不可以直接访问。

6.5.3 super 关键字

super 关键字用于表示当前对象的父类实例或调用父类的成员，在继承关系中扮演着重要的角色，提供一种机制来访问父类的构造方法、成员变量和方法。

super 关键字具有如下作用。

一、调用父类的构造方法

在子类的构造方法中，使用 super 关键字来调用父类的构造方法，确保在创建子类对象时，先执行父类的初始化代码。

二、访问父类的成员

使用 super 关键字来引用父类的成员，特别是在子类中存在与父类同名的成员时，可以通过 super 关键字指定访问父类的成员。

三、调用父类的方法

在子类中覆写父类的方法，但仍想调用父类的实现时，可以使用 super 关键字。这可以在保留父类行为的基础上，进行特定于子类的扩展或修改。

四、在接口中使用

在接口中，super 关键字可以用于引用接口的父接口。这在多接口继承的情况下提供了一种机制来调用父接口的默认方法。

例 6.4　为确保野生大熊猫的安全，动物园决定为其配备智能项圈，记录其行为和生活习惯。其中，项圈包含的属性有姓名、健康指数、活动步数、是否正在睡觉。请为这个项圈编写一个程序，来实现这些功能。要求使用封装的原则，确保这些属性的访问是受限的。

使用 ChatGPT 编写的程序如下所示。

```
//SmartPandaBracelet 类，用于表示大熊猫小熊宝宝的智能手环
public class SmartPandaBracelet {
    //属性声明
    private String name;            //姓名
    private int healthlndex;        //健康指数，范围从 0 到 100
    private int stepCount;          //活动步数
    private boolean isSleeping;     //是否正在睡觉

    //构造方法，用于初始化熊宝宝的手环
    public SmartPandaBracelet(String name) {
        this.name = name;
        this.healthlndex = 100;         //初始健康指数设为满值
        this.stepCount =0;              //初始活动步数为 0
        this.isSleeping = false;        //初始状态为非睡眠状态
    }

    //获取姓名
    public String getName() {
        return name;
    }

    //获取健康指数
    public int getHealthlndex(){
        return healthlndex;
    }

    //获取活动步数
    public int getStepCount(){
        return StepCount;
    }

    //获取是否正在睡觉
```

```
    public boolean isSleeping(){
        return isSleeping;
    }

    //设置睡觉状态
    public void setSleeping(boolean sleeping){
        isSleeping = sleeping;
    }

    //休息方法，减少健康指数，友好提示
    public void rest(){
        healthIndex -= 5;
        System.out.println("熊宝宝正在休息，健康指数稍微下降了一点。");
    }
}
```

6.6 多态

我们可以用一个生活情景来帮助理解多态的概念：生活中与宠物互动的时候，只需要知道这是一只宠物而不用在意品种，可以调用宠物的共同行为，这些行为会根据实际宠物类型来执行不同的动作。这种思想被称为多态。通过多态，可以用一种通用的方法来处理不同类型的对象，使得代码更加灵活。

6.6.1 方法重载和方法重写

方法重载和方法重写是两个与多态性相关的概念，是多态性的两种表现形式。

一、方法重载

方法重载可以在同一个类中定义多个方法，这些方法具有相同的名字但具有不同的参数列表。编译器会根据方法的参数类型和个数来选择合适的方法。方法重载属于编译时多态，也被称为静态多态。方法重载的一般格式为

```
class ClassName{
    //方法重载
    returnType methodName(type1 parameter1, type2 parameter2,...){
        //方法实现
    }

    //可以有多个重载版本
    returnType methodName(type1 parameter1, type2 parameter2,...){
        //方法实现
    }

    //更多重载版本...
}
```

注：returnType 表示方法的返回类型；methodName 是方法的名字；type1、type2…是方法的参数列表，可以有多个或零个参数。

二、方法重写

方法重写是指子类重新实现父类中已有的方法。子类重写的方法具有与父类相同的签名（方法名、参数名、参数个数）。运行时，根据实际对象的类型来调用相应的方法，属于运行时多态，也被称为动态多态。方法重写的一般格式为

```
class ParentClass{
    returnType methodName(type1 parameter1,type2 parameter2,...){
        //父类方法实现
    }
}

class ChildClass extends ParentClass{
    @Override
    returnType methodName(type1 parameter1, type2 parameter2,...){
        //子类重写的方法实现
    }
}
```

注：returnType 表示方法的返回类型；methodName 是方法的名字；type1、type2…是方法的参数列表；@Override 注释表示这是一个重写的方法，用于增加代码的可读性，同时编译器会检查是否正确地进行了方法重写。

6.6.2　抽象类和接口

抽象类和接口为多态提供了实现的方法，让代码更加灵活和可拓展。

一、抽象类

抽象类是一个可以包含抽象方法的类，本身不能被实例化。抽象方法是没有实现体的方法，留给子类去实现。抽象类可以包含非抽象方法，这些方法有默认的实现，也可以包含成员变量。抽象类和抽象方法可以只用 abstract 关键字来声明。

抽象类可以作为多态的基础，父类引用可以指向子类的对象。抽象类中的抽象方法在子类中必须被实现。子类可以提供不同的实现，通过父类引用调用时会根据实际对象类型来执行相应的方法。

二、接口

接口是一种抽象类型，用于定义一组方法但没有提供方法的实现。类通过接口来实现特定的行为。接口可以使用 implements 关键字来实现。

接口可以被用作多态的基础，一个接口类型的引用可以指向实现该接口的任意类的对象。一个类可以实现多个接口，从而具有多个类型的引用。这使得对象可以通过多个角度被看待，增强灵活性。

总体而言，抽象类和接口都为多态提供实现的手段，使得代码更具有通用性和可维护性。通过多态，可以更灵活地处理不同类型的对象，提高代码的可拓展性。

例 6.5　在一家奇妙的动物园里，有各种各样的动物，擅长各自的技能。动物园决定举办一场独特的动物表演秀，邀请几位明星动物参与。请设计一个程序，使用多态的思想，让这些动物展示各自的绝技。每个动物都有一个共同的方法 performTrick，但是不同的动物实现这个方法时会展示不同的技能。

引导 ChatGPT 编写的代码如下所示。

```
//动物类
class Animal{
    void performTrick(){
        System.out.println("这是一种普通的动物");
    }
}

//跳高猫类
class HighJumpingCat extends Animal{
    @Override
    void performTrick(){
        System.out.println("跳高猫表演了惊险的高空跳跃!");
    }
}

//飞翔鹦鹉类
class FlyingParrot extends Animal{
    @Override
    void performTrick(){
        System.out.println("飞翔鹦鹉在空中自由翱翔!")
    }
}

//游泳企鹅类
class SwimmingPenguin extends Animal{
    @Override
    void performTrick(){
        System.out.println("游泳企鹅优雅地在水中游动!");
    }
}

public class ZooShow{
    public static void main(String[] args){
        Animal highJumpingCat = new HighJumpingCat();
        Animal flyingParrot = new FlyingParrot();
        Animal swimmingPenguin = new SwimmingPenguin();

        //动物表演秀开始
        highJumpingCat.performTrick();
        flyingParrot.performTrick();
        swimmingPenguin.performTrick();
    }
}
```

6.7 静态成员

静态成员不会与具体的对象产生联系，而是专心和整个类打交道。静态变量是类的共享资源，像是一个能让整个类听到的公告板。

6.7.1　类变量

类变量是属于整个类而不是类的实例的变量，也称为静态变量，用关键字 static 声明，并且通常在类中的顶层位置，方法之外定义。与实例变量不同，类变量只有一份拷贝，被所有该类的实例所共享。

类变量有以下几个特点。

一、共享性

所有该类的实例共享相同的类变量。

二、在类加载时初始化

类变量在类加载时，而不是在创建类的实例时被初始化，因此会存在于类的整个生命周期，直到程序结束。

三、通过类名访问

类变量属于类本身而不是实例，可以使用类名直接访问，无须创建类的实例。

6.7.2　类方法

类方法与类变量相似，类方法属于类而不是类的实例的方法。类方法不依赖类的实例，可以直接通过类名调用，不需要创建类的对象。

类方法具有以下特点。

一、静态性

类方法是静态的，不依赖特定的对象的实例，可以在没有创建类实例的情况下调用。

二、无法访问实例变量

由于类方法不属于任何特定的实例，无法直接访问实例变量，只能访问类变量和其他静态内容。

三、在类加载时初始化

与类变量类似，类方法在类加载时被初始化，存在于整个生命周期。

6.7.3　静态块

静态块在类加载时只会执行一次，而且是在其他静态成员变量初始化之前执行的。这意味着可以在静态块中进行一些与类本身有关的操作，例如初始化静态成员变量、加载静态资源、执行静态方法等。为确保在运行时一切井然有序，包括检查静态成员的状态，为类的运行环境进行设置，或者执行一些必要的初始化任务。所以，静态块充当类加载时的启动仪式，确保类在程序中的良好启动。

静态块的主要用途是在类加载时执行一些初始化操作，通常用于初始化静态成员变量或执行与类本身相关的静态操作。静态块只执行一次，位于类体中，使用关键字 static 声明。

例 6.6　小明和爸爸妈妈决定使用一个家庭账户来追踪所有花费。请设计一个家庭记账的 Java 类，并在余额不足的时候给出提示。

引导 ChatGPT 编写的代码如下所示。

```
public class FamilyAccount{
```

```
    private static int totalExpenses = 0;
    private static int dadBalance = 1000;
    private static int momBalance = 1000;
    private static int sonBalance = 500;

    static {
        System.out.println("初始状态：\nDad's Balance:" + dadBalance +"\nMom's Balance: " + momBalance + "\nSon's Balance: " + sonBalance);
    }

    public static void recordExpense(int expense, String member){
        int balance = switch(member.toLowerCase()){
            case "dad" -> dadBalance;
            case "mom" -> momBalance;
            case "son" -> sonBalance;
            default -> {
                System.out.println("无效的家庭成员！");
                yield 0;
            }
        };

        if (balance >= expense){
            switch(member.toLowerCase()){
                case "dad" -> dadBalance -= expense;
                case "mom" -> momBalance -= expense;
                case "son" -> sonBalance -= expense;
            }
            totalExpenses += expense;
        }else{
            System.out.println("Oops!" + member + "，你的余额不足以支付这笔花费，要不这次算在下个月吧，毕竟我们家银行卡余额有点微薄。");
        }
    }

    public static void main(String[] args){
        System.out.println("\n记账操作:");
        recordExpense(300, "Dad");
        recordExpense(200, "Mom");
        recordExpense(100, "Son");

        System.out.println("\n记账后状态: \nDad's Balance: " + dadBalance + "\nMom's Balance: " + momBalance + "\nSon's Balance: " + sonBalance + "\nTotal Expenses: " + totalExpenses);
    }
}
```

6.8　高级主题

Java 中的高级主题包括多线程和并发编程，允许同时处理多个任务；设计模式，提供解决软件设计常见问题的经验性方案；Lambda 表达式和函数式编程，使代码更具简洁性和可读性；反射机制，允许在运行时获取和操作类的信息。这些概念要求开发者有深入的理解和经验，帮助构建高效、可维护且灵活的 Java 应用程序。下面，我们介绍一下枚举、内部类和反射。

6.8.1　枚举

枚举是 Java 中的一种特殊数据类型，用于表示一组常量。在枚举中，每个常量都是枚举类型的一个实例。枚举常常用于定义一组相关的常量，例如表示星期、颜色和状态等。

枚举类型的优点包括代码更加清晰、类型安全、易于阅读和维护。此外，枚举类型还可以包含构造方法、实例方法和字段。

在 Java 中，枚举不仅用于表示一组常量，还可以用于实现单例模式、有限状态机等场景。

例 6.7　编写一个程序来定义一个枚举类型 Day 表示一周的每一天（SUNDAY、MONDAY、TUESDAY、WEDNESDAY、THURSDAY、FRIDAY、SATURDAY）。在主类 EnumExample 中，使用枚举常量 WEDNESDAY 表示今天是星期三，并输出该信息。然后，通过遍历枚举值，输出一周的所有天。

引导 ChatGPT 编写的代码如下所示。

```
//定义一个表示星期的枚举类型
enum Day{
    SUNDAY, MONDAY, TUESDAY, WEDNESDAY, THURSDAY, FRIDAY, SATURDAY
}

public class EnumExample {
    public static void main(String[] args) {
        //使用枚举常量
        Day today = Day.WEDNESDAY;
        System.out.println("Today is" + today);

        //遍历枚举值
        System.out.println("All days of the week:");
        for (Day day: Day.values()){
            System.out.println(day);
        }
    }
}
```

6.8.2　内部类

内部类是一种允许一个类包含另一个类的方式。内部类可以访问外部类的成员，包括私有成员，而外部类也可以访问内部类的成员。Java 中有四种内部类：成员内部类、静态内部类、局部内部类、匿名内部类。

一、成员内部类

成员内部类定义在类的内部，而不使用 static 修饰。成员内部类可以访问外部类的所有成员，包括私有成员。

二、静态内部类

静态内部类也定义在类的内部，但是使用 static 修饰。静态内部类只能访问外部类的静态成员。

三、局部内部类

局部内部类定义在方法或作用域内，只能在定义局部内部类的方法或作用域内访问。

四、匿名内部类

匿名内部类没有显式的类名，通常用于创建一个只需使用一次的类的实例。

6.8.3 反射

反射（Reflection）是一种在运行时动态获取信息以及操作对象的机制。在 Java 中，反射允许在运行时检查类、获取类的信息以及在运行时创建、配置、调用类的实例。

Java 的反射 API 位于 Java.lang.reflect 包中，提供 Class、Field、Method 等类，用于操作类的元数据信息。反射可以获取 Class 对象、获取类的信息、创建对象的实例、访问和修改字段、调用方法、动态代理。

反射的使用需要小心，因为在编译时失去一些类型检查，可能会导致运行时发生错误。此外，由于反射涉及到在运行时检查和操作类的信息，可能对性能产生一定的影响。因此，一般情况下应该在必要的情况下使用反射，而不是过度依赖。

本章小结

本章介绍了对象与类的定义与使用，通过类和对象的创建，知晓通过封装可以将细节隐藏起来，只暴露接口。

类像是一个百宝箱，里面包含多种类型的方法。用户可以根据自己的需求选择合适的方法来创建类与对象，从而更好地完成相应的工作。

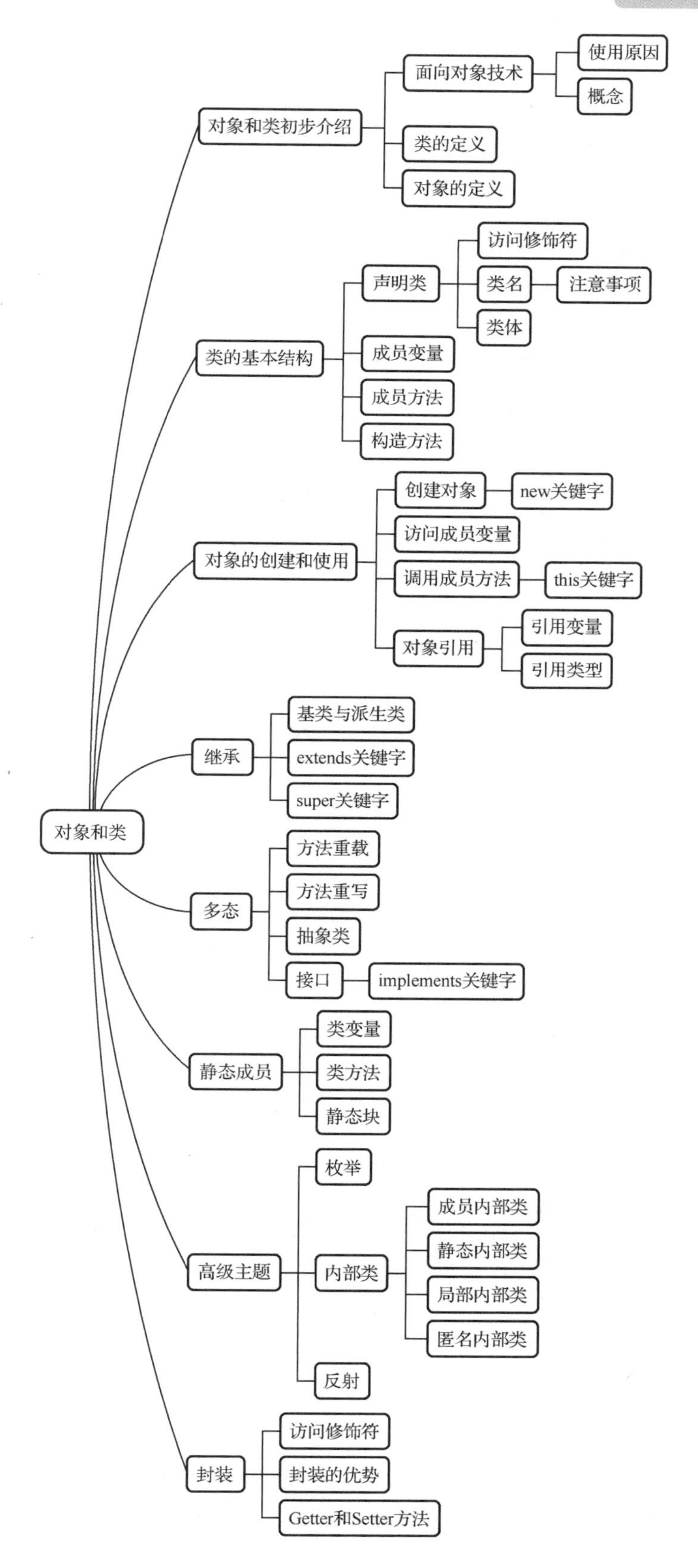
对象和类
对象和类初步介绍
面向对象技术
使用原因
概念
类的定义
对象的定义
类的基本结构
声明类
访问修饰符
类名
注意事项
类体
成员变量
成员方法
构造方法
对象的创建和使用
创建对象
new关键字
访问成员变量
调用成员方法
this关键字
对象引用
引用变量
引用类型
继承
基类与派生类
extends关键字
super关键字
多态
方法重载
方法重写
抽象类
接口
implements关键字
静态成员
类变量
类方法
静态块
高级主题
枚举
内部类
成员内部类
静态内部类
局部内部类
匿名内部类
反射
封装
访问修饰符
封装的优势
Getter和Setter方法

习题 6

一、选择题

1. 什么是面向对象编程的基本概念之一？（　　）

A. 静态分析　　B. 封装　　C. 并发编程　　D. 函数式编程

2. 以下哪个关键字用于在 Java 中声明静态成员？（　　）

A. static　　B. final　　C. abstract　　D. private

3. 在继承中，子类可以通过哪种方式修改或拓展父类的行为？（　　）

A. 静态方式　　B. 构造方式　　C. 重载　　D. 重写

4. 以下哪个关键字用于调用父类的构造方法？（　　）

A. this　　B. super　　C. extends　　D. Implements

5. 下面哪个选项描述反射的主要用途？（　　）

A. 编译时代码优化　　B. 运行时动态获取和操作类信息

C. 静态类型检查　　D. 数据加密和解密

二、填空题

1. 封装是面向对象编程的一个基本原则，将数据和方法封装在一个________中，对外部隐藏实现的细节。

2. 继承是一种机制，允许一个类继承另一个类的属性和方法。子类可以通过________或________来修改或扩展父类的行为。

3. 静态成员是使用关键字________声明的成员，属于类而不是对象，被所有对象共享。

4. 在 Java 中，通过关键字________声明的方法表示构造方法，在创建对象时执行，并用于初始化对象的状态。

5. 反射是一种在运行时动态获取和操作类的信息的机制。通过反射，可以使用________对象获取类的信息、创建对象实例、访问和修改字段、调用方法等。

三、编程题

1. 编写一个简单的 Java 类表示学生。该类应该包含学生的姓名、年龄和学号属性。提供一个方法来显示学生的基本信息。编写一个测试程序，创建几个学生实例，调用显示信息方法并输出结果。

2. 编写一个 Java 类表示矩形。该类有长度和宽度属性。提供方法来计算矩形的面积和周长。编写一个测试程序，创建几个矩形实例，调用计算方法并显示结果。

3. 创建一个简单的计算器类，具有加法和减法的功能。在测试程序中，创建计算器实例，执行一些加法和减法操作，并显示结果。

拓展阅读 1

封装

封装的概念最早可以追溯到计算机科学领域的面向对象编程（Object-Oriented Programming，OOP）的发展过程中。封装是 OOP 中的三大基本特性之一，其提出的时间可以追溯到 20 世纪 60 年代末和 70 年代初。在这个时期，计算机科学家开始思考如何更好地组织和管理程序的复杂性，以及如何提高代码的可维护性和可重用性。

封装的概念强调将数据和操作数据的方法打包在一起，并限制外部对数据的直接访问，只允许通过指定的接口进行访问。这种做法可以隐藏数据的实现细节，使得程序更加模块化，减少了模块之间的耦合度，从而提高了代码的可维护性和可扩展性。

在面向对象编程语言如 Simula、Smalltalk 和 C++的发展过程中，封装成为了其中一个核心概念，并在后续的编程语言和开发实践中得到了广泛的应用和发展。

拓展阅读 2

继承

继承的概念同样是面向对象编程中的基本特性之一，它也是在 20 世纪 70 年代早期随着面向对象编程范式的发展而逐渐成形的。

在早期的面向对象编程语言中，比如 Simula 和 Smalltalk，继承的概念已经存在，并且得到了实现和应用。但是，继承这一概念在 20 世纪 80 年代随着 C++的出现而变得更加流行和广泛接受。C++作为第一个广泛流行的面向对象编程语言之一，将继承作为其核心特性之一，并在语言层面提供了支持，这加速了继承概念的普及和应用。

继承的概念通过建立类之间的层次结构，使得子类可以继承父类的属性和方法，同时可以在不修改父类的情况下添加新的属性和方法，或者修改已有的方法。这种机制使得代码的重用性更高，同时也能够更好地组织和管理程序的结构。

继承的概念随着面向对象编程范式的普及，已经成为了现代软件开发中不可或缺的一部分，几乎所有主流的面向对象编程语言都支持继承。

第 7 章　Java 异常处理

在 Java 程序开发中，异常像是程序运行过程中可能发生的小插曲，这些小插曲会打破程序的正常流程，让程序运行变得不稳定。但是，程序员也可以在特殊情况下有意让异常发生，以便根据异常日志进行后期程序维护更新。在处理异常的过程中，程序员需要时刻保持理性，充分考虑代码执行时可能遇到的问题，为其他程序员以及用户提供必要的错误信息。

本章学习目标

一、知识目标

1．掌握异常的概念，了解异常的产生原因及影响。

2．掌握 Java 的 try、catch 和 finally 等关键字的规范用法。

3．了解 Java 异常处理的常用情境。

二、技能目标

1．能够充分考虑 Java 程序可能遇到的异常情况，并制定针对性预防措施。

2．能够熟练运用 Java 的 try-catch-finally 块处理可能发生的异常，增强程序的健壮性。

3．能够根据 Java 异常处理机制，分析程序反馈的异常日志并解决一般性问题。

三、情感态度与价值目标

1．培养对异常的正确认知，接受并理解异常的发生，将其视为提升编程技能和解决问题能力的机会。

2．树立积极解决问题的态度，通过调试和分析异常的根源，积累相关经验并提高解决问题的能力。

3．培养团队合作意识，积极与团队成员沟通交流，共同解决异常问题，提升团队整体的执行力和效率。

7.1　异常

在 Java 程序开发过程中，处理异常是至关重要的一环。无论是编写简单的小程序还是复杂的大型应用，都可能会遇到各种各样的异常情况，如空指针引用、数组越界和 IO 错误等。如果这些异常没有得到及时有效的处理，将会导致程序运行出错甚至崩溃，给用户带来不好的体验，甚至可能造成数据损失或安全漏洞。Java 异常处理不仅可以帮助我们更好地定位和解决问题，还可以提高代码的可读性和可维护性，使程序更加健壮。

7.1.1 引出异常

例 7.1 为应对在 ATM 上取钱时，取款金额和账户余额可能存在的异常有：取款金额为负数、取款金额大于账户余额，请设计一个简单的异常信息反馈程序。

引导 Copilot 生成代码的指令如下。

```
//请使用 Java 设计一个简单的 ATM 异常处理程序，仅使用选择结构，针对存取金额可能存在的异常：取款金额为负数、取款金额大于账户余额等，向用户反馈异常信息。
```

引导 Copilot 生成的代码如下：

一、账户类

```java
public class Account {
    private double balance;

    public Account(double initialBalance) {
        this.balance = initialBalance;
    }

    public String withdraw(double amount) {
        if (amount < 0) {
            return "Withdrawal amount cannot be negative.";
        } else if (amount > balance) {
            return "Withdrawal amount exceeds account balance.";
        } else {
            balance -= amount;
            return "Withdrawal successful. Remaining balance: " + balance;
        }
    }

    public double getBalance() {
        return balance;
    }
}
```

二、ATM 类

```java
public class ATM {
    private Account account;

    public ATM(Account account) {
        this.account = account;
    }

    public void withdrawFromAccount(double amount) {
        String result = account.withdraw(amount);
        System.out.println(result);
    }
}
```

三、主类

```java
public class Main {
```

```
    public static void main(String[] args) {
        //创建一个初始余额为 1000 的 Account 对象
        Account account = new Account(1000);

        //创建一个 ATM 对象
        ATM atm = new ATM(account);

        //从账户中取款 500
        atm.withdrawFromAccount(500);
    }
}
```

主类 Main 中的代码分别创建了一个账户对象和 ATM 对象，具体的账户余额信息用户可以自行定义。以上代码的运行结果如下所示。

```
"C:\Program Files\Java\jdk-21\bin\java.exe" "-ja
Withdrawal successful. Remaining balance: 500.0
```

设置账户余额小于取钱数目，程序运行结果如下。

```
"C:\Program Files\Java\jdk-21\bin\java.exe'
Withdrawal amount exceeds account balance.
```

例 7.1 中的代码实现了即时异常引出，使得用户不至于因为信息匮乏而不知所措。但是，为了实现这一功能，代码中添加了大量的条件控制语句。虽然程序的健壮性增强了，但是也显得很臃肿，可读性不佳。更重要的是，异常反馈信息很少，用户无法确切了解错误原因和解决方法。特别是遇到程序没有包含的异常条件时，将无法返回任何异常信息给用户。

为了解决复杂异常问题，Java 内置了异常处理机制，预定义了 Exception 类，像是一个异常信息库，可以自定义各种错误信息，只要触发异常反馈条件即可向用户反馈针对性的异常信息，也可以附带可行的解决方法。另外，一些可预见的常见错误也可以统一归为一类，提高了处理效率和代码复用率。有了这种机制，程序执行时遭遇异常就不是简单的结束运行了，而是执行对应的异常处理，反馈异常信息，然后尽可能恢复程序执行。这为程序员带来了灵活的异常处理机制，合理运用可以大幅提高用户体验。

7.1.2 异常的概念

在程序运行过程中，如果发生了某个异常，则称程序产生了一个异常事件，随之产生一个异常对象，该对象会包含异常的详细信息。异常对象可以由正在运行的程序产生，也可能是 JVM 或者外部环境产生的。由于运行的程序本身不具有处理异常的能力，因此该异常对象会被转移至一个特殊系统：Java 运行时系统，它包含了运行一个 Java 程序所需要的所有组件，包括 JVM、类加载器和执行引擎等，异常处理就是通过 JVM 实现的。这个过程也被称为抛出（Throw）一个异常。

针对可能出现异常的代码块，通常使用 try 关键字包围，然后通过 catch 块捕获并处理特定类型的异常。这样即使异常发生，程序也能够继续执行。

那么接下来就对例 7.1 的代码进行优化，如下所示。

一、Account 类

```
public class Account {
    private double balance;
```

```
    public Account(double initialBalance) {
        this.balance = initialBalance;
    }

    public void withdraw(double amount) throws InsufficientBalanceException, NegativeAmountException {
        if (amount < 0) {
            throw new NegativeAmountException("取款金额不能为负数。");
        } else if (amount > balance) {
            throw new InsufficientBalanceException("取款金额超过账户余额。");
        } else {
            balance -= amount;
        }
    }

    public double getBalance() {
        return balance;
    }
}
```

二、ATM类

```
public class ATM {
    private Account account;

    public ATM(Account account) {
        this.account = account;
    }

    public void withdrawFromAccount(double amount) {
        try {
            account.withdraw(amount);
            System.out.println("取款成功。剩余余额：" + account.getBalance());
        } catch (InsufficientBalanceException e) {
            System.out.println("取款失败：" + e.getMessage());
        } catch (NegativeAmountException e) {
            System.out.println("取款失败：" + e.getMessage());
        }
    }
}
```

三、InsufficientBalanceException异常类

```
public class InsufficientBalanceException extends Exception {
    public InsufficientBalanceException(String message) {
        super(message);
    }
}
```

四、NegativeAmountException异常类

```
public class NegativeAmountException extends Exception {
    public NegativeAmountException(String message) {
        super(message);
```

```
        }
    }
```

五、Main 类

Main 类如下所示，其中使用了 try-catch 语句处理异常，如下所示。

```
public class Main {
    public static void main(String[] args) {
        Account account = new Account(1000);
        ATM atm = new ATM(account);

        try {
            atm.withdrawFromAccount(500);
            atm.withdrawFromAccount(600);
            atm.withdrawFromAccount(-100);
        } catch (Exception e) {
            System.out.println("发生错误：" + e.getMessage());
        }
    }
}
```

在项目目录中定义好以上 5 个类，然后运行主类程序，结果如下。

```
"C:\Program Files\Java\jdk
取款成功。剩余余额：500.0
取款失败：取款金额超过账户余额。
取款失败：取款金额不能为负数。
```

可以看到程序反馈的异常信息更加明确，这印证了 Java 异常处理机制在日常程序开发中的重要地位。

7.1.3 Java 异常分类

Java 异常是编程中常见的概念，用于处理在程序执行期间可能出现的错误情况。异常分为两大类：Checked 异常和 Unchecked 异常，又称受检异常和非受检异常。下面将详细介绍这两种异常以及它们的子类。

一、Checked 异常（受检异常）

这类异常是在编译阶段被检测到的，程序必须对其进行处理，否则编译将失败。常见的 Checked 异常包括 IOException、SQLException 等。这些异常通常表示外部环境的问题，例如文件不存在、数据库连接失败等。

有关文件读取的受检异常实例如下所示。

```
import java.io.File;
import java.io.FileReader;import java.io.IOException;
public class CheckedExceptionExample {
    public static void main(String[]args){
    try {
        File file =new File("example.txt");
        FileReader fr =new FileReader(file);
        //读取文件内容
    }
    catch(IOException e){
```

```
            e.printStackTrace();
        }
    }
}
```

二、Unchecked 异常（非受检异常）

Unchecked 异常是在程序运行过程中才会被检测到的，通常由程序员编写的程序错误导致，如数组越界、引用空对象等。“RuntimeException”类及其子类均属于 Unchecked 异常，常见的有 NullPointerException、ArrayIndexOutOfBoundsException 和 ClassCastException 等。

有关数组越界的非受检异常如下所示。

```
public class UncheckedExceptionExample {
    public static void main(String[]args){
    int[]arr ={1,2,3};
    //尝试访问数组中不存在的元素
    int value =arr[5];  //这里将抛出 ArrayIndexOut0fBoundsException
}
}
```

通过了解与区分 Checked 和 Unchecked 异常，程序员就可以更好地规划和处理在代码执行过程中可能发生的异常情况，提前考虑好可能发生的问题，从而使程序更加健壮。

三、错误（Error）

在 Java 中，Error 类及其子类用于表示严重错误的异常体系。与一般的异常 Exception 不同，Error 类表示的是程序在运行时遇到的一些无法恢复的错误，通常是系统层面的问题。Error 错误不应该被程序员捕获和处理，而是由 JVM 和底层系统来处理的，因为这些错误往往超出了程序员的控制范围。

以下是常见的 Error 类及其子类。

1. Error 类

Error 类是所有错误的父类，本身也是 Throwable 类的子类。这一错误体系通常表示 JVM 无法解决的问题，因此程序员不应该试图捕获和处理这些错误。

2. OutOfMemoryError 类

OutOfMemoryError 表示 JVM 耗尽了内存资源，无法再为对象分配足够的空间。它通常是由于程序中存在内存泄露或者应用程序需要更多内存空间时导致的。

3. StackOverflowError 类

StackOverflowError 表示方法调用栈溢出，通常是由于递归调用深度过大导致的，也可能是程序逻辑错误或者无限递归的结果。

4. NoClassDefFoundError 类

NoClassDefFoundError 表示虚拟机在运行时找不到类的定义。这可能是由于类路径不正确或者类文件缺失导致的。

5. LinkageError 类

LinkageErrorl 表示在连接阶段发生的错误，通常是类或接口无法正确连接的结果。其原因可能是类文件版本不匹配、类加载顺序错误等。

虽然 Error 是 Exception 的兄弟类，都继承自 Throwable，但是 Error 主要用于表示虚拟机和系统层面的错误，而 Exception 主要用于表示程序中可能捕获和处理的异常情况。程序员通常不需要直接处理 Error 类及其子类，而是应该更关注于 Exception 类及其子类的处理。

7.2 Java 异常处理

在 Java 程序开发过程中，异常处理是一种关键的机制，用于检测和应对程序执行过程中可能发生的异常情况。异常可以被抛出并在调用堆栈中传播，进而通过适当的处理机制得以解决，这使得它在 Java 中具有重要的地位。其核心概念是在程序中合理地检测、捕获、传播和处理异常。

异常处理的重要性体现在程序健壮性和可维护性方面。在软件开发中，无法预测的错误和异常情况可能随时发生，而良好的异常处理能够确保程序在遇到问题时可以从容地应对，不至于导致整个程序崩溃。通过合理处理异常，程序员能够增加程序的稳定性，提高用户体验，同时也更容易排查和修复潜在的问题，从而提高代码的可维护性。异常处理的益处不仅限于错误的捕获和处理，还包括对资源的合理管理。通过在异常处理中释放资源，例如关闭文件或网络连接，可以避免资源泄露，提高程序的效率和可用性。

在方法调用过程中，异常的传播方式是通过调用堆栈向上或向下传递。当在方法内部抛出异常时，它可以被当前方法内的异常处理机制捕获和处理，如果当前方法没有适当处理，则异常将被传递给调用者。这种传播方式可以确保异常能够在调用层次中被逐层捕获和处理，最终决定程序的行为，如图 7-1 所示。

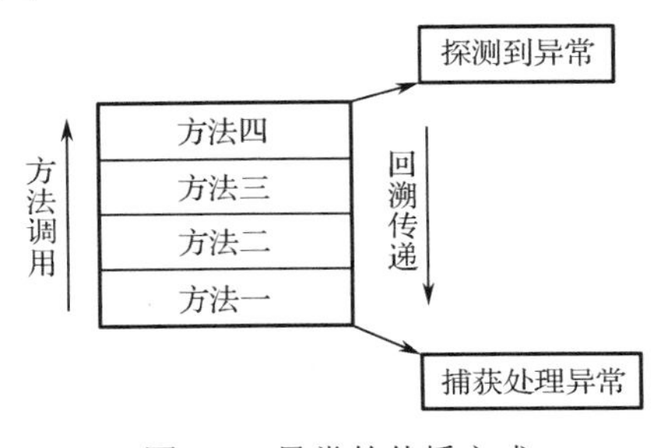

图 7-1　异常的传播方式

异常处理不仅仅是在出现错误时提供一个“安全网”，也是一种控制程序流程的有效手段，使得程序能够在异常情况下保持稳健地运行。

7.2.1 try-catch 块

在 Java 中，try-catch 块是一种异常处理机制，用于捕获并处理可能在代码执行过程中抛出的异常。

当程序执行到 try 块时，Java 虚拟机开始监视这段代码，如果在 try 块中的代码发生了异常，则异常对象将被创建。随后 Java 虚拟机将停止 try 块中代码的执行，并开始查找匹配的 catch 块。

如果在 try 块中抛出了一个异常，并且有一个相匹配的 catch 块，则 Java 虚拟机将跳转到相匹配的 catch 块的代码部分，开始执行 catch 块中的代码。catch 块中的参数将接收抛出的异常对象，并允许程序员对异常进行处理，比如记录日志、输出错误信息和执行其他的操作。

如果在 try 块中抛出了异常，但是没有相匹配的 catch 块，或者 catch 块中的代码也抛出了异常，则该异常将被传播到调用栈中的上一层，继续寻找相匹配的 catch 块。这个过程将一直持续，直到找到匹配的 catch 块或者异常传播到了程序的顶层（例如 main 方法），如果在顶层仍未处理，则程序将终止并打印异常的堆栈信息。

try-catch 块的工作原理使得程序能够在异常发生时做出适当的响应，通过使用 try-catch 块，程序员可以选择性地处理不同类型的异常，从而更好地控制程序的行为。

例 7.2　移动支付愈加发达，请你设计一个简单的付款程序，运用 try-catch 块处理账户余额不足的异常情况。

引导 ChatGPT 生成代码的指令如下。

```
//请使用 Java 编写一个付款程序，并处理账户余额不足的异常。
```

ChatGPT 生成的代码如下所示。

```
import java.util.Scanner;

public class PaymentSimulation {
    public static void main(String[] args) {
        //模拟用户的账户余额
        double accountBalance = 1000.0;

        //获取用户输入的付款金额
        Scanner scanner = new Scanner(System.in);
        System.out.print("请输入付款金额：");
        double paymentAmount = scanner.nextDouble();

        try {
            //模拟付款过程
            if (paymentAmount > accountBalance) {
                //如果付款金额大于账户余额，则抛出余额不足异常
                throw new InsufficientBalanceExceptions("账户余额不足！");
            } else {
                //如果付款成功，更新账户余额
                accountBalance -= paymentAmount;
                System.out.println("付款成功，当前账户余额为：" + accountBalance);
            }
        } catch (InsufficientBalanceExceptions e) {
            //捕获余额不足异常，并输出错误信息
            System.out.println("付款失败：" + e.getMessage());
        } finally {
            //无论是否发生异常，都会执行的代码块
            System.out.println("谢谢使用本服务！");
        }
    }
}

//自定义异常类：余额不足异常
class InsufficientBalanceExceptions extends Exception {
    public InsufficientBalanceExceptions(String message) {
        super(message);
    }
}
```

例 7.2 运行结果如下所示。

```
请输入付款金额：200
付款成功，当前账户余额为：800.0
谢谢使用本服务！
```

在上述代码中，如果控制台输入的付款金额大于账户余额，那么 try 块将抛出自定义异常 InsufficientBalanceExceptions，并在相应的 catch 块中捕获该异常并处理，如下所示。

```
请输入付款金额：2000
付款失败：账户余额不足！
谢谢使用本服务！
```

读者可以看到，程序不论是否发生异常，都会打印字符串“谢谢使用本服务！”。该功能正是由 finally 关键字实现的。

对于 finally 关键字，不论之前的 try-catch 块是否捕获到异常，finally 之后的语句都会被执行。而唯一使得 finally 后的语句不被执行的可能是 catch 块中调用了 System.exit()方法强制终止程序。

7.2.2 公共异常

为了应对开发过程中常见的异常，Java 预定义了若干个公共异常。

1. ArithmeticException 类

该类主要应对一些由数学计算错误诱发的异常情况。在除法运算中，除数不可为 0。一旦除数为 0，则会触发此异常。

2. NullPointerException 类

在对象未经实例化的情况下，引用该对象就会触发 NullPointerException 异常。比如定义一个对象数组，通过数组的引用试图调用该对象，以及它的方法。由于该对象数组中的元素未经初始化，是未经实例化的空引用，所以就会触发 NullPointerException 异常。

3. NegativeArraySizeException 类

实际开发过程中数组的大小一般为非零数。如果定义数组的 Size 为 0，就会触发 NegativeArraySizeException 异常。

4. ArrayStoreException 类

当试图存储与数组类型不一致的数据时，会触发 ArrayStoreException 异常。

5. FileNotFoundException 类

程序试图操作一个不存在的文件夹，就会触发 FileNotFoundException 异常。

6. IOException 类

该类泛指通常的 I/O（输入/输出）错误。

7.3 抛出异常

Java 程序执行到可能引发异常的代码块时，可以通过使用关键字"throw"主动抛出异常对象，以及通过方法声明（使用"throws"声明）可能抛出的异常类型。

在日常开发中，抛出异常的主要目的是提醒程序员可能存在的问题，并通过异常处理机制进行处理。这有助于在出现异常时进行相应的错误处理或日志记录，使程序员更好地理解和调试程序，提高代码的健壮性和可维护性。

throw 关键字的一般使用格式如下

```
throw exception_object;
```

这里的 exception_object 是表示异常的对象。通过手动抛出异常，程序可以在检测到错误或者特殊情况时，中断正常的执行流程，从而进行相应的错误处理。与之相关的是，异常的捕获和处理，通过 try-catch 块构建异常处理模块，保证程序在异常发生时能够进行适当的处理。

抛出异常时需要创建一个具体的异常对象，并标注具体的异常信息，用法如下。

```
throw new IOException(“this is a descriptive message about the exception”)
```

同样地，方法的声明如下所示。

```
return_type method_name(parameters) throws exception_type1, exception_type2...{
    //方法体
}
```

该声明包含了返回类型、方法名及其参数。由 throws 关键字连接此方法可能抛出的错误类型。当方法内部的代码执行过程中发生这些异常时，编译器会强制要求调用者在调用该方法时，要么在其周围使用 try-catch 语句来捕获异常，要么将异常继续通过 throws 语句传递给更高层的调用者进行处理。

Java 使用 throws 关键字抛出可能发生的异常，而使用 throw 关键字抛出一个具体异常，在开发过程中不要混淆二者的作用。

7.4　自定义异常

在 Java 中，除了上文提到的几类预定义的异常类型以外，程序员还可以自定义异常类型。需要注意的是，通常情况下自定义异常继承自 Exception 类或其子类。

以下是自定义异常类型的标准语法。

```
public class CustomException extends Exception{
    //函数体
}
```

例 7.3　互联网购物为人们带来了极大的便利，然而当在线用户过多时可能会引发一些异常，例如购物车物品数量显示为负数。为了有效处理这类问题，程序员可以自定义相应的异常，在程序中捕获并处理该异常。

引导 ChatGPT 创建代码的指令如下。

```
//请利用 Java 自定义异常，处理购物车商品数量可能为负的异常。
```

ChatGPT 生成的代码如下所示。

```
import java.util.Scanner;

public class ShoppingCart {
    private int itemCount;

    public ShoppingCart() {
        this.itemCount = 0;
    }
```

```
    public void addItem(int quantity) throws NegativeQuantityException {
        if (quantity < 0) {
            throw new NegativeQuantityException("商品数量不能为负数！");
        }
        this.itemCount += quantity;
        System.out.println(quantity + "件商品已添加到购物车。");
    }

    public static void main(String[] args) {
        ShoppingCart cart = new ShoppingCart();
        Scanner scanner = new Scanner(System.in);

        System.out.print("请输入要添加到购物车的商品数量：");
        int quantity = scanner.nextInt();

        try {
            cart.addItem(quantity);
        } catch (NegativeQuantityException e) {
            System.out.println("添加商品失败：" + e.getMessage());
        }
    }
}

class NegativeQuantityException extends Exception {
    public NegativeQuantityException(String message) {
        super(message);
    }
}
```

例 7.3 运行结果如下所示。

```
请输入要添加到购物车的商品数量：-19
添加商品失败：商品数量不能为负数!
```

在例 7.3 中，我们创建了一个自定义异常类型 NegativeQuantityException，用于处理购物车中商品数量为负数的异常情况。通过在购物车类中设置商品数量的方法来引发这个自定义异常。程序中展示了如何捕获并处理可能的异常，以确保购物车中的商品数量不会出现非法的负数值。

本章小结

1．异常处理在 Java 中是保障程序稳定性的关键机制。了解异常的基本概念，包括可检查和不可检查异常，以及异常类层次结构 Exception 和 RuntimeException。

2．学习异常的处理方式，使用 try-catch-finally 块，其中 try 包裹可能引发异常的代码，

catch 处理异常，finally 包含无论是否发生异常都必须执行的代码。throw 和 throws 关键字，用于手动抛出和声明可能抛出的异常。

3. 在实际应用中，自定义异常类有助于更好地反映应用程序的逻辑和规则。通过创建继承自 Exception 的类，可以自定义异常类型，增加代码的可读性和可维护性。

4. 常见的异常类型包括运行时异常和可检查异常。在使用异常处理时，需要提供详细的异常信息，并避免过于宽泛的异常捕获。

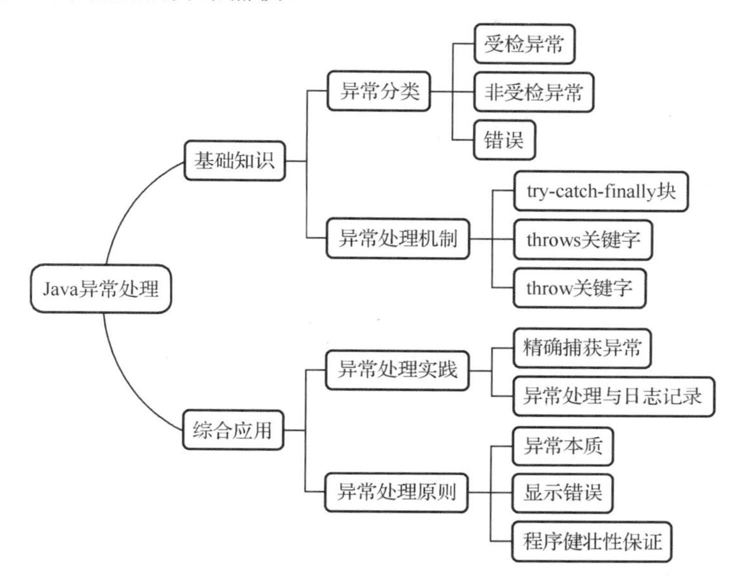

习题七

一、选择题

1. 在 Java 中，异常分为哪两大类？（　　）

A. Checked Exception 和 Unchecked Exception

B. Runtime Exception 和 Compile Exception

C. Exception 和 Error

D. Throwable 和 Exception

2. 以下哪个关键字可以用于手动抛出异常？（　　）

A. catch　　B. throws　　C. throw　　D. try

3. 在 try-catch 块中，finally 关键字的作用是什么？（　　）

A. 包含可能引发异常的代码

B. 处理异常

C. 无论是否发生异常都必须执行的代码

D. 用于声明可能抛出的异常类型

4. 以下哪个关键字用于在方法声明中指定可能抛出的异常类型？（　　）

A. try　　B. catch　　C. throw　　D. throws

5. 为什么使用自定义异常类型？（　　）

A. 提高程序性能　　B. 增加代码复杂度

C．提高代码的可读性和可维护性　　　D．仅在特殊情况下使用

二、判断题

1．Java 中的 NullPointerException 是一种可检查异常。（　　）

2．try-catch 块中的 catch 块可以有多个，用于处理不同类型的异常。（　　）

3．throw 语句用于在方法内部抛出异常对象。（　　）

4．finally 块中的代码在发生异常时不会被执行。（　　）

5．自定义异常必须继承自 RuntimeException 才能被称为不可检查异常。（　　）

三、编程题

1．编写一个方法 divideNumbers(int numerator, int denominator)，该方法接收两个整数作为参数，返回它们的商。当分母为零时，抛出一个自定义的异常 DivisionByZeroException。

2．编写一个方法 calculateSquareRoot(double number)计算参数的平方根。当输入负数时，抛出一个自定义异常 NegativeNumberException。

3．设计一个简单的登录验证类 LoginValidator，其中用户名和密码不能为空。当用户名或密码为空时，抛出一个自定义异常 InvalidCredentialsException。

拓展阅读

程序不应该掩盖错误，而应该尽量使错误显露出来。

Programs must be written for people to read, and only incidentally for machines to execute.

——Alan Perlis

良好的异常处理是程序健壮性的关键所在。

Good error handling is the key to robustness.

——Bill Gates

不要试图通过捕获所有异常来解决问题，而应该在合适的地方处理异常并且适时地抛出。

Don't try to catch all exceptions to solve problems, handle exceptions where appropriate and throw them in time.

——Linus Torvalds

处理异常时，最重要的是理解异常的根本原因，而不仅仅是解决表面问题。

The most important thing in handling exceptions is to understand the root cause of the exception, not just to solve surface problems.

——Steve McConnell

异常处理不仅仅是修复程序运行中的错误，更是一种保护系统的机制。

Exception handling is not just about fixing errors in program execution, but also about protecting the system.

——Robert C. Martin

异常处理应该设计得足够简洁和清晰，以便于理解和维护。

Exception handling should be designed to be concise and clear enough to be understood and maintained.

——Martin Fowler

第 8 章　Java 语言的高级特性

本章介绍关于 Java 语言中的一些高级特性，包括泛型、迭代器和克隆。这些高级特性可以帮助程序员更好地完成程序设计和开发工作。

本章学习目标

一、知识目标

1．理解泛型的概念和作用。

2．掌握泛型在集合类中的应用，如 ArrayList 和 LinkedList。

3．理解迭代器的概念和作用。

4．理解克隆的概念和作用。

5．熟悉深克隆和浅克隆的区别，了解如何实现自定义的克隆方法。

二、技能目标

1．能够使用泛型来编写类型安全的代码。

2．能够使用迭代器遍历集合类中的元素。

3．能够使用 clone()方法进行对象的复制。

三、情感态度与价值目标

1．培养对泛型、迭代器和克隆的学习的兴趣和热情，增强解决实际问题的能力和信心。

2．树立对合法编程行为的认识，遵守软件开发的道德规范和法律法规，在编写代码时尊重他人的知识产权和隐私，维护良好的编程生态。

3．着重培养敢于探索，勇于创新的精神，在编程过程中遇到挑战时能够持之以恒、不断学习和改进，从而提高编程水平和解决问题的能力。

8.1　泛型

在设计类和接口时，需要说明相关的数据结构，Java 允许在类和接口的定义中，用一个占位符替代实际类的类型，这个技术称为泛型（Generic），它是一种把明确数据类型的工作推迟到创建对象或者调用方法的时候才去明确的特殊的类型。其本质是参数化类型——将所操作的数据类型指定为一个参数，主要作用是提高类型的安全性和代码的可重用性，提供编译时进行类型的安全检测，从而避免类型强制转换的烦琐，并且增强代码的健壮性和可维护性。这种参数类型可以用在类、接口和方法的创建中，分别称为泛型类、泛型接口和泛型方法。

在使用泛型时，有以下几点限制需要注意。

1．不能实例化泛型类的对象。例如：

```
List<String> list = new List<>();
```

2．不能创建泛型数组。例如：

```
List<String>[] lists = new List<String>[10];
```

3．在静态方法中不能使用类名直接调用。例如：

```
public static void printArray(T[] arr) {}
```

8.1.1 泛型数据类型

泛型是能让类或接口的设计人员在类或接口的定义中写一个占位符，而不是写实际类的类型。占位符称为泛型数据类型，也可以简称为泛型或类型参数。

如果需要定义一个类，则可用其实例保存不同的数据集合。比如，保存整型和字符串型，为此要分别定义两个不同的类来保存，但这会产生很多冗余的代码。而现在，可以使用泛型技术定义时，不需要明确指定数据类型，而是用泛型数据替代实际的数据类型，从而定义一个泛型类（Generic Class）。当需要创建实例时，再根据具体情况选择数据类型。

为了在定义类或接口时定义泛型，可以在定义首行的类名或接口名的后面，写一个用尖括号（“< >”）括起来的标识符，例如 T，这里的标识符可以是任意的标识符，但通常是单个的大写字母，它表示类或接口定义中的一个引用类型。

8.1.2 泛型类

泛型类是一种用于定义具有泛型参数的类，下面用一个例子说明如何使用泛型类。

例 8.1 定义一个类，用其实例保存不同的数据集合（数字、字符串）。

引导 ChatGPT 生成代码的指令如下。

```
//定义一个泛型类，用实例保存数字和字符串型数据。
```

ChatGPT 生成的代码如下所示。

```
public class GenericClass<T> {
    private T data;
    public void setData(T data) {
        this.data = data;
    }
    public T getData() {
        return data;
    }
    public static void main(String[] args) {
        GenericClass<Integer> integerClass = new GenericClass<>();
        integerClass.setData(10);
        System.out.println("integerClass data: " + integerClass.getData());
        GenericClass<String> stringClass = new GenericClass<>();
        stringClass.setData("Hello");
        System.out.println("stringClass data: " + stringClass.getData());
    }
}
```

这个例子中，定义了一个名为 GenericClass 的类，这个类有一个泛型参数 T。然后在 GenericClass 中定义了一个私有变量 data，类型是 T。还定义了两个方法 setData 和 getData，这两个方法分别用于设置和获取 data 的值。

main 方法中，创建了两个 GenericClass 对象，一个的类型参数是 Integer，另一个的类型参数是 String。可以看到，尽管这两个对象的类型不同，但是仍然可以正确地调用它们的 setData 和 getData 方法，这是因为 Java 编译器在编译时会检查代码，确保程序员不会尝试将错误的数据类型赋值给 data。

输出结果：

```
integerClass data: 10
stringClass data: Hello
```

8.1.3 泛型接口

泛型类和泛型接口是两种不同的泛型实现方式。泛型接口不仅是一种用于定义具有泛型参数的接口，还是一种重要的面向对象编程概念。它被用来定义一组方法的规范，这些方法需要由实现接口的类去具体实现。与普通接口相比，泛型接口的主要特点是它在接口名后面添加了类型参数，用尖括号括起来。

例如，定义一个“存储”的泛型接口，这个接口中定义了一个“store()”的方法，这个方法接收一个类型为 T 的元素：

```
interface Storage<T> {
    void store(T element);
}
```

其中，Storage 就是一个泛型接口，它定义了一个抽象的 store()方法。这个方法接收一个类型为 T 的元素。这种特性使得泛型接口非常灵活，可以用于处理各种类型的数据。同时，由于类型参数在编译时就已经被确定，因此泛型接口能够在编译时就检查类型的安全性，避免在运行时出现类型错误。

例 8.2 为方便学生更快捷地找到喜欢的图书，请设计一个图书馆管理系统，并实现一个对图书进行排序的功能。

引导 ChatGPT 生成代码的指令如下。

```
//我需要编写一个图书馆管理系统的代码，其中包括一个用于对图书进行排序的功能。我计划使用泛型接口来实现这一功能，以便在排序时能够处理不同类型的图书数据。
```

ChatGPT 生成的代码如下所示。

```
import java.util.Arrays;
public class LibrarySystem {
    public static void main(String[] args) {
        //创建一组 Book 对象
        Book[] books = new Book[]{
                new Book("Java 编程思想", 1000, 99.99),
                new Book("算法导论", 500, 120.0),
                new Book("设计模式", 700, 80.0)
        };
        //打印未排序的图书信息
        System.out.println("排序前：");
        for (Book book : books) {
            System.out.println(book);
        }
        //对图书进行排序
        Sortable<Book> sortable = new Book();
        sortable.sort(books);
```

```
        //打印排序后的图书信息
        System.out.println("\n 排序后：");
        for (Book book : books) {
            System.out.println(book);
        }
    }
}
interface Sortable<T> {
    void sort(T[] items);
}
class Book implements Sortable<Book> {
    private String name;
    private int pageCount;
    private double price;
    public Book() {}
    public Book(String name, int pageCount, double price) {
        this.name = name;
        this.pageCount = pageCount;
        this.price = price;
    }
    //实现 Sortable 接口中的 sort 方法
    public void sort(Book[] books) {
        Arrays.sort(books, (book1, book2) -> Double.compare(book1.getPrice(), book2.getPrice()));
    }
    //Getter 和 Setter 方法
    public String getName() {
        return name;
    }
    public void setName(String name) {
        this.name = name;
    }
    public int getPageCount() {
        return pageCount;
    }
    public void setPageCount(int pageCount) {
        this.pageCount = pageCount;
    }
    public double getPrice() {
        return price;
    }
    public void setPrice(double price) {
        this.price = price;
    }
    //重写 toString 方法，方便打印图书信息
    @Override
    public String toString() {
        return "Book{" +
                "name='" + name + '\'' +
```

```
                    ", pageCount=" + pageCount +
                    ", price=" + price +
                    '}';
        }
    }
```

这个例子中，定义了一个 Sortable 泛型接口，其中包含一个 sort 方法，用于对实现了该接口的对象进行排序。然后，让 Book 类实现该接口并实现 sort 方法，以实现对图书进行排序。

在 main 方法中，创建了一组 Book 对象，并使用 Sortable 接口来对它们进行排序。具体地，首先打印出未排序的图书信息，然后调用 Sortable 接口的 sort 方法对图书进行排序，并最终打印排序后的图书信息。

具体来说，我们传入了一个比较器（Comparator），该比较器通过 lambda 表达式定义了如何比较两本书的价格（price）大小。因此，在程序运行时，会根据每本书的价格对图书数组进行排序，从低到高排列。

输出结果：

```
排序前：
Book{name='Java 编程思想', pageCount=1000, price=99.99}
Book{name='算法导论', pageCount=500, price=120.0}
Book{name='设计模式', pageCount=700, price=80.0}
排序后：
Book{name='设计模式', pageCount=700, price=80.0}
Book{name='Java 编程思想', pageCount=1000, price=99.99}
Book{name='算法导论', pageCount=500, price=120.0}
```

8.1.4　泛型方法

泛型方法的定义有一定的格式。首先，需要在返回值前添加一个<T>来声明这是一个泛型方法，此处的 T 就是一个类型参数。然后，访问权限、泛型标识、返回值类型、方法名、参数列表以及方法体都需要按照定义格式来编排。

例如，定义一个泛型方法，此方法接收一个泛型参数 T 作为输入，并返回一个 T 类型的值：

```
public class GenericMethod {
    public <T> T genericMethod(T input) {
        //在这里编写你的方法逻辑
        return input;
    }
}
```

其中，genericMethod 就是一个泛型方法，它接收一个类型为 T 的参数 input，并返回一个类型为 T 的值。调用这个方法时，需要传入实际的类型参数，比如

```
Integer integer = newGenericMethod()<integer>genericMethod(10);
```

这样，integer 对象就只能存储 Integer 类型的数据。在这个方法中，可以编写任何需要的逻辑。例如，如果想将输入值加倍，则可以这样做：

```
public class GenericMethod {
    public <T extends Number> double genericMethod(T input) {
        return input.doubleValue() * 2;
    }
}
```

这个例子中，使用了Number类作为泛型类型T的边界，这意味着T必须是Number或其子类。然后将输入值转换为double类型，并将其乘以2。

8.2 迭代器

迭代器是一种在Java中常用的设计模式，主要用于遍历集合中的元素。通过使用迭代器，可以删除、添加、修改和查找集合元素。这里介绍其中的两个接口Iterator和Iterable。

8.2.1 迭代器的基本概念

具体来说，迭代器是一种对象，它提供了一种统一的方式来访问集合元素，而不需要了解集合的具体实现。迭代器接口（Iterator）是Java集合框架中的一种机制，用于遍历集合（如列表、集合和映射等），它定义了一组用于访问集合元素的方法，如hasNext()、next()和remove()。这些方法允许按顺序访问集合中的元素，而无须关心集合的具体实现方式。

8.2.2 接口Iterator

Iterator（迭代器）是Java集合框架中的一个接口，用于遍历集合中的元素。Iterator提供了一种统一的方式来访问不同类型的集合，如List、Set和Map。通过使用迭代器，可以在遍历过程中对集合进行修改，而不会出现ConcurrentModificationException异常。

迭代器的使用方法如下所示：

```
import java.util.ArrayList;
import java.util.Iterator;
import java.util.List;
public class Main {
    public static void main(String[] args) {
        List<String> list = new ArrayList<>();
        list.add("A");
        list.add("B");
        list.add("C");
        Iterator<String> iterator = list.iterator();
        while (iterator.hasNext()) {
            String element = iterator.next();
            System.out.println(element);
            if (element.equals("B")) {
                iterator.remove();
            }
        }
    }
}
```

这段代码中，首先创建了一个包含"A"、"B"和"C"的ArrayList，然后创建了一个迭代器来遍历列表。在遍历过程中，如果当前元素等于"B"，就使用迭代器的remove()方法将其从列表中删除。

8.2.3　接口 Iterable

Iterable（可迭代的）是 Java 集合框架中的一个接口，用于表示一个类的对象可以被遍历。它定义一个名为 iterator()的方法，该方法返回一个 Iterator 对象，用于遍历集合中的元素。

Iterable 接口的使用方法如下所示：

```
import java.util.Iterator;
public class MyIterable implements Iterable<Integer> {
    private final int[] numbers;
    public MyIterable(int[] numbers) {
        this.numbers = numbers;
    }
    @Override
    public Iterator<Integer> iterator() {
        return new MyIterator();
    }
    private class MyIterator implements Iterator<Integer> {
        private int currentIndex = 0;
        @Override
        public boolean hasNext() {
            return currentIndex < numbers.length;
        }
        @Override
        public Integer next() {
            return numbers[currentIndex++];
        }
    }
    public static void main(String[] args) {
        int[] numbers = {1, 2, 3, 4, 5};
        MyIterable myIterable = new MyIterable(numbers);
        for (int number : myIterable) {
            System.out.println(number);
        }
    }
}
```

这段代码中，创建了一个 MyIterable 类，并实现 Iterable 接口，指定泛型类型为 Integer。MyIterable 类内部定义一个私有的内部类 MyIterator，也实现了 Iterator 接口，指定泛型类型为 Integer。

在 MyIterable 类中，iterator()方法创建并返回一个 MyIterator 对象，用于遍历 numbers 数组中的元素。MyIterator 类实现 hasNext()方法和 next()方法，hasNext()方法用于检查是否还有下一个元素，next()方法用于获取下一个元素。

在 main()方法中，一个 MyIterable 对象被创建，并使用 for-each 循环遍历该对象中的元素。由于 MyIterable 类实现了 Iterable 接口，所以可以直接在 for-each 循环中使用 myIterable 对象。

输出结果：

```
1
2
```

```
3
4
5
```

8.2.4 Iterable 和 for-each 循环

for-each 循环是一种简化遍历集合的方式，它可以直接遍历数组或实现 Iterable 接口的集合。for-each 循环的语法格式如下。

```
for (元素类型 变量名 : 集合对象) {
    //处理变量名对应的元素
}
```

8.2.5 使用迭代器示例

例 8.3 编写一个程序，用于存储学生的成绩。然后使用迭代器打印每个学生的成绩，并计算他们的平均分数。

引导 ChatGPT 生成代码的指令如下。

```
//使用迭代器打印学生成绩，并计算平均分数，学生成绩随机即可。
```

ChatGPT 生成的代码如下所示。

```
import java.util.ArrayList;
import java.util.Iterator;
public class StudentScores {
    public static void main(String[] args) {
        ArrayList<Double> scores = new ArrayList<Double>();
        scores.add(78.5);
        scores.add(89.0);
        scores.add(92.3);
        scores.add(67.8);
        scores.add(81.2);
        Iterator<Double> iterator = scores.iterator();
        double sum = 0.0;
        int count = 0;
        System.out.println("学生的成绩：");
        while (iterator.hasNext()) {
            double score = iterator.next();
            System.out.println(score);
            sum += score;
            count++;
        }
        double averageScore = sum / count;
        System.out.println("平均分数：" + averageScore);
    }
}
```

这个例子中，首先创建了一个 ArrayList 对象来存储学生的成绩。然后，使用 add()方法向列表中添加了 5 个学生的成绩。接下来，使用 iterator()方法获取迭代器，并使用 while 循环和 hasNext()、next()方法遍历整个列表。在遍历过程中，打印出每个学生的成绩，并计算总分数和学生数量。最后，计算平均分数并将其打印到控制台上。

输出结果：

```
学生的成绩：
78.5
89.0
92.3
67.8
81.2
平均分数：81.76
```

例 8.4　运用多个迭代器，统计一个列表中名字出现的次数。

引导 ChatGPT 生成代码的指令如下。

```
//统计唐宋八大家名字在列表中出现的次数，列表人数随机。
```

ChatGPT 生成的代码如下所示。

```java
import java.util.HashMap;
import java.util.Iterator;
import java.util.List;
import java.util.Map;
public class NameCounter {
    public static void main(String[] args) {
        //创建一个名字列表
        List<String> nameList = List.of("韩愈", "柳宗元", "苏轼", "欧阳修", "欧阳修", "柳宗元");
        //调用 countNames 方法统计名字出现次数
        Map<String, Integer> nameCountMap = countNames(nameList);
        //输出结果
        for (Map.Entry<String, Integer> entry : nameCountMap.entrySet()) {
            System.out.println(entry.getKey() + ": " + entry.getValue());
        }
    }
    /**
     * 统计名字列表中名字出现次数的方法
     * @param nameList 名字列表
     * @return 名字及其出现次数的映射
     */
    public static Map<String, Integer> countNames(List<String> nameList) {
        //创建一个 HashMap 用于存储名字及其出现次数
        Map<String, Integer> nameCountMap = new HashMap<>();
        //使用迭代器遍历名字列表
        Iterator<String> iterator = nameList.iterator();
        while (iterator.hasNext()) {
            //获取当前名字
            String name = iterator.next();
            //如果名字已经在映射中，则将其出现次数加 1
            if (nameCountMap.containsKey(name)) {
                nameCountMap.put(name, nameCountMap.get(name) + 1);
            } else {
                //否则，将名字添加到映射中，并将其出现次数设置为 1
                nameCountMap.put(name, 1);
            }
```

```
        }
        //返回名字及其出现次数的映射
        return nameCountMap;
    }
}
```

输出结果：

```
韩愈: 1
柳宗元: 2
苏轼: 1
欧阳修: 2
```

这段代码中有两个迭代器，一个是在 main 方法中使用的：

```
Iterator<Map.Entry<String, Integer>>
```

另一个是在 countNames 方法中使用的：

```
Iterator<String>
```

这两个迭代器都用于遍历名字列表 nameList。第一个迭代器在 main 方法中，用于输出名字及其出现次数。第二个迭代器在 countNames 方法中，用于统计名字出现的次数。

8.3 克隆

克隆是指创建一个与原始对象完全相同的新对象，包括对象的所有属性和状态。

8.3.1 克隆的实现方式

克隆操作可以通过实现 Cloneable 接口和重写 clone()方法来实现。

类 Object 含有一个保护方法 clone()，它返回对象的复制，该方法有下列方法头:

```
protected Object clone() throws CloneNotSupportedException
```

因为 clone()是保护的，且因为 Object 是所有其他类的超类，所以任意方法的实现中都可以调用：

```
super.clone()
```

需要注意的是，只有实现了 Cloneable 接口的类才能使用 clone()方法。如果没有实现该接口，调用 clone()方法就会抛出 CloneNotSupportedException 异常。

在 Java 中，克隆可以分为浅克隆和深克隆两种方式。

8.3.2 浅克隆

浅克隆只复制对象的基本属性，而不复制引用类型的属性。这意味着原始对象和克隆对象会引用相同的引用类型对象。

引导 ChatGPT 生成浅克隆的示例代码如下所示：

```
class Person implements Cloneable {
    private String name;
    private int age;
    public Person(String name, int age) {
        this.name = name;
        this.age = age;
    }
```

```
        public void setName(String name) {
            this.name = name;
        }
        public void setAge(int age) {
            this.age = age;
        }
        @Override
        protected Object clone() throws CloneNotSupportedException {
            return super.clone();
        }
        @Override
        public String toString() {
            return "Person [name=" + name + ", age=" + age + "]";
        }
    }
    public class ShallowCloneExample {
        public static void main(String[] args) {
            Person person1 = new Person("Alice", 25);
            try {
                Person person2 = (Person) person1.clone();
                person2.setName("Bob");
                person2.setAge(30);
                System.out.println("person1: " + person1);
                System.out.println("person2: " + person2);
            } catch (CloneNotSupportedException e) {
                e.printStackTrace();
            }
        }
    }
```

输出结果：

```
person1: Person [name=Alice, age=25]
person2: Person [name=Bob, age=30]
```

在示例中，person1 和 person2 共享同一个对象，当修改 person2 的属性时，person1 的属性也会发生改变。

在实现浅克隆的方式中，可以直接使用 Object 类的 clone()方法。在调用 clone()方法时，会先创建一个新的对象，然后将原对象的非静态字段复制到新对象中。对于引用类型的成员变量，浅克隆仅仅复制了引用，而不是整个对象。因此，如果原对象和克隆后的对象中的引用类型成员变量指向同一个对象，那么对这些成员变量的修改将会影响到另一个对象。

浅克隆的使用场景和限制：由于浅克隆仅仅复制了对象本身以及其包含的基本数据类型，而没有复制对象中引用的其他对象，所以当需要复制的对象较大或复杂时，使用浅克隆可以节省存储空间和时间。然而，浅克隆无法实现对象之间的完全独立，即对其中一个对象的修改可能会影响到另一个对象，这是浅克隆的主要限制。

8.3.3　深克隆

深克隆则会复制所有属性，包括引用类型的属性，使得原始对象和克隆对象引用不同的对象。

引导 ChatGPT 生成深克隆的示例代码如下所示：

```
class Address implements Cloneable {
    private String city;
    private String street;
    public Address(String city, String street) {
        this.city = city;
        this.street = street;
    }
    public void setCity(String city) {
        this.city = city;
    }
    public void setStreet(String street) {
        this.street = street;
    }
    @Override
    protected Object clone() throws CloneNotSupportedException {
        return super.clone();
    }
    @Override
    public String toString() {
        return "Address [city=" + city + ", street=" + street + "]";
    }
}
class Person implements Cloneable {
    private String name;
    private int age;
    private Address address;
    public Person(String name, int age, Address address) {
        this.name = name;
        this.age = age;
        this.address = address;
    }
    public Address getAddress() {
        return address;
    }
    public void setName(String name) {
        this.name = name;
    }
    public void setAge(int age) {
        this.age = age;
    }
    @Override
    protected Object clone() throws CloneNotSupportedException {
        Person clonedPerson = (Person) super.clone();
        clonedPerson.address = (Address) address.clone();
        return clonedPerson;
    }
    @Override
```

```
        public String toString() {
            return "Person [name=" + name + ", age=" + age + ", address=" + address + "]";
        }
    }
    public class DeepCloneExample {
        public static void main(String[] args) {
            Address address = new Address("CityA", "StreetA");
            Person person1 = new Person("Alice", 25, address);
            try {
                Person person2 = (Person) person1.clone();
                person2.setName("Bob");
                person2.setAge(30);
                person2.getAddress().setCity("CityB");
                person2.getAddress().setStreet("StreetB");
                System.out.println("person1: " + person1);
                System.out.println("person2: " + person2);
            } catch (CloneNotSupportedException e) {
                e.printStackTrace();
            }
        }
    }
```

输出结果：

```
person1: Person [name=Alice, age=25, address=Address [city=CityA, street=StreetA]]
person2: Person [name=Bob, age=30, address=Address [city=CityB, street=StreetB]]
```

通过在 Person 类的克隆方法中对 Address 对象进行克隆，person1 和 person2 拥有各自独立的 Address 对象，因此修改 person2 的 address 属性不会影响 person1 的 address 属性。

在实现深克隆的方式中，首先需要实现 Cloneable 接口，然后重写 clone 方法。在重写的 clone 方法中，对于引用类型的成员变量，需要使用 new 关键字分配独立的内存，以实现对这些对象的深度拷贝。如果对象内包含可变的成员变量（如数组），则需要自己编写克隆逻辑以确保对象完全被复制——因为默认的 clone 方法是浅克隆。

深克隆的使用场景和限制：需要保留对象的状态，并且不希望新对象与原对象有共享资源的情况，或者需要多次修改对象状态，且不希望出现这些修改互相影响的情况。由于深克隆需要复制对象及其包含的所有引用类型的成员变量指向的对象，因此当对象结构复杂、包含多层引用或大型数据时，实现深克隆可能会消耗大量的内存和 CPU 资源。此外，如果对象之间存在循环引用，则深克隆的实现也会变得非常复杂。

本章小结

本章介绍了关于 Java 语言中的一些高级特性，如泛型、迭代器和克隆的概念和使用。

1．泛型本质是参数化类型，也就是在定义类、接口时通过一个标识表示类中某个属性的类型或者是某个方法的返回值及参数类型。

2．迭代器的主要功能是提供一种按顺序访问集合元素的方法，而不需要知道集合的底层结构。通过使用迭代器，可以遍历集合并访问其中的元素，而无须关心集合的具体实现方式。

3．克隆的主要作用在于方便地复制对象，提供一种便捷的方式来创建相似但独立的对象，而无须手动一个一个地复制属性。

4．深克隆会复制对象及其包含的所有子对象，而浅克隆只会复制对象本身。

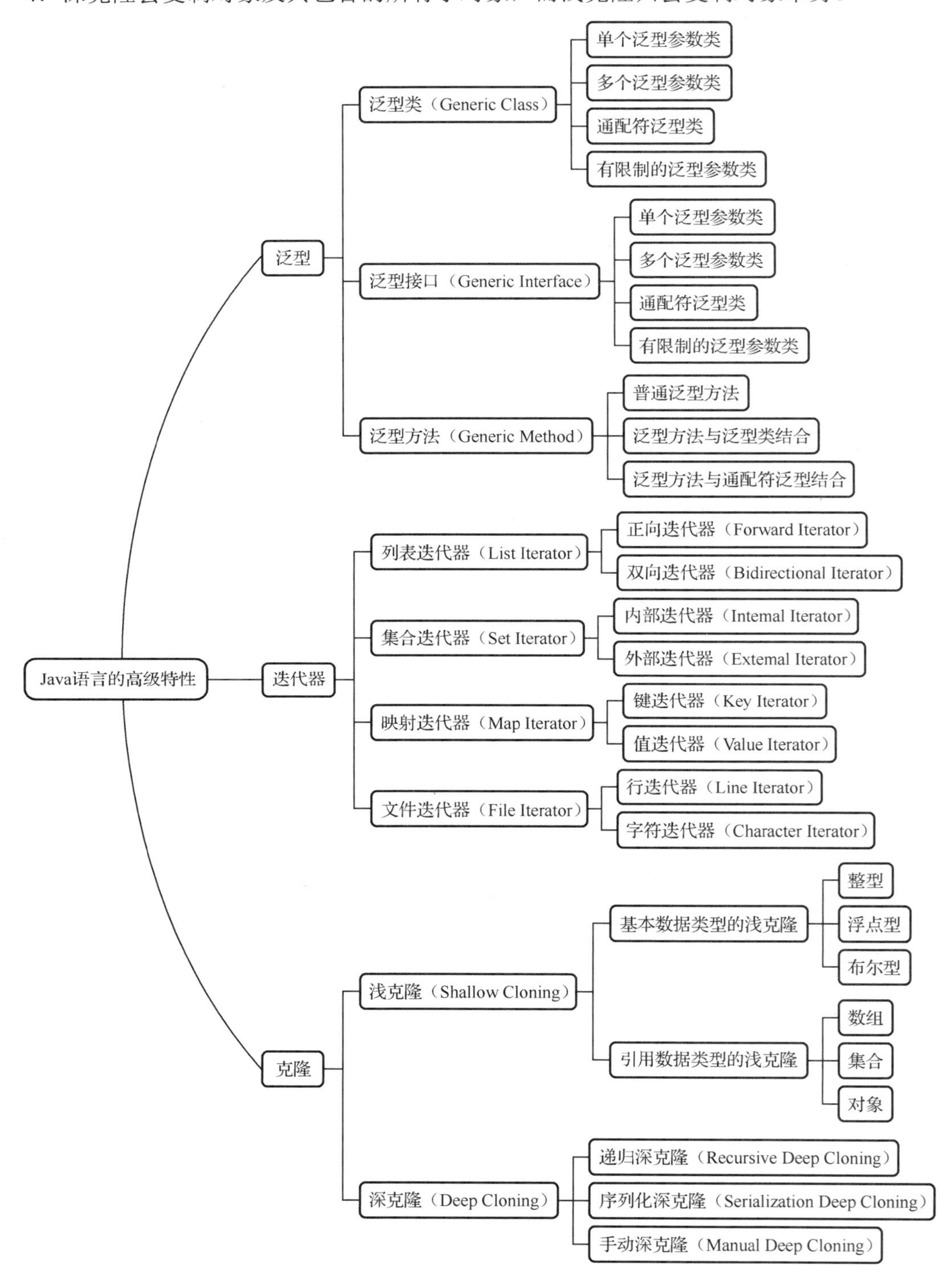

习题 8

一、选择题

1．下面哪个选项是泛型类的正确定义？（　　）

A．public class MyClass<> { }

B．public class MyClass<T> { }

C．public class MyClass { }

D．public class MyClass<T, E> { }

2．迭代器的作用是什么？（　　）

A．增加集合中的元素

B．删除集合中的元素

C．遍历集合中的元素

D．对集合中的元素进行排序

3．在 Java 中，克隆是浅拷贝还是深拷贝？（　　）

A．浅拷贝

B．深拷贝

C．取决于对象类型

D．取决于对象实现方式

4．在 Java 中，如果一个类没有实现克隆接口 Cloneable，则调用其 clone()方法会发生什么？（　　）

A．抛出 CloneNotSupportedException 异常

B．返回一个 null 值

C．返回一个新对象，但其属性值与原始对象相同

D．返回一个新对象，但其属性值未被初始化

5．在下面的代码中，泛型 T 的作用是什么？（　　）

```
public class Box<T> {
    private T value;
    public T getValue() {
        return value;
    }
    public void setValue(T value) {
        this.value = value;
    }
}
```

A．表示一个具体的数据类型

B．表示任意数据类型

C．表示基本数据类型（如 int、boolean 等）

D．表示字符串类型

二、判断题

1．使用 Iterator 接口遍历集合时，可以对集合进行修改。（　　）

2．如果一个类没有实现克隆接口 Cloneable，则调用其 clone()方法会返回一个 null 值。（　　）

3．泛型类型参数只能是引用类型，不能是原始类型。（　　）

4．泛型可以用于消除类型转换异常。（　　）

5．泛型参数可以是基本数据类型，如 int、boolean 等。（　　）

三、编程题

1．编写一个泛型方法 findMax，接收一个泛型数组作为参数，并返回数组中最大的元素。要求能够处理整数数组和字符串数组。

2．编写一个类 MyList，实现自定义的可迭代接口 Iterable，并提供一个方法 add 用于向列表中添加元素。要求能够使用增强 for 循环遍历该列表。

3．编写一个可克隆的类 Person，包含姓名和年龄两个属性。实现克隆接口 Cloneable，并重写 clone 方法实现深拷贝。

4．编写一个泛型类 Stack<T>，实现一个简单的栈，要求具备以下功能：

push(T element)：将元素压入栈顶。

pop()：弹出并返回栈顶元素。

peek()：返回栈顶元素，不弹出。

isEmpty()：判断栈是否为空。

5．编写一个泛型类 MyLinkedList<T>，实现一个简单的链表，要求具备以下功能：

add(T element)：将元素添加到链表末尾。

get(int index)：获取指定索引处的元素。

size()：返回链表的长度。

iterator()：返回一个实现了 Iterator 接口的迭代器，用于遍历链表中的元素。

拓展阅读

泛型、迭代器和克隆是非常重要的概念，为程序员提供了强大的工具来处理数据和对象。

泛型为 Java 引入了类型参数化的概念，使得类、接口和方法可以变成“参数化的”，从而在编译时具体化类型。这种特性使得代码更加灵活、可重用，并且在编译时能够提供类型安全性。《*Effective Java*》一书中关于泛型的章节非常适合那些想要更深入地理解 Java 语言细节和最佳实践的程序员。它给出了很多实用的建议和技巧，可以帮助程序员避免许多常见的错误和不良实践。此外，该书还提供了大量的代码示例和解释，使读者能够更好地理解和应用这些技术。

（来源：书栈网）

迭代器是一种对象，它可以遍历集合中的元素，并且允许在不暴露集合内部结构的情况下对集合进行迭代。想要了解迭代器的原理和使用方法。可以阅读《Java 编程思想》中关于集合和迭代器的章节，它是广受欢迎的 Java 编程入门经典教材。这本书全面系统地介绍了 Java 编程语言的基础知识和高级特性，适合初学者和有一定编程经验的读者。相较于其他读物，它侧重理论基础和编程思想的讲解，而非简单的代码示例和语法介绍。

（来源：豆瓣）

对象的克隆是指创建一个新的对象，该对象与原始对象具有相同的属性值。想要深入了解 Java 中的对象克隆机制，可以查阅 Java 官方文档中有关 clone()方法的详细说明。

除了上述建议的书籍和官方文档外，还可以通过阅读相关的技术博客、参与开源项目或者参加技术社区的讨论来深入学习这些概念。不断地学习和实践是掌握 Java 编程中泛型、迭代器和克隆等重要概念的关键。希望你能够在拓展阅读中找到更多有益的资源，不断提升自己在 Java 编程领域的技能和知识水平。

第 9 章　Java 的图形用户界面设计

在现代软件开发中，图形用户界面（GUI）设计占据着至关重要的地位。用户界面是用户与应用程序互动的关键入口，直接影响用户体验的质量。一个精心设计的图形用户界面能够提高用户的工作效率、降低学习曲线，并赋予应用程序更强烈的吸引力。本章将深入探讨图形用户界面设计的基本原则，以及如何在 Java 编程环境中应用这些原则，从而创造出直观、美观且功能强大的用户界面。通过理解和应用这些设计准则，我们将能够打造出满足用户期望、易用且富有创意的应用程序界面。

本章学习目标

一、知识目标

1．理解 GUI 设计的基本原则。

2．掌握 Java 中的 GUI 组件。

3．掌握容器的概念。

二、技能目标

1．熟练使用各个布局管理器。

2．熟悉 GUI 事件处理机制。

3．知晓程序监听的使用。

三、情感态度与价值目标

1．创造具有创意和个性的界面。

2．培养对 Java 图形用户界面技术的兴趣和热情。

3．激发关于图形用户界面设计的创造力和应用能力。

9.1　AWT 和 Swing

Java 中的 AWT 和 Swing 都为 GUI 提供了组件。在 GUI 设计中，组件是构建用户界面的基本元素，可以是可见的用户界面元素或用于处理用户输入和操作的控件。组件通常包括各种用户界面元素，如按钮、文本框、标签、下拉框、滑块等。

Java 的图形用户界面（GUI）框架经历了 AWT（Abstract Window Toolkit）到 Swing 的演进。Java 的早期版本主要使用 AWT 进行图形用户界面的开发。AWT 是 Java 最初的 GUI 库，它依赖于底层操作系统的本地窗口工具包，以提供 GUI 组件。这意味着 AWT 应用程序的外观和行为直接受到底层操作系统的影响，因为 AWT 组件直接映射到本地平台的 GUI 组件。

尽管 AWT 为开发人员提供了一种创建简单 GUI 的方式，但由于在不同平台上的外观不一致，限制了跨平台应用程序的可移植性。此外，AWT 的组件集合相对有限，缺少一些现代 GUI 开发中常用的高级组件。AWT 组件定义在 java.awt 包中，其主要类与继承关系如图 9-1 所示。

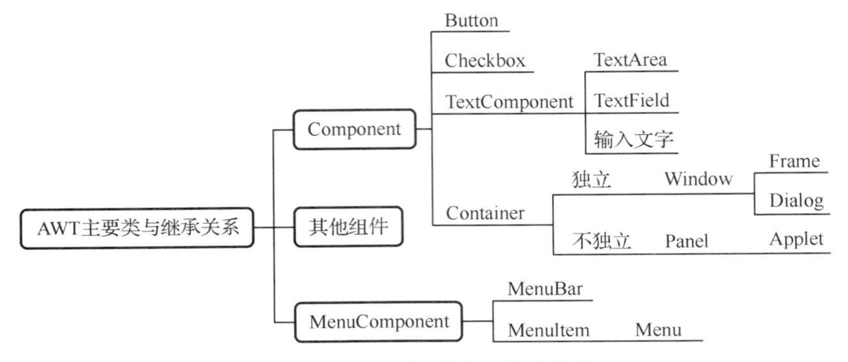

图 9-1　AWT 主要类与继承关系

为了解决 AWT 的局限性，Swing 作为 Java 的第二代 GUI 库被引入。Swing 是用纯 Java 实现的，不再依赖于底层操作系统的本地组件。这一特性为 Swing 应用程序提供了跨平台的一致性外观和行为。Swing 引入了轻量级组件的概念，即所有 Swing 组件都是由 Java 代码实现的，而不是直接映射到底层操作系统。这使得 Swing 应用程序在所有支持 Java 的平台上都能获得相同的用户体验。Swing 不仅扩展了可用的组件集合，还提供了更强大的、可自定义的组件，使得开发者能够创建更具交互性和美观性的应用程序。Swing 的灵活性和可定制性使其成为 Java GUI 开发的主流选择。Swing 组件定义在 javax.swing 包中，其主要类与继承关系如图 9-2 所示。

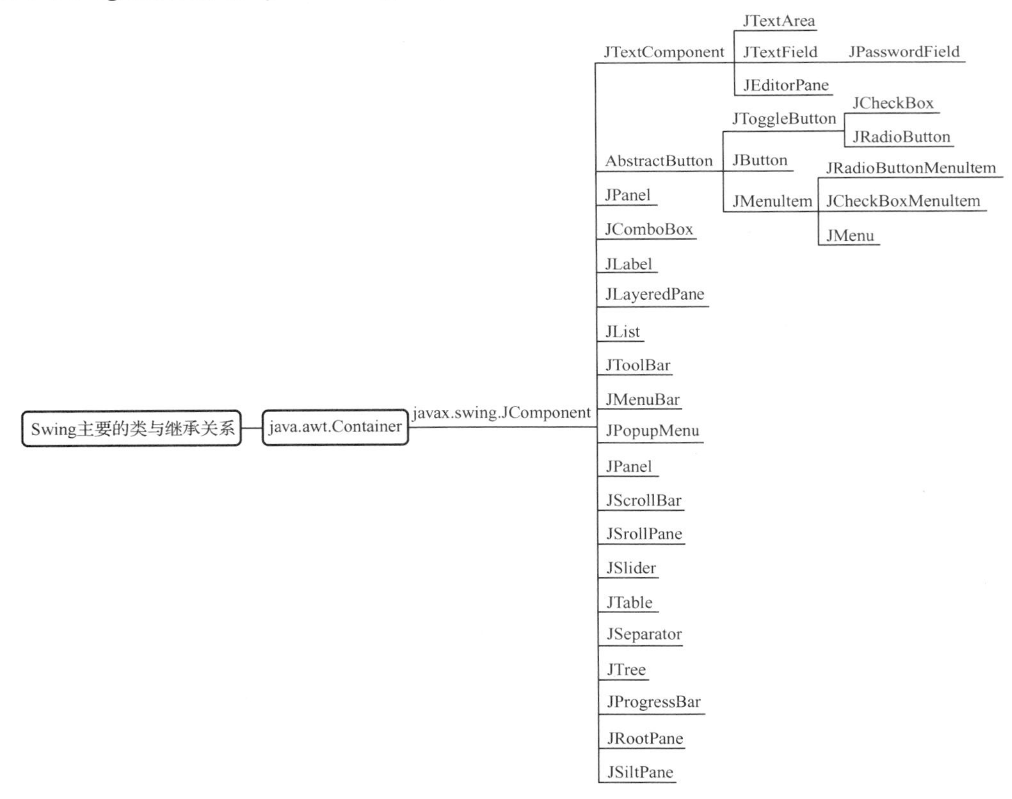

图 9-2　Swing 主要类与继承关系

9.2　容器

9.1 节讲到的图形用户界面都是由组件构成的，例如，文本输入框（Textfield）、按钮（Button）、标签（Label）等都是组件，其中一种特殊的组件叫作容器（Container），例如，框架（Frame）、面板（Panel）等都是容器。容器可以理解为一种界面布局的机制，它允许开发者以一定的方式将其他组件放置在其中，以便更好地组织和管理用户界面的布局结构。

以厨房烹饪来比喻的话，Java 中的容器就像一个大的厨房，而 AWT 和 Swing 包含的组件就是厨房中的各种食材或厨具。容器包含和组织组件，就像食材需要被分配到厨房和搭配菜品的组成一样。

9.2.1　顶层容器

所有在屏幕上显示的组件都必须包含在某个容器中，并且可以在嵌套的容器结构中组织。在这个层次结构的最外层，必须是一个顶层容器。顶层容器就像厨房中的烹饪锅一样，几乎所有的食材都要通过烹饪锅进行烹饪。在 Swing 中，有四种顶层容器，分别是 JFrame、JApplet、JDialog 和 JWindow。

- JFrame（框架）是一个带有标题栏、控制按钮（最小化、恢复/最大化、关闭）的独立窗口，适用于创建包含完整应用程序的窗口界面。
- JApplet（小应用程序）用于创建小型应用程序，它可以被包含在浏览器窗口中，通常用于创建网页上的 Java 小程序。
- JDialog（对话框）用于创建对话框，它是一个弹出窗口，通常用于与用户进行交互，接收输入或显示信息。
- JWindow（窗口）是一个不带有标题栏和控制按钮的窗口，通常很少使用，但在特定情况下可以用于创建不带边框的窗口。

这些顶层容器提供了不同的外观和功能，使开发者能够选择最适合其应用程序需求的容器类型。使用 JFrame 创建完整的应用程序窗口，JApplet 用于小型应用程序，JDialog 用于创建对话框，而 JWindow 则适用于一些不需要标题和按钮的简单窗口场景。在 Swing 应用程序中，选择适当的顶层容器对于构建用户友好的界面至关重要。用烹饪来比喻，顶层容器就是最大的烹饪锅或者是技术顶尖的厨师烹饪。

例 9.1　QQ 的登录界面相信大家都非常熟悉了，包含账号和密码的输入与忘记密码等。现使用 JFrame 创建一个用户登录界面的应用程序，该程序运行之后，将在屏幕上显示一个包含 Login 和 Forgot Password 两个按钮的窗口。

为实现上述例题，可以使用以下指令让 Copilot 生成相关程序。

```
//使用 JFrame 生成一个用户登录界面，包括账号和密码输入与忘记密码按钮，要求有账号与密码的字样。
```

引导 Copilot 生成的程序如下所示。

```
import javax.swing.*;
import java.awt.*;
import java.awt.event.ActionEvent;
import java.awt.event.ActionListener;
```

```
public class LoginFrame extends JFrame {
    private JTextField usernameField;
    private JPasswordField passwordField;

    public LoginFrame() {
        setTitle("User Login");
        setDefaultCloseOperation(JFrame.EXIT_ON_CLOSE);
        setSize(300, 200);
        setLocationRelativeTo(null);

        JPanel panel = new JPanel();
        panel.setLayout(new GridLayout(3, 2));

        JLabel usernameLabel = new JLabel("Username:");
        usernameField = new JTextField();
        JLabel passwordLabel = new JLabel("Password:");
        passwordField = new JPasswordField();

        panel.add(usernameLabel);
        panel.add(usernameField);
        panel.add(passwordLabel);
        panel.add(passwordField);

        JButton loginButton = new JButton("Login");
        JButton forgotPasswordButton = new JButton("Forgot Password");

        loginButton.addActionListener(new ActionListener() {
            @Override
            public void actionPerformed(ActionEvent e) {
                String username = usernameField.getText();
                String password = new String(passwordField.getPassword());

                //TODO: Add login logic here
            }
        });

        forgotPasswordButton.addActionListener(new ActionListener() {
            @Override
            public void actionPerformed(ActionEvent e) {
                //TODO: Add forgot password logic here
            }
        });

        panel.add(loginButton);
        panel.add(forgotPasswordButton);

        add(panel);
        setVisible(true);
```

```
        }

        public static void main(String[] args) {
            SwingUtilities.invokeLater(new Runnable() {
                @Override
                public void run() {
                    new LoginFrame();
                }
            });
        }
    }
```

程序执行的结果如图 9-3 所示。

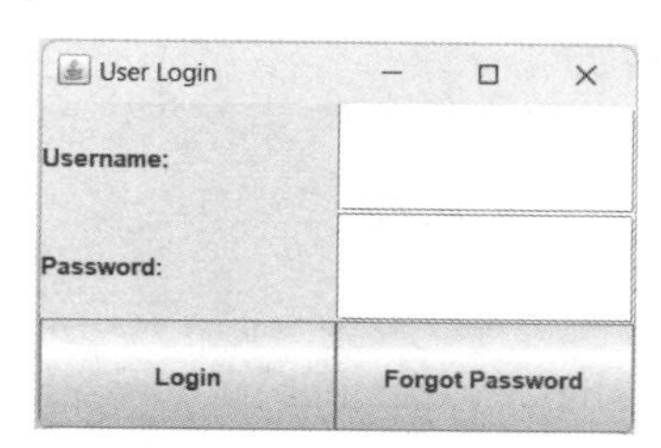

图 9-3　用户登录界面（程序执行的结果）

程序的开始部分引入了需要用到的包：

```
import javax.swing.*;
import java.awt.*;
import java.awt.event.ActionEvent;
import java.awt.event.ActionListener;
```

创建窗口用到的 JFrame 和 JButton 是定义在 javax.swing 包中的，而在面板上创建网格布局的布局管理器 GridLayout 则定义在 java.awt 包中，定义在 java.awt.event 中的 ActionEvent 和 ActionListener 类被用于处理按钮的点击事件，因此分别引入了这四个包。

```
setTitle("User Login");
setDefaultCloseOperation(JFrame.EXIT_ON_CLOSE);
setSize(300, 200);
setLocationRelativeTo(null);
```

第一行设置窗口的标题，将窗口的标题文本设置为“User Login”。这个标题通常会显示在窗口的标题栏上。第二行设置窗口的默认关闭操作。JFrame.EXIT_ON_CLOSE 表示在用户关闭窗口时，默认的操作是终止应用程序。即当用户点击窗口的关闭按钮时，程序将结束运行。第三行设置窗口的大小。窗口的宽度设置为 300 像素，高度设置为 200 像素。这决定了窗口的初始尺寸。第四行设置窗口相对于指定组件的位置。null 表示窗口将在屏幕的中央打开。如果提供了一个组件，窗口将相对于该组件的位置进行调整。

```
JPanel panel = new JPanel();
panel.setLayout(new GridLayout(3, 2));
```

这两行代码创建了一个新的 JPanel 对象，即一个面板。JPanel 是 Swing 库中的容器组件，用于包含和组织其他 GUI 元素。还设置了面板的布局管理器为 GridLayout，并指定了网格的行数和列数。GridLayout 是一种布局管理器，它将组件按照指定的行数和列数排列成网格状结构。在这里，new GridLayout(3, 2)表示将面板分为 3 行 2 列的网格，即最多可以容纳 3 行×2

列=6 个组件。

```
JLabel usernameLabel = new JLabel("Username:");
usernameField = new JTextField();
JLabel passwordLabel = new JLabel("Password:");
passwordField = new JPasswordField();
```

第一行代码创建了一个标签对象（JLabel），用于显示用户输入用户名的文本。标签是一种用于显示简短文本或图像的组件。在这里，标签文本为“Username:”。第二行代码创建了一个文本输入框对象（JTextField），用于输入用户名。JTextField 是一个单行的文本输入框，用户可以在其中输入文本。第三行代码创建了另一个标签对象，用于显示用户输入密码的文本。标签文本为“Password:”。第四行代码创建了一个密码输入框对象（JPasswordField），用于输入密码。JPasswordField 与 JTextField 类似，但它隐藏了用户输入的字符，以增加密码的安全性。

```
panel.add(usernameLabel);
panel.add(usernameField);
panel.add(passwordLabel);
panel.add(passwordField);
```

这几行代码就是把 usernameLabel、usernameField、passwordLabel 和 passwordField 添加到面板 JPanel panel 中。

```
JButton loginButton = new JButton("Login");
JButton forgotPasswordButton = new JButton("Forgot Password");
```

这两行代码就是设置 Login 和 Forgot Password 两个按钮。

后面的代码就是创建两个事件监听器 ActionListener 给 Login 和 Forgot Password 两个按钮，以便在用户点击 Login 按钮时执行相应的操作。

9.2.2 内容窗格

内容窗格（Content Pane）是在 GUI 设计中用于容纳应用程序主要内容的特殊区域，类似厨房中特殊的区域，比如案板，所有的食材必须集中在这里。拿房间的例子来分析的话，容器就是房间本身，而内容窗格就是房间中的各种各样的家具等东西。在 Swing 中，JFrame 类的实例默认包含一个内容窗格，这是用于存放主要用户界面组件的地方。默认情况下，JFrame 的内容窗格可以通过 getContentPan()方法访问。在早期版本的 Swing 中，JFrame 的构造函数会返回其内容窗格，但在较新的版本中，这已被废弃，推荐使用 getContentPane()方法。

将组件放入内容窗格中有两种方法，一种是使用顶层容器 getContentPane()方法获得默认的内容窗格，然后将组件添加到内容窗格中，例如：

```
Container contentPane = frame.getContentPane();
contentPane.add(button, BorderLayout.CENTER);
```

上面两条代码也可合并为一条：

```
Frame.getContentPane().add(button, BorderLayout.CENTER);
```

另一种方法是创建一个新的内容窗格，以替代顶层容器默认的内容窗格。通常的做法是创建一个 JPanel 的实例，然后将组件添加到 JPanel 实例中。接着，通过顶层容器的 setContentPane()方法，将 JPanel 实例设置为新的内容窗格。这样可以更灵活地控制和组织界面的布局，允许开发者在内容窗格中添加自定义的组件和定制化布局。例如：

```
JPanel contentPane = new JPanel();
```

```
contentPane.setLayout(new BorderLayout());
contentPane.add(button, BorderLayout.CENTER);
Frame.setContentPane(contentPane);
```

例 9.2 现在很多游戏的用户界面或者主界面的游戏模式选择采用的都是内容窗格。如图 9-4 所示是一款游戏的主页面，仿照该界面利用内容窗格的知识点创建一个属于自己的游戏页面。

为实现上述例题，可以使用以下指令让 Copilot 生成相关程序。

```
//运用内容窗格的知识点，创建一个游戏的主页面要求界面大小覆盖全屏幕，包括开始游戏、你的背包、任务、设置和退出按钮，全部按钮位于屏幕正中间。
```

引导 Copilot 生成的程序如下所示。

```
import javax.swing.*;
import java.awt.*;
import java.awt.event.ActionEvent;
import java.awt.event.ActionListener;

public class GameMainPage extends JFrame {
    private JButton startButton;
    private JButton backpackButton;
    private JButton taskButton;
    private JButton settingsButton;
    private JButton exitButton;

    public GameMainPage() {
        setTitle("Game Main Page");
        setDefaultCloseOperation(JFrame.EXIT_ON_CLOSE);
        setExtendedState(JFrame.MAXIMIZED_BOTH); //Set the frame to cover the entire screen
        setUndecorated(true); //Remove the window decorations

        JPanel panel = new JPanel();
        panel.setLayout(new GridBagLayout());
        GridBagConstraints gbc = new GridBagConstraints();
        gbc.gridx = 0;
        gbc.gridy = GridBagConstraints.RELATIVE;
        gbc.insets = new Insets(10, 10, 10, 10); //Add some padding between buttons

        startButton = new JButton("Start Game");
        backpackButton = new JButton("Your Backpack");
        taskButton = new JButton("Tasks");
        settingsButton = new JButton("Settings");
        exitButton = new JButton("Exit");

        //Center the buttons on the screen
        gbc.anchor = GridBagConstraints.CENTER;

        panel.add(startButton, gbc);
        panel.add(backpackButton, gbc);
        panel.add(taskButton, gbc);
```

```
        panel.add(settingsButton, gbc);
        panel.add(exitButton, gbc);

        add(panel);
        setVisible(true);
        setLocationRelativeTo(null); //Center the frame on the screen

        startButton.addActionListener(new ActionListener() {
            @Override
            public void actionPerformed(ActionEvent e) {
                //TODO: Implement start game logic
            }
        });

        backpackButton.addActionListener(new ActionListener() {
            @Override
            public void actionPerformed(ActionEvent e) {
                //TODO: Implement backpack logic
            }
        });

        taskButton.addActionListener(new ActionListener() {
            @Override
            public void actionPerformed(ActionEvent e) {
                //TODO: Implement task logic
            }
        });

        settingsButton.addActionListener(new ActionListener() {
            @Override
            public void actionPerformed(ActionEvent e) {
                //TODO: Implement settings logic
            }
        });

        exitButton.addActionListener(new ActionListener() {
            @Override
            public void actionPerformed(ActionEvent e) {
                System.exit(0);
            }
        });
    }

    public static void main(String[] args) {
        SwingUtilities.invokeLater(new Runnable() {
            @Override
            public void run() {
                new GameMainPage();
```

```
                }
            });
        }
    }
```

程序运行结果如图 9-4 所示。

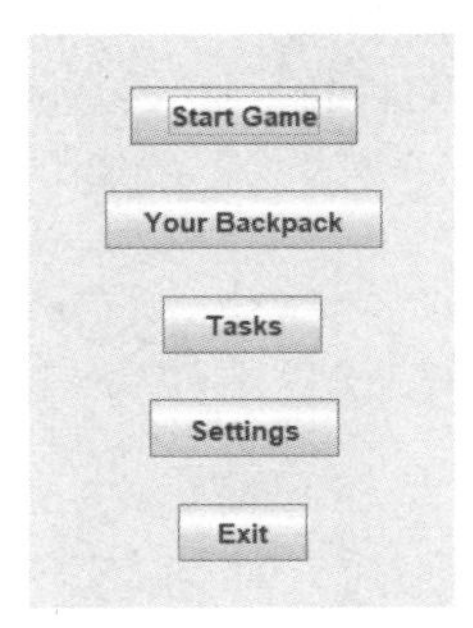

图 9-4　程序运行结果（一款游戏的主页面）

9.2.3　面板

在图形用户界面设计中，面板（Panel）是一种容器组件，用于组织和管理其他 GUI 元素。面板通常是轻量级的，它提供了一种结构化的方式来布置和排列其他组件，例如按钮、文本框、标签等。面板就像是房间中的书桌，与按钮、文本框、标签等“文具”组成学习办公区这个特定的结构，利用它可以更好地设计界面结构。

例 9.3　这段时间以来，网上的电子木鱼突然爆火。电子木鱼就是在手机桌面上添加一种小组件，点击时会伴有音效，点击后会有“敲木鱼功德+1”的文案出现。现在可以通过 Java 的图形用户界面设计出类似的电子木鱼形象面板。

为实现上述例题，可以使用以下指令让 Copilot 生成相关程序。

```
//利用 JFrame 和面板知识点生成一个灰色面板，文本为敲木鱼功德+1，使用 Java 的 Java2D 库添加木鱼形状的按钮。
```

引导 Copilot 生成的程序如下所示。

```
import javax.swing.*;
import java.awt.*;
import java.awt.geom.Ellipse2D;
public class GrayPanel extends JFrame {
    public GrayPanel() {
        setTitle("Gray Panel");
        setDefaultCloseOperation(JFrame.EXIT_ON_CLOSE);
        setSize(300, 200);
        setLocationRelativeTo(null);

        JPanel panel = new JPanel();
        panel.setBackground(Color.GRAY);
        panel.setLayout(new FlowLayout());

        JLabel label = new JLabel("敲木鱼功德+1");
        panel.add(label);
```

```
        JButton button = new JButton() {
            @Override
            protected void paintComponent(Graphics g) {
                super.paintComponent(g);
                Graphics2D g2d = (Graphics2D) g.create();
                g2d.setColor(Color.BLACK);
                g2d.fill(new Ellipse2D.Double(0, 0, getWidth(), getHeight()));
                g2d.dispose();
            }
        };
        button.setPreferredSize(new Dimension(50, 50));
        panel.add(button);

        add(panel);
    }

    public static void main(String[] args) {
        SwingUtilities.invokeLater(() -> {
            GrayPanel grayPanel = new GrayPanel();
            grayPanel.setVisible(true);
        });
    }
}
```

程序运行结果如图 9-5 所示。

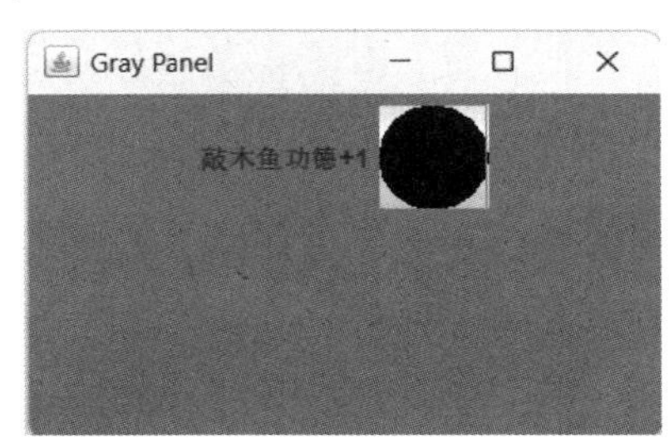

图 9-5　程序运行结果（电子木鱼面板）

如图 9-5 所示，结果中并没有木鱼的形状，这是因为缺少木鱼的图形素材，通过后续的学习再为电子木鱼添加上图形的素材。

9.3　布局

图形用户界面设计中包含了很多不同种容器，而不同的容器中又包含了很多不同的组件，过多的组件就会带来组件间如何放置的问题。为了解决这个问题，就引申了布局这个概念。每个组件的布局，包括组件的位置与大小，通常由布局管理器负责安排。在默认的情况下，每个容器都有一个默认的布局管理器，还可以通过容器的 setLayout()方法改变容器中的布局管理器。在房间设计中，布局管理器就是房间中家具等东西摆放的位置方案。

Java 中有很多布局管理器，例如 FlowLayout、BorderLayout、GridLayout、GridBagLayout、BoxLayout、CardLayout 等。后续的学习将逐个进行介绍。

9.3.1 FlowLayout 布局管理器

FlowLayout 为流式布局管理器。采用流式布局管理器的容器会将内部组件按照添加的顺序从左到右、从上到下放置，当一行放不下时自动换行，默认情况下组件在一行中按居中对齐的方式排列。

FlowLayout 布局管理器有三种构造方法。

1．FlowLayout()：创建一个默认居中对齐、水平和垂直间距为 5 像素的流式布局管理器。

2．FlowLayout(int alignment)：创建一个指定对齐方式、水平和垂直间距为 5 像素的流式布局管理器，且参数 alignment 有以下三种取值。

- FlowLayout.LEFT：表示每一行的组件都左对齐，也可以用 0 代替。
- FlowLayout.CENTER：表示每一行组件都居中对齐，也可以用 1 代替。
- FlowLayout.RIGHT：表示每一行的组件都右对齐，也可以用 2 代替。

3．FlowLayout(int alignment, int hgap, int vgap)：创建一个对齐方式为 alignment、水平间距为 hgap、垂直间距为 vgap 的流式布局管理器。

FlowLayout 布局管理器与其他布局管理器不同的是它不强行设定组件的大小，而是允许各个组件取得希望的大小。并且每个组件都有一个 getPreferredSize()方法，容器的布局管理器会调用这个方法取得每个组件所希望的大小。

使用 FlowLayout 管理窗口的最小化、最大化和关闭三个按钮的程序如下所示。

```
import javax.swing.*;
import java.awt.*;

public class MyFrame extends JFrame {
    public MyFrame() {
        setDefaultCloseOperation(JFrame.EXIT_ON_CLOSE);
        setLayout(new FlowLayout());

        JButton minimizeButton = new JButton("—");
        JButton maximizeButton = new JButton("□");
        JButton closeButton = new JButton("×");

        add(minimizeButton);
        add(maximizeButton);
        add(closeButton);

        pack();
        setVisible(true);
    }

    public static void main(String[] args) {
        SwingUtilities.invokeLater(() -> new MyFrame());
    }
}
```

程序运行结果如图 9-6 所示。

图 9-6　程序运行结果（FlowLayout 管理窗口）

9.3.2　BorderLayout 布局管理器

BorderLayout 为边界布局管理器，定义在 java.awt 包中，将容器划分为东、南、西、北、中五个区域，分别对应常量 BorderLayout.EAST、BorderLayout.SOUTH、BorderLayout.WEST、BorderLayout.NORTH、BorderLayout.CENTER，它们可以将组件添加到各个区域中的任意一个区域中去。使用边界布局管理器是可以限制各个区域的边界的。当改变容器大小时，各个组件的相对应位置是保持不变的。当宽度调整时，区域北、南和中的宽度同步调整，其他区域不变。当高度调整时，区域西、中和东的高度同步调整，其他区域不变。

BorderLayout 有两种构造方法：BorderLayout()、BorderLayout(int hgap, int vgap)。

在使用 BorderLayout 布局管理器后，组件必须使用 add()方法加入到容器的指定区域中。例如，将按钮添加到框架的西部区域的代码如下所示。

```
Frame.getContentPane().add(button, "WEST");
```

例 9.4　如图 9-7 所示，这是一个简单的东南西北折子。玩法是通过抛骰子或者抽签等方式决定翻折的方向或者次数。现要求通过图形用户界面设计实现折子的玩法。

图 9-7　东南西北折子

为实现上述例题，可以使用以下指令让 Copilot 生成相关程序。

```
//使用 BorderLayout 布局管理器将东南西北四个区域分别对应了 EAST、SOUTH、WEST、NORTH 四个按钮，中的区域对应 Enter 按钮。
```

引导 Copilot 生成的程序如下所示。

```
import java.awt.BorderLayout;
import javax.swing.JButton;
import javax.swing.JFrame;
import javax.swing.JPanel;

public class BorderLayoutExample {
    public static void main(String[] args) {
        JFrame frame = new JFrame("BorderLayout Example");
        frame.setDefaultCloseOperation(JFrame.EXIT_ON_CLOSE);

        JPanel panel = new JPanel(new BorderLayout());
```

```
        panel.add(new JButton("EAST"), BorderLayout.EAST);
        panel.add(new JButton("SOUTH"), BorderLayout.SOUTH);
        panel.add(new JButton("WEST"), BorderLayout.WEST);
        panel.add(new JButton("NORTH"), BorderLayout.NORTH);
        panel.add(new JButton("Enter"), BorderLayout.CENTER);

        frame.add(panel);
        frame.pack();
        frame.setVisible(true);
    }
}
```

程序运行结果如图 9-8 所示。

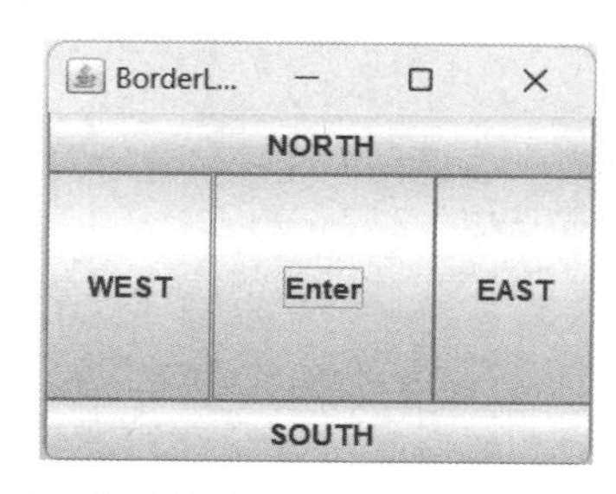

图 9-8　程序运行结果（GUI 实现东南西北折子）

9.3.3　GridLayout 布局管理器

GridLayout 为网格式布局管理器，它被定义在 java.awt 包中，可以把容器的空间分成若干行×若干列的网格区域，组件依次添加进入，每个组件占据一个区域。GridLayout 布局管理器有三种构造方法，如下所示。

- GridLayout()：创建一个只有一行的网格。
- GridLayout(int rows, int cols)：创建一个行数为 rows、列数为 cols 的网格区域。
- GridLayout(int rows, int cols, int hgap, int vgap)：创建一个行数为 rows、列数为 cols、水平间距为 hgap、垂直间距为 vgap 的网格区域。

9.4　事件处理

9.4.1　事件处理模型

GUI 中的事件处理机制是建立交互式应用程序的关键技术，而事件是用户在程序界面上的各种操作，例如鼠标的单双击、键盘输入、关闭窗体等。Java 中定义了很多事件类，用于描述多种的用户行为，比如代表鼠标事件的 MouseEvent 类、代表键盘事件的 KeyEvent 类等。

事件处理的原理很好理解。每当用户在组件上进行某种操作时，事件处理系统便会生成一个事件类对象。例如，用户使用键盘输入时，事件处理系统会生成一个代表此事件的 KeyEvent 事件类对象。而用户的操作不同，事件类对象也会不同。这时，与键盘输入这个事件相对应的监听程序接口 KeyListener 就会捕获到这个事件类对象并按设定的方法执行事件动作。

为了接收某类用户事件发生并执行下一步动作，组件必须先注册相应的事件处理程序。这种事件处理程序被称为事件的监听程序，用 Listener 表示。

例 9.5 随着互联网快速发展，网络邮件 Email 已然成为陌生人之间长途通信或重要信息传递的方式之一了，现设计一个 Email 通知弹窗来实现 Email 的接收工作。

为实现上述例题，可以使用以下指令让 Copilot 生成相关程序。

```
//用 Java 的 GUI 事件处理机制原理设计一个 Email 接收的工作，要求在点击"Open!"按钮后显示 Email 的内容。
```

引导 Copilot 生成的程序如下所示。

```java
import javax.swing.*;
import java.awt.event.ActionEvent;
import java.awt.event.ActionListener;

public class MessagePopup {
    public static void main(String[] args) {
        SwingUtilities.invokeLater(() -> {
            JFrame frame = new JFrame("Your Email");
            JButton button = new JButton("Open!");

            //注册事件监听器
            button.addActionListener(new ActionListener() {
                @Override
                public void actionPerformed(ActionEvent e) {
                    //事件处理逻辑
                    JOptionPane.showMessageDialog(frame, "Your email is ...");
                }
            });

            //设置窗口属性
            frame.getContentPane().add(button);
            frame.setSize(300, 200);
            frame.setDefaultCloseOperation(JFrame.EXIT_ON_CLOSE);
            frame.setLocationRelativeTo(null);
            frame.setVisible(true);
        });
    }
}
```

程序运行结果如图 9-10 所示。

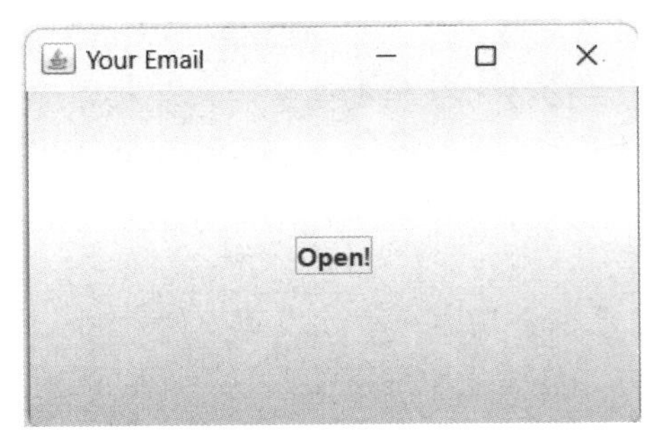

图 9-9 程序运行结果（MessagePopup）

9.4.2 事件的种类

前面章节已经以 KeyEvent 为例介绍了图形用户界面设计中事件处理机制的原理，实际上，在 java.awt.event 包和 javax.swing.event 包中还定义了很多其他事件类，例如 ItemEvent、ActionEvent、MouseEvent 等，并且还有一些第三方的内容加入其中。

Java 中的每种事件类都有对应的接口，这些接口中还声明了一个或多个抽象事件处理方法。表 9-1 中列出了一些常见的事件类型、与之对应的接口以及接口中所声明的方法。

表 9-1 常见的事件类型、与之对应的接口以及接口中所声明方法

事件类型	接口	方法
鼠标点击事件	MouseListener	void mouseClicked (MouseEvent e)
鼠标按下事件	MouseListener	void mousePressed (MouseEvent e)
鼠标释放事件	MouseListener	void mouseReleased (MouseEvent e)
鼠标进入事件	MouseListener	void mouseEntered (MouseEvent e)
鼠标退出事件	MouseListener	void mouseExited (MouseEvent e)
鼠标移动事件	MouseMotionListener	void mouseMoved (MouseEvent e)
鼠标拖动事件	MouseMotionListener	void mouseDragged (MouseEvent e)
按键按下事件	KeyListener	void keyPressed (KeyEvent e)
按键释放事件	KeyListener	void keyReleased (KeyEvent e)
按键输入事件	KeyListener	void keyTyped (KeyEvent e)
按钮点击事件	ActionListener	void actionPerformed (ActionEvent e)
文本框文本变化事件	DocumentListener	void insertUpdate (DocumentEvent e)
		void removeUpdate (DocumentEvent e)
		void changedUpdate (DocumentEvent e)
列表选择事件	ListSelectionListener	void valueChanged (ListSelectionEvent e)
滑块值变化事件	ChangeListener	void stateChanged (ChangeEvent e)
窗口打开事件	WindowListener	void windowOpened (WindowEvent e)
窗口关闭事件	WindowListener	void windowClosing (WindowEvent e)
窗口关闭中事件	WindowListener	void windowClosed (WindowEvent e)
窗口图标化事件	WindowListener	void windowIconified (WindowEvent e)
窗口还原事件	WindowListener	void windowDeiconified (WindowEvent e)
窗口激活事件	WindowListener	void windowActivated (WindowEvent e)
窗口失活事件	WindowListener	void windowDeactivated (WindowEvent e)
选项卡变化事件	ChangeListener	void stateChanged (ChangeEvent e)

9.4.3 多监听程序

多监听程序是一种在 Java 事件处理中的设计模式，允许一个事件，如按钮或文本框，同时接收多个监听器来处理相同类型的事件。这种模式有助于提高程序与事件处理的灵活性和可维护性，因为它允许开发者向同一事件源添加或移除多个监听器，每个监听器负责处理特定的事件。

9.4.4 事件适配器

在前面的几节中介绍了事件的各个种类，在随后的学习中，一个烦琐的问题必然存在。为了进行事件处理，程序需要创建实现 Listener 接口的类，而在某些 Listener 接口中，声明了很多抽象方法，为了实现这些接口需要一一实现这些方法。比如在使用 MouseListener 接口的类时，必须同时实现 mouseClicked(MouseEvent)、mousePressed(MouseEvent)、mouseReleased(MouseEvent)、mouseEntered(MouseEvent)、mouseExited(MouseEvent)这五种方法。然而，在实际情况中，只需要声明接口中的某个方法即可。这时，事件适配器就可以做到。

为了编程方便，Java 为一些声明了多个方法的 Listener 接口提供了相对应适配器类 Adapter，程序在适配器类中实现了相应接口中的全部方法，只是这些方法的内容为空。接口与适配器的对应关系如表 9-2 所示。

表 9-2 接口与适配器的对应关系

接 口 名 称	适配器名称	接 口 名 称	适配器名称
MouseListener	MouseAdapter	ComponentListener	ComponentAdapter
MouseMotionListener	MouseMotionAdapter	ContainerListener	FocusAdapter
MouseInputListener	MouseInputAdapter	FocusListener	FocusAdapter
WindowListener	WindowAdapter	KeyListener	KeyAdapter

本章小结

本章介绍了 Java 图形用户界面设计的相关知识点。

1. Java 图形用户界面设计依托组件和容器的使用，AWT 和 Swing 是 Java 图形用户界面设计的两个组件包。

2. 容器是一种特殊的组件，具有包含和组织组件的作用。

3. 容器可以与其他容器嵌套使用组合，而最外层的容器必须是顶层容器。

4. 内容窗格是用于容纳应用程序主要内容的特殊区域。

5. 面板是一种特殊的容器组件，类似书桌，为其他组件的位置与结构式组合。

6. 布局管理器负责管理每个组件容器的位置的摆放与大小。

7. 事件处理机制原理为每当用户在组件上进行某种操作时，事件处理系统便会生成一个事件类对象，与这个事件类对象相对应的监听程序就会接收到信号并执行规定的行为动作。

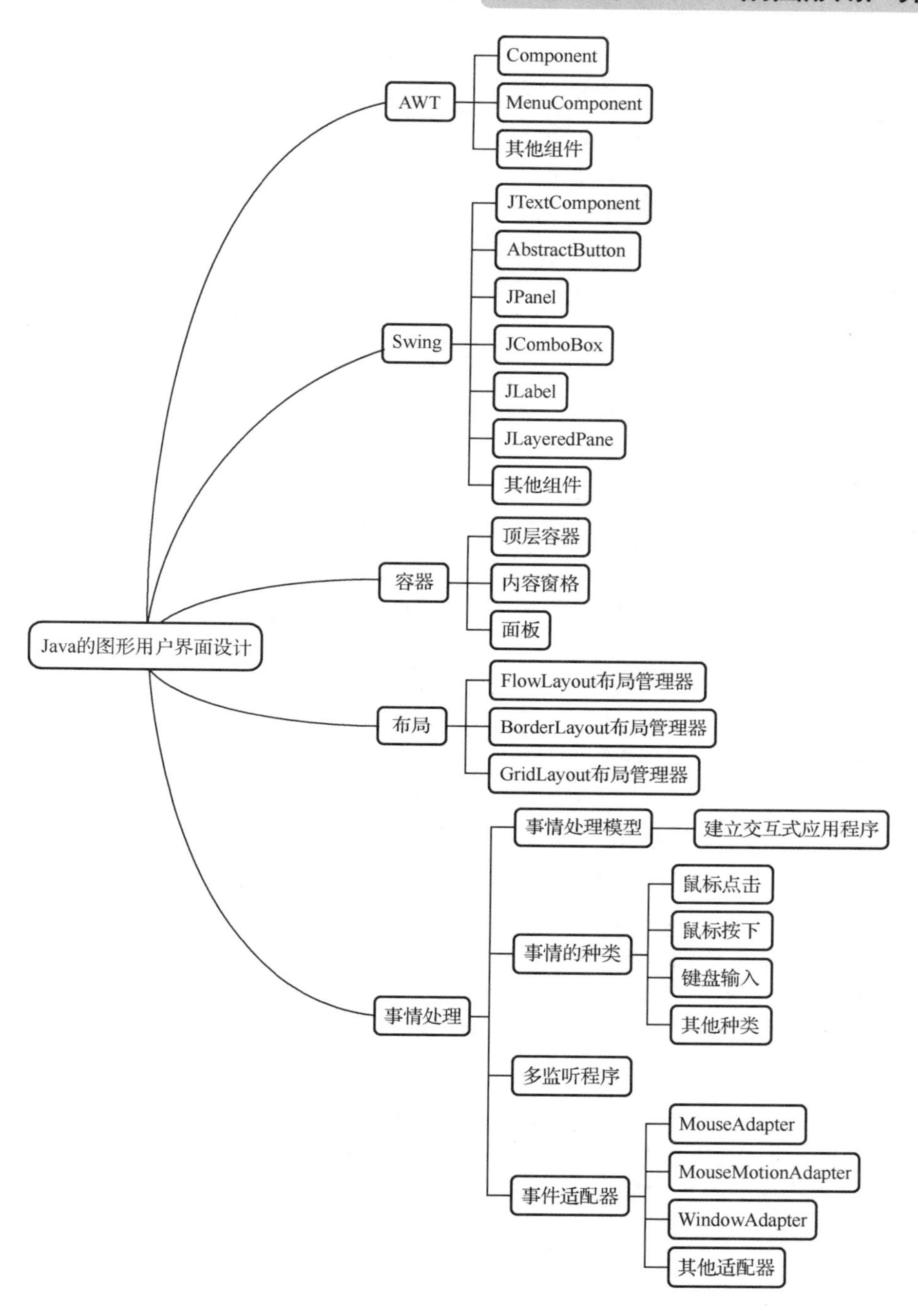

习题 9

一、选择题

1．Java Swing 库中用于创建图形按钮的类是（　　）。

A．JButton　　B．JLabel　　C．JTextField　　D．JFrame

2．要监听文本框的文本变化事件，可以使用哪个接口？（　　）

A．MouseListener　　B．ActionListener

C．TextListener　　D．DocumlentListener

3．在 Java 中，用于创建复选框的类是（　　）。

A．JCheckBox　　B．JRadioButton　　C．JToggleButton　　D．JButtonGroup

4．以下哪个布局管理器可以按照东、南、西、北、中五个区域布局组件？（　　）

A．FlowLayout　　B．BorderLayout　　C．GridLayout　　D.BoxLayout

5．用于定义具有可滚动视图的组件是（　　）。

A．Scrollable　　B．Scroller　　C．ScrollHandler　　D．ScrollAdapter

二、判断题

1．Java 中的 AWT 是一个用于创建图形用户界面的现代、轻量级的工具包。（　　）

2．Swing 组件是 AWT 组件的直接替代，Swing 不依赖于底层平台的窗口系统。（　　）

3．FlowLayout 布局管理器按照组件的添加顺序依次排列，而 GridLayout 布局管理器则将组件放置在一个网格中。（　　）

4．在 Java GUI 中，AWT 事件处理模型是基于观察者模式的，而 Swing 事件处理模型是基于委托事件模型的。（　　）

5．JFrame 是 Swing 中的一个顶层容器，而 JPanel 是一个轻量级容器，常用于包含和管理其他组件。（　　）

三、编程题

1．创建一个简单的登录窗口，包括用户名和密码的文本框以及“登录”按钮。当用户点击“登录”按钮时，检查用户名和密码是否匹配，并在控制台输出相应的登录成功或失败信息。

2．设计一个计算器 GUI 应用程序，包括数字按钮、运算符按钮和一个显示结果的文本框。用户点击按钮时，相应的数字或运算符应该显示在文本框中，点击等号按钮时计算并显示结果。

3．创建一个图形化的学生信息管理系统，包括添加学生、删除学生和显示学生列表的功能。可以使用合适的 Swing 组件和布局管理器。

4．设计一个简单的画图应用程序，包括绘制直线、矩形和圆形的功能。可以通过按钮选择不同的绘图工具，然后在画布上绘制相应的图形。

5．实现一个简单的待办事项列表应用，包括添加任务、标记任务完成和删除任务的功能。可以使用 List 来显示任务列表。

6．创建一个简单的电子邮件客户端 GUI，包括收件箱、已发送和草稿箱等选项卡。用户可以查看和管理收件箱中的邮件，发送新邮件并保存草稿。

7．设计一个简单的音乐播放器 GUI 应用程序，包括播放、暂停、停止、调整音量等功能。可以添加和管理播放列表中的歌曲。

拓展阅读

Web 开发

Java 图形用户界面设计是一种创建桌面应用程序用户界面的技术，但随着 Web 技术的发展，Web 开发已成为开发者们另一个重要的领域。这里将介绍 Web 开发的基础知识和技术，以拓展读者对软件界面设计的理解。

一、Web 开发概述

Web 开发是指创建和维护互联网上的网站和应用程序的过程。它涵盖了多个方面，包括前端开发、后端开发和全栈开发。前端开发关注于用户界面和用户体验，后端开发关注于服务器端的逻辑和数据处理，而全栈开发则涵盖了前后端开发的所有方面。

二、前端开发技术

前端开发涉及使用 HTML、CSS 和 JavaScript 等技术创建用户界面。HTML（超文本标记语言）用于定义网页的结构，CSS（层叠样式表）用于定义样式和布局，而 JavaScript 用于设计交互和动态效果。此外，现代前端开发还使用了许多框架和库，如 React、Angular 和 Vue.js 等，以简化开发过程并提供更丰富的功能。

三、后端开发技术

后端开发涉及使用服务器端语言和框架来创建与管理网站的服务器端逻辑和数据库。常用的后端开发语言包括 Java、Python、PHP 和 Node.js 等，而常用的框架包括 Spring（Java）、Django（Python）、Laravel（PHP）和 Express.js（Node.js）等。

四、数据库管理

Web 开发通常需要与数据库交互来存储和检索数据。常用的关系型数据库包括 MySQL、PostgreSQL 和 SQL Server 等，而常用的非关系型数据库包括 MongoDB 和 Redis 等。开发者需要了解数据库的基本原理和操作，以便有效地管理数据。

五、前沿技术和趋势

随着 Web 技术的不断发展，前沿技术和趋势不断涌现。例如，前端开发领域出现了 Web 组件、响应式设计和渐进式 Web 应用（PWA）等概念，后端开发领域出现了微服务架构、服务器 less 架构和云计算等新技术。了解这些趋势并学习相关技术，有助于开发者跟上行业的发展步伐。

六、Web 开发和 Java GUI 开发的比较

尽管 Java 图形用户界面设计和 Web 开发都涉及用户界面设计和用户交互，但它们在很多方面也有所不同。Web 开发更加灵活和跨平台，可以在任何设备上通过浏览器访问，而 Java GUI 开发更加依赖于特定的桌面环境。此外，Web 开发通常涉及与服务器交互和数据库交互，而 Java GUI 开发通常是在单机环境下进行的。

Web 开发是当今软件开发领域中的一个重要分支，它与 Java 图形用户界面设计有许多相似之处，但也有一些不同之处。通过了解 Web 开发的基本知识和技术，读者可以更全面地理解软件界面设计的多样性和广泛性，并且拥有更广阔的职业发展空间。

第 10 章　Swing 组件

Swing 是 Java 的一个图形用户界面（GUI）工具包，它提供了丰富的组件，如按钮、文本框、菜单和工具栏。Swing 像是一支画笔，让程序员能够绘制出绚丽多彩的桌面应用程序。

本章学习目标

一、知识目标

1．掌握 Swing 组件的基础和特点，熟悉 Swing 包的结构和主要组件类。

2．理解常见 Swing 组件的使用（按钮、标签等），以及事件处理和监听器。

3．熟悉如何定制组件样式（颜色、字体和绘图等）。

二、技能目标

1．能够使用 Swing 组件创建交互式和可视化的应用程序界面。

2．能够设计应用程序界面的组件样式。

三、情感态度与价值目标

1．培养耐心和毅力，学习者需要耐心地探索每个组件的用法，处理可能出现的问题，并通过不断尝试来找到解决方案。

2．激发个人的创新精神，鼓励在设计中尝试新的想法和方法，从而创造出更加独特和吸引人的用户界面。

10.1　窗口

JFrame 是 Java Swing 库中的“骨架”，支撑着整个 GUI 应用程序，它给予用户一个可视化的舞台，让应用程序与用户进行对话。在这舞台之上，程序员可以添加各种 Swing 组件，如按钮、文本框和列表等，让应用程序变得更加丰富多彩。

JFrame 的主要功能包括创建和管理窗口、添加组件、处理事件、布局管理。

创建和管理窗口：JFrame 可以用来创建一个新的窗口，并控制其大小、位置和关闭行为。

添加组件：可以在 JFrame 中添加各种 Swing 组件，如按钮、文本框和列表等，以实现用户交互。

处理事件：JFrame 可以处理各种事件，如窗口事件、键盘事件和鼠标事件等，以响应用户的操作。

布局管理：JFrame 可以使用布局管理器来管理组件的位置和大小，使得组件可以自动适应窗口的大小变化。

以下是 JFrame 的运用步骤。

1. 创建 JFrame 对象：要创建一个新的 JFrame 窗口，需要使用 JFrame 类的构造方法，例如：

```
JFrame frame = new JFrame("Window Title");
```

2. 设置窗口属性：可以使用 JFrame 类提供的方法来设置窗口的各种属性，例如：

- **setDefaultCloseOperation(int operation)**：设置窗口关闭按钮的行为，可以选择 EXIT_ON_CLOSE（退出程序）、DO_NOTHING_ON_CLOSE（不执行任何操作）、HIDE_ON_CLOSE（隐藏窗口并停止程序运行）等。
- **setSize(int width, int height)**：设置窗口的大小。
- **setVisible(boolean visible)**：设置窗口是否可见。

3. 添加组件：可以在 JFrame 窗口中添加各种 Swing 组件，例如按钮、文本框、标签等。可以使用 add()方法将组件添加到窗口中，例如：

```
JButton button = new JButton("Click me");
frame.add(button);
```

4. 设置布局管理器：布局管理器用于控制组件在窗口中的布局方式。可以使用 setLayout()方法设置布局管理器，例如：

```
frame.setLayout(new FlowLayout());
```

5. 处理事件：可以为 JFrame 窗口添加事件监听器，以便在用户与窗口交互时执行相应的操作。例如，可以为窗口添加 WindowListener，以便在窗口关闭时执行特定的操作。

6. 启动事件调度线程（Event Dispatch Thread，EDT）：在创建完 JFrame 窗口后，需要启动事件调度线程来处理用户事件。可以使用 SwingUtilities.invokeLater()方法启动事件调度线程，例如：

```
SwingUtilities.invokeLater(new Runnable() {
public void run() {
createAndShowGUI();
}
});
```

其中，createAndShowGUI()方法中包含了创建和显示 JFrame 窗口的代码。

以下是使用 JFrame 创建一个简单窗口的 Java 代码：

```
import javax.swing.JFrame;
public class SimpleWindow {
    public static void main(String[] args) {
        JFrame frame = new JFrame("Simple Window");
        frame.setDefaultCloseOperation(JFrame.EXIT_ON_CLOSE);
        frame.setSize(300, 200);
        frame.setVisible(true);
    }
}
```

- **import javax.swing.JFrame**：这行代码导入了 Java Swing 库中的 JFrame 类。JFrame 是用于创建窗口的类。
- **JFrame frame = new JFrame("Simple Window")**：创建了一个新的 JFrame 对象，并命名为“Simple Window”。这个对象表示一个窗口，标题为“Simple Window”。
- **frame.setDefaultCloseOperation(JFrame.EXIT_ON_CLOSE)**：设置窗口的默认关闭操作为退出程序。当用户点击窗口的关闭按钮时，程序会结束运行。

- **frame.setSize(300, 200)：**设置窗口的大小为 300 像素宽和 200 像素高。
- **frame.setVisible(true)：**设置窗口为可见状态。如果这行代码被注释掉或不存在，则窗口将不会被显示。

这段代码创建了一个名为“Simple Window”的窗口，设置了默认关闭操作为退出程序，窗口大小为 300 像素×200 像素，并使窗口可见，效果如图 10-1 所示。

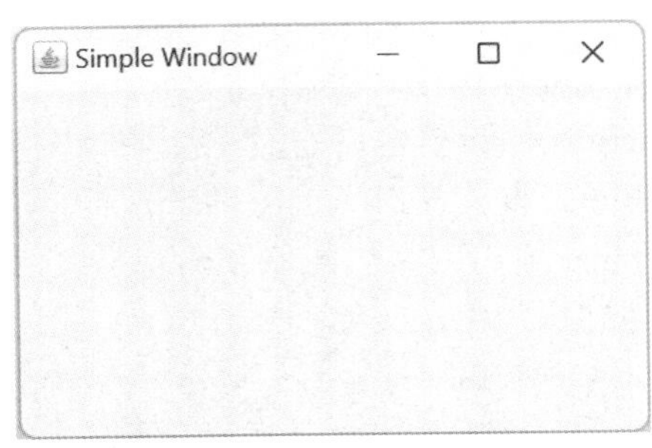

图 10-1 “Simple Window”窗口

10.2 按钮

Swing 组件中的按钮是用于响应用户点击的图形界面元素。它们如同交通警察，时刻准备指挥程序的运行方向。我们轻轻一点，程序就会遵循预设的规则，做出相应的反应。它们拥有多种形态，可以是纯文字、纯图像，也可以是文字与图像的完美结合。创建按钮时，可以细致地设定其属性，如文字、图标、尺寸和位置。此外，还可以自定义按钮的外观和行为，如调整颜色、字体和边框，甚至可以重新编写点击事件的处理方式。

10.2.1 普通按钮

JButton 是 Swing 组件中的多功能按钮，它融合了文本、图像和事件处理于一身。它既可展现优雅的外观，又可响应各种用户操作，是布局管理中的得力助手。

JButton 具有如下一些特点。

1．文本和图像的组合：JButton 可以包含文本和图像，通过构造函数的不同参数，可以创建不同形式的按钮。

2．事件处理：JButton 支持多种事件，如点击事件、键盘事件等。可以通过添加事件监听器来处理这些事件，并在事件发生时执行相应的代码。

3．自定义外观：可以通过设置属性来改变 JButton 的外观，例如颜色、字体和边框样式等。

4．布局管理：JButton 可以作为其他容器组件的子组件，并使用布局管理器来管理其位置和大小。

我们常常能在各种各样的窗口中看到各种按钮，那么如何创造一个属于自己的按钮呢？

JButton 的常用构造函数介绍如下。

1．JButton()：用于创建一个空的按钮。

2．JButton(String text)：用于创建一个包含指定文本的按钮。

3．JButton(Icon icon)：用于创建一个包含指定图标的按钮。

4．JButton(String text, Icon icon)：用于创建一个包含文本和图标的按钮。

除了构造函数之外，JButton 类还提供了一些常用方法来设置按钮的属性和处理事件，例如 addActionListener()、setActionCommand()、getIcon()等。

以下是一个简单的 JButton 应用例子：

```
import javax.swing.*;
public class SimpleJButton {
    public static void main(String[] args) {
        //创建一个新的 JFrame 窗口
        JFrame frame = new JFrame("Simple JButton");
        //设置窗口的默认关闭操作为退出程序
        frame.setDefaultCloseOperation(JFrame.EXIT_ON_CLOSE);
        //创建一个新的 JButton 按钮
        JButton button = new JButton("Click me");
        //将按钮添加到窗口中
        frame.getContentPane().add(button);
        //设置窗口的大小并使其可见
        frame.setSize(300, 200);
        frame.setVisible(true);
    }
}
```

- **JButton button = new JButton("Click me")**：创建一个新的 JButton 按钮，并设置其文本为“Click me”。
- **frame.getContentPane().add(button)**：将按钮添加到窗口的内容窗格中。
- **frame.setSize(300, 200)**：设置窗口的大小为 300 像素宽和 200 像素高。

效果如图 10-2 所示。

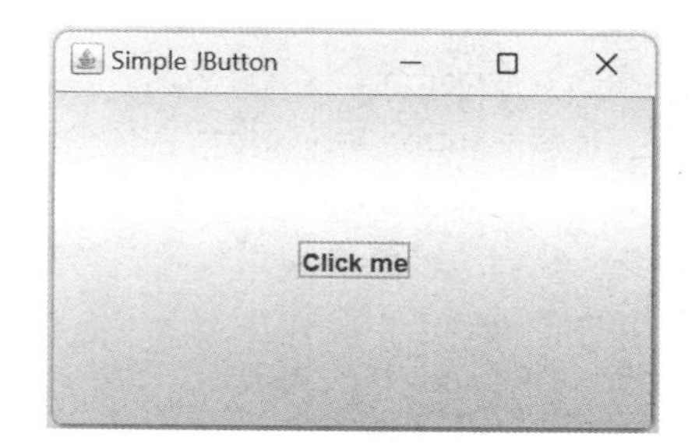

图 10-2　JButton 应用例子

10.2.2　切换按钮

JToggleButton 在 Swing 组件中，就如同一个红绿灯。当用户点击它时，它变成绿灯，使车辆开始通行，进入选中状态；再次点击，它变成红灯，禁止车辆通行，取消选中状态。它的“开关”功能使 JToggleButton 在用户界面中扮演着重要的角色，方便用户进行选择和切换操作。

以下是一个简单的 JToggleButton 应用例子：

```
import javax.swing.*;
public class SimpleJToggleButton {
    public static void main(String[] args) {
        //创建一个新的 JFrame 窗口
```

```
        JFrame frame = new JFrame("Simple JToggleButton");
        //设置窗口的默认关闭操作为退出程序
        frame.setDefaultCloseOperation(JFrame.EXIT_ON_CLOSE);
        //创建一个新的 JToggleButton 按钮
        JToggleButton toggleButton = new JToggleButton("Click me");
        //将按钮添加到窗口中
        frame.getContentPane().add(toggleButton);
        //设置窗口的大小并使其可见
        frame.setSize(300, 200);
        frame.setVisible(true);
    }
}
```

- **JToggleButton toggleButton = new JToggleButton("Click me")**：创建一个新的 JToggleButton 按钮，并设置其文本为“Click me”。
- **frame.getContentPane().add(toggleButton)**：将按钮添加到窗口的内容窗格中。

10.2.3 单选按钮

在现实生活中，选择题通常有一个选项，每个选项都有一个单选按钮与之关联。用户只能选择一个选项，即只能选中一个单选按钮。在 Java GUI 程序中，用户只能选择一个 JRadioButton。

当用户选择某个 JRadioButton 时，这个按钮会变亮，表示它被选中。如果用户选择了另一个 JRadioButton，则原先选中的按钮会变暗，而新的按钮会变亮。

JRadioButton 的运用方法包括以下步骤。

1．创建 JRadioButton 对象：使用 JRadioButton 构造函数创建一个新的单选按钮。可以指定按钮的文本作为参数，例如：

```
JRadioButton radioButton = new JRadioButton("Option");
```

2．添加到 ButtonGroup：将 JRadioButton 添加到一个 ButtonGroup 中，以确保同一组中的单选按钮只能选择一个。这可以通过调用 ButtonGroup 的 add 方法实现，例如：

```
ButtonGroup group = new ButtonGroup(); group.add(radioButton);
```

3．添加到容器中：将 JRadioButton 添加到 GUI 容器中，例如 JPanel 或 JFrame，以便在屏幕上显示它。这可以通过调用容器的 add 方法实现，例如：

```
panel.add(radioButton);
```

4．添加事件监听器：为 JRadioButton 添加事件监听器，以便在用户点击按钮时执行特定操作。可以使用 addActionListener 方法添加监听器，并实现 ActionListener 接口来定义事件处理程序。例如：

```
radioButton.addActionListener(new ActionListener() { public void actionPerformed(ActionEvent e) { //执行特定操作 } });
```

5．显示 GUI 组件：最后，需要显示 GUI 容器和其中的组件。这可以通过调用容器的 setVisible 方法实现，例如：

```
frame.setVisible(true);
```

以下是一个简单的 JRadioButton 应用例子：

```
import javax.swing.*;
import java.awt.*;
```

```
public class JRadioButtonExample {
    public static void main(String[] args) {
        //创建 JFrame 实例
        JFrame frame = new JFrame("JRadioButton 示例");
        frame.setDefaultCloseOperation(JFrame.EXIT_ON_CLOSE);
        frame.setSize(300, 200);
        //创建面板
        JPanel panel = new JPanel();
        panel.setLayout(new FlowLayout());
        //创建单选按钮组
        ButtonGroup buttonGroup = new ButtonGroup();
        //创建单选按钮
        JRadioButton radioButton1 = new JRadioButton("选项 1");
        JRadioButton radioButton2 = new JRadioButton("选项 2");
        //添加到单选按钮组
        buttonGroup.add(radioButton1);
        buttonGroup.add(radioButton2);
        //添加到面板
        panel.add(radioButton1);
        panel.add(radioButton2);
        //将面板添加到 JFrame 中
        frame.add(panel);
        frame.setVisible(true);
    }
}
```

- **ButtonGroup buttonGroup = new ButtonGroup()：** 创建一个新的 ButtonGroup 实例，它是一个单选按钮组，这意味着用户只能选择一个按钮。
- **JRadioButton radioButton1 = new JRadioButton("选项 1")：** 创建一个新的 JRadioButton（单选按钮）实例，并设置其标签为“选项 1”。
- **buttonGroup.add(radioButton1)：** 将第一个单选按钮添加到单选按钮组中。
- **panel.add(radioButton1)：** 将第一个单选按钮添加到面板中。

例 10.1　超市提供了男士专用的洗发水和女士专用的洗发水，请使用 Swing 组件中的 JRadioButton 创造一个选择界面。

引导 ChatGPT 生成代码的指令如下：

```
//使用 Swing 组件中的 JRadioButton 创造一个选择界面帮助客户们选择男士专用的洗发水和女士专用的洗发水。
```

使用 ChatGPT 编写的代码如下：

```
import javax.swing.*;
import java.awt.*;
import java.awt.event.ActionEvent;
import java.awt.event.ActionListener;
public class ShampooSelector {
    private JFrame frame;
    private JRadioButton menShampooButton, womenShampooButton;
    private JLabel resultLabel;
    public ShampooSelector() {
```

```
        frame = new JFrame("洗发水选择器");
        frame.setDefaultCloseOperation(JFrame.EXIT_ON_CLOSE);
        frame.setSize(300, 200);
        //创建面板来放置组件
        JPanel panel = new JPanel();
        frame.add(panel);
        //创建和添加男性专用洗发水的单选按钮
        menShampooButton = new JRadioButton("男士专用洗发水");
        panel.add(menShampooButton);
        //创建和添加女性专用洗发水的单选按钮
        womenShampooButton = new JRadioButton("女士专用洗发水");
        panel.add(womenShampooButton);
        //创建一个标签来显示结果
        resultLabel = new JLabel("请选择洗发水");
        panel.add(resultLabel);
        //创建一个按钮来处理选择事件
        JButton selectButton = new JButton("选择");
        panel.add(selectButton);
        //添加监听器来处理选择事件
        selectButton.addActionListener(new ActionListener() {
            @Override
            public void actionPerformed(ActionEvent e) {
                //检查哪个单选按钮被选中
                if (menShampooButton.isSelected()) {
                    resultLabel.setText("您选择了男士专用洗发水");
                } else if (womenShampooButton.isSelected()) {
                    resultLabel.setText("您选择了女士专用洗发水");
                } else {
                    resultLabel.setText("请选择一个选项");
                }
            }
        });
        frame.setVisible(true);
    }
    public static void main(String[] args) {
        SwingUtilities.invokeLater(new Runnable() {
            @Override
            public void run() {
                new ShampooSelector(); //创建并显示窗口和组件
            }
        });
    }
}
```

10.2.4 复选按钮

JCheckBox 用于创建一个复选框。用户可以通过选中或取消选中复选框来选择或取消选择某个选项。

在 Java 中，可以使用 JCheckBox 类创建复选框对象，并通过构造函数设置文本、图标等属性。还可以使用 JCheckBox 的常用方法来获取和设置其状态以及标签。当 JCheckBox 被选中或清除时，将发生一个事件，可以使用 ActionListener 来捕获这个事件。

以下是使用 JCheckBox 的基本步骤。

1．导入必要的包：

```
import javax.swing.*;
```

2．创建 JCheckBox 对象：

```
JCheckBox checkBox = new JCheckBox("复选框文本");
```

3．将 JCheckBox 添加到容器中：

```
panel.add(checkBox);
```

4．可以为 JCheckBox 添加 ActionListener 来监听其事件：

```
checkBox.addActionListener(new ActionListener() {
    public void actionPerformed(ActionEvent e) {
        if (checkBox.isSelected()) {
            //选中事件处理代码
        } else {
            //未选中事件处理代码
        }
    }
});
```

5．显示组件：如果使用 JFrame 作为容器，则可以使用以下代码显示组件：

```
frame.setVisible(true);
```

下面是一个简单的 JCheckBox 应用例子：

```
import javax.swing.*;
import java.awt.*;
import java.awt.event.ActionEvent;
import java.awt.event.ActionListener;
public class JCheckBoxExample {
    private JFrame frame;
    private JCheckBox checkBox;
    private JLabel label;
    public static void main(String[] args) {
        EventQueue.invokeLater(() -> {
            try {
                JCheckBoxExample window = new JCheckBoxExample();
                window.frame.setVisible(true);
            } catch (Exception e) {
                e.printStackTrace();
            }
        });
    }
    public JCheckBoxExample() {
        initialize();
    }
    private void initialize() {
        frame = new JFrame();
```

```
        frame.setBounds(100, 100, 250, 150);
        frame.setDefaultCloseOperation(JFrame.EXIT_ON_CLOSE);
        frame.getContentPane().setLayout(null);
        checkBox = new JCheckBox("Check me");
        checkBox.setBounds(50, 50, 100, 25);
        frame.getContentPane().add(checkBox);
        label = new JLabel("");
        label.setBounds(50, 100, 100, 25);
        frame.getContentPane().add(label);
        checkBox.addActionListener(new ActionListener() {
            @Override
            public void actionPerformed(ActionEvent e) {
                if (checkBox.isSelected()) {
                    label.setText("Checked");
                } else {
                    label.setText("Unchecked");
                }
            }
        });
    }
}
```

- **checkBox = new JCheckBox("Check me")**：创建一个新的复选框，标签为“Check me”。
- **checkBox.setBounds(50, 50, 100, 25)**：设置复选框的位置和大小。
- **checkBox.addActionListener(new ActionListener()**：为复选框添加一个动作监听器，以便响应用户的操作。

例 10.2　使用 JCheckBox 组件来允许用户选择他们喜欢的水果（苹果、香蕉或橙子）。

引导 ChatGPT 生成代码的指令如下：

```
//使用 JCheckBox 组件来允许用户选择他们喜欢的水果（苹果、香蕉或橙子）。
```

引导 ChatGPT 编写的代码如下所示：

```
import javax.swing.*;
import java.awt.*;
import java.awt.event.ActionEvent;
import java.awt.event.ActionListener;
public class FruitSelectionApp {
    private JFrame frame;
    private JCheckBox appleCheckBox, bananaCheckBox, orangeCheckBox;
    private JLabel resultLabel;
    public FruitSelectionApp() {
        frame = new JFrame("水果选择器");
        frame.setDefaultCloseOperation(JFrame.EXIT_ON_CLOSE);
        frame.setSize(300, 200);
        JPanel panel = new JPanel();
        panel.setLayout(new FlowLayout());
        //创建复选框和标签
        appleCheckBox = new JCheckBox("苹果");
        bananaCheckBox = new JCheckBox("香蕉");
        orangeCheckBox = new JCheckBox("橙子");
```

```
        resultLabel = new JLabel("请选择你喜欢的水果");
        //将复选框和标签添加到面板中
        panel.add(appleCheckBox);
        panel.add(bananaCheckBox);
        panel.add(orangeCheckBox);
        panel.add(resultLabel);
        frame.add(panel);
        frame.setVisible(true);
        //添加监听器来处理选择事件
        appleCheckBox.addActionListener(new ActionListener() {
            @Override
            public void actionPerformed(ActionEvent e) {
                if (appleCheckBox.isSelected()) {
                    resultLabel.setText("你选择了苹果");
                } else {
                    resultLabel.setText("请选择你喜欢的水果");
                }
            }
        });
        bananaCheckBox.addActionListener(new ActionListener() {
            @Override
            public void actionPerformed(ActionEvent e) {
                if (bananaCheckBox.isSelected()) {
                    resultLabel.setText("你选择了香蕉");
                } else {
                    resultLabel.setText("请选择你喜欢的水果");
                }
            }
        });
        orangeCheckBox.addActionListener(new ActionListener() {
            @Override
            public void actionPerformed(ActionEvent e) {
                if (orangeCheckBox.isSelected()) {
                    resultLabel.setText("你选择了橙子");
                } else {
                    resultLabel.setText("请选择你喜欢的水果");
                }
            }
        });
    }
    public static void main(String[] args) {
        SwingUtilities.invokeLater(new Runnable() {
            @Override
            public void run() {
                new FruitSelectionApp();
            }
        });
    }
```

```
}
```

10.3 标签

Swing 中的 JLabel，宛如一块醒目的信息招牌，时刻传递着关键信息。在 GUI 的世界里，JLabel 用最直接的方式向用户传递着必要的信息。程序员可以通过 setText()和 setIcon()方法，为其赋予个性化的文本和图标，使其更加生动有趣。有了 JLabel 的陪伴，其他 Swing 组件仿佛拥有了鲜活的灵魂，一同演绎出绚丽多彩的 GUI 世界。

以下是一个简单的 JLabel 应用例子：

```
import javax.swing.*;
import java.awt.*;
import java.awt.event.*;
public class SimpleSwingApp {
    public static void main(String[] args) {
        //创建一个新的 JFrame 实例
        JFrame frame = new JFrame("Simple Swing App");
        //设置窗口的默认关闭操作（关闭窗口时退出程序）
        frame.setDefaultCloseOperation(JFrame.EXIT_ON_CLOSE);
        //设置窗口的大小
        frame.setSize(300, 200);
        //创建一个标签组件
        JLabel label = new JLabel("Hello, Swing!");
        //创建一个按钮组件，并添加一个点击事件监听器
        JButton button = new JButton("Click Me");
        button.addActionListener(new ActionListener() {
            public void actionPerformed(ActionEvent e) {
                label.setText("Button clicked!");
            }
        });
        //将标签和按钮添加到内容面板中
        frame.getContentPane().add(label, BorderLayout.NORTH);
        frame.getContentPane().add(button, BorderLayout.SOUTH);
        //使窗口可见
        frame.setVisible(true);
    }
}
```

- **JLabel label = new JLabel("Hello, Swing!")**：创建一个标签组件，显示文本"Hello, Swing!"。
- **frame.getContentPane().add(label, BorderLayout.NORTH)**：将标签添加到窗口的内容窗格的上方位置。

10.4 组合框

JComboBox 在 Swing 中，就如同一位细致入微的服务生。它为用户提供了一系列的选项，如同菜单上的各种菜品，供用户挑选。用户可以根据自己的喜好选择一个或多个选项，而

JComboBox 则准确地记录下用户的每一个选择。同时，它还能监听选项的变化，及时传递给程序员相关的信息。

以下是一个简单的运用 JComboBox 的例子：

```
import javax.swing.*;
import java.awt.*;
import java.awt.event.*;
public class ComboBoxExample {
    private JFrame frame;
    private JLabel label;
    private JComboBox<String> comboBox;
    public static void main(String[] args) {
        EventQueue.invokeLater(() -> {
            try {
                ComboBoxExample window = new ComboBoxExample();
                window.frame.setVisible(true);
            } catch (Exception e) {
                e.printStackTrace();
            }
        });
    }
    public ComboBoxExample() {
        initialize();
    }
    private void initialize() {
        frame = new JFrame();
        frame.setBounds(100, 100, 250, 150);
        frame.setDefaultCloseOperation(JFrame.EXIT_ON_CLOSE);
        frame.getContentPane().setLayout(null);
        label = new JLabel("Select an option:");
        label.setBounds(10, 20, 80, 25);
        frame.getContentPane().add(label);
        comboBox = new JComboBox<>(new String[]{"Option 1", "Option 2", "Option 3"});
        comboBox.setBounds(100, 20, 120, 25);
        frame.getContentPane().add(comboBox);
        comboBox.addActionListener(new ActionListener() {
            @Override
            public void actionPerformed(ActionEvent e) {
                String selectedItem = (String) comboBox.getSelectedItem();
                System.out.println("Selected: " + selectedItem);
            }
        });
    }
}
```

- **EventQueue.invokeLater()：** 使用 EventQueue 的 invokeLater()方法来确保 GUI 组件在事件调度线程中被创建和更新。
- **try：** 开启一个 try 块来捕获可能发生的异常。
- **ComboBoxExample window = new ComboBoxExample()：** 创建一个新的 ComboBox

Example 对象。

- **window.frame.setVisible(true)：** 使窗口可见。
- **catch (Exception e)：** 捕获异常。
- **e.printStackTrace()：** 打印异常的堆栈跟踪。
- **comboBox = new JComboBox<>(new String[]{"Option 1", "Option 2", "Option 3"})：** 创建一个下拉组合框，包含三个选项。
- **comboBox.setBounds(100, 20, 120, 25)：** 设置组合框的位置和大小。
- **frame.getContentPane().add(comboBox)：** 将组合框添加到窗口的内容面板中。
- **comboBox.addActionListener(new ActionListener()：** 为组合框添加一个动作监听器，以便在选项被选择时执行操作。

例 10.3　学校想要学生们在数学、物理、化学、计算机这四门学科中选择一门学科安排学习社团，请使用 ComboBox 创建一个学科选择界面。

引导 ChatGPT 生成代码的指令如下：

```
//使用 ComboBox 创建一个学科选择界面并实现在数学、物理、化学、计算机这四门学科中选择一门学科的功能。
```

引导 ChatGPT 编写结果如下：

```
import javax.swing.*;
import java.awt.*;
import java.awt.event.*;
public class SubjectSelectionExample {
    private JFrame frame;
    private JLabel label;
    private JComboBox<String> comboBox;
    public SubjectSelectionExample() {
        frame = new JFrame("学科选择界面");
        frame.setDefaultCloseOperation(JFrame.EXIT_ON_CLOSE);
        frame.setSize(300, 200);
        label = new JLabel("请选择一个学科:");
        comboBox = new JComboBox<>(new String[]{"数学", "物理", "化学", "计算机"});
        comboBox.addActionListener(new ActionListener() {
            public void actionPerformed(ActionEvent e) {
                String selectedItem = comboBox.getSelectedItem().toString();
                label.setText("你选择了  ");
            }
        });
        frame.setLayout(new FlowLayout());
        frame.add(label);
        frame.add(comboBox);
        frame.setVisible(true);
    }
    public static void main(String[] args) {
        SwingUtilities.invokeLater(new Runnable() {
            public void run() {
                new SubjectSelectionExample();
            }
```

```
        });
    }
}
```

10.5 列表

Swing 组件中的列表（JList）就像一个超市的货架，上面摆满了各种商品供顾客选择。列表中的选项就是这些商品，而用户则是顾客。顾客可以根据自己的需求，在货架上挑选需要的商品。这个货架还配备了垂直和水平滚动条，就像 JList 的滚动条。当商品数量太多放不下时，滚动条就能让顾客浏览到所有商品。

以下是使用 JList 的基本步骤。

1．导入必要的类：

```
import javax.swing.*;
```

2．创建 JList 对象：可以通过以下两种方式之一创建 JList 对象。

（1）使用默认模型（DefaultListModel）。

```
DefaultListModel<String> model = new DefaultListModel<>();
JList<String> list = new JList<>(model);
```

（2）使用自定义模型（ListModel）。

```
ListModel<String> model = new MyCustomListModel();
JList<String> list = new JList<>(model);
```

3．添加项目：可以使用 DefaultListModel 的方法向列表中添加项目，例如：

```
model.addElement("项目 1");
model.addElement("项目 2");
model.addElement("项目 3");
```

4．添加监听器：可以使用 ListSelectionListener 添加监听器来处理用户选择列表中的项目。例如：

```
list.addListSelectionListener(new ListSelectionListener() {
    public void valueChanged(ListSelectionEvent event) {
        //处理用户选择的项目逻辑代码
    }
});
```

5．将 JList 添加到容器中：将 JList 添加到 JScrollPane 或其他容器中，然后将其添加到 GUI 布局中。例如：

```
JScrollPane scrollPane = new JScrollPane(list);
frame.add(scrollPane);
```

6．最后，调用 JFrame 的 setVisible()方法显示 GUI。例如：

```
frame.setVisible(true);
```

以下是一个简单的运用 JList 的例子：

```
import javax.swing.*;
import java.awt.*;
public class JListExample {
    public static void main(String[] args) {
        SwingUtilities.invokeLater(() -> {
            JFrame frame = new JFrame("JList Example");
```

```
                frame.setDefaultCloseOperation(JFrame.EXIT_ON_CLOSE);
                frame.setSize(300, 200);
                String[] items = {"Item 1", "Item 2", "Item 3", "Item 4"};
                JList<String> list = new JList<>(items);
                list.setSelectionMode(ListSelectionModel.SINGLE_SELECTION);
                JScrollPane scrollPane = new JScrollPane(list);
                frame.getContentPane().add(scrollPane, BorderLayout.CENTER);
                frame.setVisible(true);
            });
        }
}
```

- **String[] items = {"Item 1", "Item 2", "Item 3", "Item 4"}**：创建一个字符串数组，包含四个元素，这些元素将作为列表中的选项。
- **JList<String> list = new JList<>(items)**：使用上面创建的字符串数组初始化一个新的 JList 对象。
- **list.setSelectionMode(ListSelectionModel.SINGLE_SELECTION)**：设置列表的选择模式为单选，这意味着一次只能选择一个选项。
- **JScrollPane scrollPane = new JScrollPane(list)**：创建一个新的 JScrollPane 对象，并将列表作为其内容。这将使列表具有滚动条，以便用户可以滚动查看所有选项。
- **frame.getContentPane().add(scrollPane, BorderLayout.CENTER)**：将滚动窗格添加到窗口的内容窗格中，并指定其布局位置为 BorderLayout.CENTER。

10.6 文本组件

Swing 组件中的文本组件主要用于在图形用户界面中输入和显示文本。以下是 Swing 中一些常用的文本组件。

10.6.1 文本域

文本域（JTextField）是一个用于单行文本输入的文本框组件，可以看作是一个写字板，用户可以在其中输入单行文本。

以下是一个简单的运用 JTextField 的例子：

```
import javax.swing.*;
public class SimpleJTextFieldExample {
    public static void main(String[] args) {
        //创建 JFrame 容器
        JFrame frame = new JFrame("JTextField Example");
        frame.setDefaultCloseOperation(JFrame.EXIT_ON_CLOSE);
        frame.setSize(300, 200);
        //创建 JTextField 组件
        JTextField textField = new JTextField();
        textField.setBounds(50, 50, 200, 30); //设置位置和大小
        //将 JTextField 添加到 JFrame 中
        frame.getContentPane().add(textField);
        //显示 JFrame 容器
```

```
            frame.setVisible(true);
        }
    }
```

- **JTextField textField = new JTextField()**：创建一个新的 JTextField 对象。
- **textField.setBounds(50, 50, 200, 30)**：设置文本框的位置和大小。这里将其放置在(50, 50)的位置，宽度为 200 像素，高度为 30 像素。
- **frame.getContentPane().add(textField)**：将文本框添加到 JFrame 的内容窗格中。

10.6.2 文本区

文本区（JTextArea）是一个用于多行文本输入和显示的文本区域组件，可以看作一块更大的写字板，用户可以在上面输入多行文字。

以下是一个简单的运用 JTextArea 的例子：

```
import javax.swing.*;
public class SimpleJTextAreaExample {
    public static void main(String[] args) {
        //创建 JFrame 容器
        JFrame frame = new JFrame("JTextArea Example");
        frame.setDefaultCloseOperation(JFrame.EXIT_ON_CLOSE);
        frame.setSize(300, 200);
        //创建 JTextArea 组件
        JTextArea textArea = new JTextArea();
        textArea.setBounds(50, 50, 200, 100); //设置位置和大小
        //将 JTextArea 添加到 JFrame 中
        frame.getContentPane().add(textArea);
        //显示 JFrame 容器
        frame.setVisible(true);
    }
}
```

- **JTextArea textArea = new JTextArea()**：创建一个新的 JTextArea 对象。
- **textArea.setBounds(50, 50, 200, 100)**：设置文本区域的位置和大小。这里将其放置在(50, 50)的位置，宽度为 200 像素，高度为 100 像素。
- **frame.getContentPane().add(textArea)**：将文本区域添加到 JFrame 的内容窗格中。

10.6.3 文本编辑器

文本编辑器（JTextPane）是一个支持格式化文本的文本组件，具有简单的文本编辑功能。它不仅允许用户输入文本，还可以设置字体、颜色等格式，为用户提供更大的创作空间。

以下是一个简单的运用 JTextPane 的例子：

```
import javax.swing.*;
import javax.swing.text.*;
public class JTextPaneExample {
    public static void main(String[] args) {
        //创建 JFrame 实例
        JFrame frame = new JFrame("JTextPane 示例");
        frame.setDefaultCloseOperation(JFrame.EXIT_ON_CLOSE);
```

```
        frame.setSize(400, 300);
        //创建 JTextPane 实例
        JTextPane textPane = new JTextPane();
        textPane.setContentType("text/plain"); //设置内容类型为纯文本
        textPane.setText("这是一个简单的 JTextPane 示例。"); //设置文本内容
        textPane.setEditable(false); //设置为不可编辑
        //将 JTextPane 添加到 JFrame 中
        frame.add(textPane);
        //显示 JFrame
        frame.setVisible(true);
    }
}
```

- **JTextPane textPane = new JTextPane()：** 创建一个新的 JTextPane 对象，该对象表示文本编辑区域。
- **textPane.setContentType("text/plain")：** 设置文本内容类型为纯文本，这意味着文本将不会以富文本格式显示。
- **textPane.setText("这是一个简单的 JTextPane 示例。")：** 设置 JTextPane 的初始文本内容为“这是一个简单的 JTextPane 示例。”。
- **textPane.setEditable(false)：** 设置 JTextPane 为不可编辑，这意味着用户不能在其中输入或修改文本。
- **frame.add(textPane)：** 将 JTextPane 添加到窗口中，使其可见。

10.6.4 密码框

密码框（JPasswordField）是一个用于密码输入的文本框组件。它是一款“保密笔记本”，与 JTextField 类似，但可用于输入密码，隐藏输入内容。

```
import javax.swing.*;
public class JPasswordFieldExample {
    public static void main(String[] args) {
        //创建 JFrame 实例
        JFrame frame = new JFrame("JPasswordField 示例");
        frame.setDefaultCloseOperation(JFrame.EXIT_ON_CLOSE);
        frame.setSize(300, 200);
        //创建 JPasswordField 实例
        JPasswordField passwordField = new JPasswordField();
        passwordField.setEchoChar('•'); //设置密码字符为•
        passwordField.setColumns(20); //设置列数以调整宽度
        //创建 JLabel 用于显示提示信息
        JLabel label = new JLabel("请输入密码：");
        //创建面板并添加组件
        JPanel panel = new JPanel();
        panel.add(label);
        panel.add(passwordField);
        //将面板添加到 JFrame 中
        frame.add(panel);
        //显示 JFrame
```

```
            frame.setVisible(true);
        }
    }
```

- **JPasswordField passwordField = new JPasswordField()：** 创建一个新的 JPasswordField 对象，该对象表示密码输入框。

例 10.4　运用 Swing 组件中的文本组件，创造一个可以输入账号密码的登录界面。

引导 ChatGPT 生成代码的指令如下：

```
//运用 Swing 组件中的文本组件，创造一个可以输入账号密码的登录界面。
```

引导 ChatGPT 编写的代码如下所示：

```
import javax.swing.*;
import java.awt.*;
import java.awt.event.*;
public class LoginExample {
    private JFrame frame;
    private JLabel usernameLabel, passwordLabel;
    private JTextField usernameField;
    private JPasswordField passwordField;
    private JButton loginButton;
    public LoginExample() {
        frame = new JFrame("登录界面");
        frame.setDefaultCloseOperation(JFrame.EXIT_ON_CLOSE);
        frame.setSize(300, 200);
        frame.setLayout(new GridLayout(3, 2));
        usernameLabel = new JLabel("用户名:");
        usernameField = new JTextField(20);
        passwordLabel = new JLabel("密码:");
        passwordField = new JPasswordField(20);
        passwordField.setEchoChar('•'); //显示•作为密码占位符
        loginButton = new JButton("登录");
        loginButton.addActionListener(new ActionListener() {
            public void actionPerformed(ActionEvent e) {
                String username = usernameField.getText();
                char[] password = passwordField.getPassword();
                //在这里处理登录逻辑，例如检查用户名和密码是否正确
                //清除密码文本框内容
                passwordField.setText("");
            }
        });
        frame.add(usernameLabel);
        frame.add(usernameField);
        frame.add(passwordLabel);
        frame.add(passwordField);
        frame.add(loginButton);
        frame.setVisible(true);
    }
    public static void main(String[] args) {
        SwingUtilities.invokeLater(new Runnable() {
```

```
                public void run() {
                    new LoginExample();
                }
            });
        }
    }
```

10.7 菜单组件

Swing 组件中的菜单组件可以类比为一座图书馆的目录系统。

JMenuBar（菜单栏）是这座图书馆的入口，用户可以通过这个入口进入各个菜单的“区域”。

JMenu（菜单）是图书馆中的各个“书架”，上面陈列着不同的“书籍”，即 JMenuItem（菜单项）。用户可以在不同的书架间浏览，选择他们感兴趣的主题。

JMenuItem（菜单项）就是图书馆中的每一本“书籍”，代表着具体的功能或操作。用户通过选择特定的书籍来获取所需的信息或执行相应的操作。

接下来将详细介绍 JMenuBar（菜单栏）、JMenu（菜单）、JMenuItem（菜单项）以及它们的关系。

10.7.1 菜单栏

菜单栏（JMenuBar）是一个可以添加到任何位置的组件，通常放置在框架的顶部。它只是一个框架，里面容纳了好几个菜单按钮，这些菜单排成一行才形成了菜单栏的模样。程序员可以通过调用窗口对象 Frame 的 setJMenuBar 方法，将菜单栏添加至窗口顶部。

- 创建一个新的 JMenuBar 对象：使用 JMenuBar jMenuBar = new JMenuBar()来创建一个新的 JMenuBar 对象。
- 将 JMenuBar 设置为窗口的菜单栏：使用 frame.setJMenuBar(jMenuBar)将 JMenuBar 设置为窗口对象（例如 JFrame）的菜单栏。

10.7.2 菜单

菜单（JMenu）是位于菜单栏（JMenuBar）中的一部分，通常用于显示一组相关的命令或操作。用户可以在下拉式菜单中选择这些命令或操作。

- 创建一个新的 JMenu 对象并指定菜单的名称：使用 JMenu menu = new JMenu("菜单名称")来创建一个新的 JMenu 对象，并指定菜单的名称。
- 将 JMenu 添加到 JMenuBar：使用 jMenuBar.add(menu)将 JMenu 添加到 JMenuBar 对象中。

10.7.3 菜单项

菜单项（JMenuItem）是菜单（JMenu）中的一个选项，用户可以在下拉式菜单中选择它来执行相应的操作。

- 创建一个新的 JMenuItem 对象并指定菜单项的名称：使用 JMenuItem menuItem = new JMenuItem("菜单项名称")来创建一个新的 JMenuItem 对象，并指定菜单项的名称。

● 将 JMenuItem 添加到 JMenu：使用 menu.add(menuItem)将 JMenuItem 添加到 JMenu 对象中。

以下是一个简单的 Java 程序，使用 JMenuBar 来创建菜单栏和下拉菜单的例子：

```
import javax.swing.*;
import java.awt.*;
import java.awt.event.ActionEvent;
import java.awt.event.ActionListener;
public class JMenuBarExample {
    private JFrame frame;
    private JMenuBar menuBar;
    private JMenu fileMenu;
    private JMenuItem openItem;
    private JMenuItem exitItem;
    public JMenuBarExample() {
        frame = new JFrame("JMenuBar 示例");
        frame.setDefaultCloseOperation(JFrame.EXIT_ON_CLOSE);
        frame.setSize(300, 200);
        //创建菜单栏
        menuBar = new JMenuBar();
        frame.setJMenuBar(menuBar);
        //创建文件菜单
        fileMenu = new JMenu("文件");
        menuBar.add(fileMenu);
        //创建打开菜单项并添加到文件菜单
        openItem = new JMenuItem("打开");
        fileMenu.add(openItem);
        openItem.addActionListener(new ActionListener() {
            @Override
            public void actionPerformed(ActionEvent e) {
                JOptionPane.showMessageDialog(frame, "您点击了“打开”菜单项");
            }
        });
        //创建退出菜单项并添加到文件菜单
        exitItem = new JMenuItem("退出");
        fileMenu.add(exitItem);
        exitItem.addActionListener(new ActionListener() {
            @Override
            public void actionPerformed(ActionEvent e) {
                System.exit(0);
            }
        });
        frame.setVisible(true);
    }
    public static void main(String[] args) {
        SwingUtilities.invokeLater(new Runnable() {
            @Override
            public void run() {
```

```
                new JMenuBarExample(); //创建并显示窗口和组件
            }
        });
    }
}
```

- **menuBar = new JMenuBar()**：创建一个新的 JMenuBar 实例。
- **frame.setJMenuBar(menuBar)**：将创建的菜单栏设置为窗口的菜单栏。
- **fileMenu = new JMenu("文件")**：创建一个新的 JMenu 实例，标题为“文件”。
- **menuBar.add(fileMenu)**：将文件菜单添加到菜单栏中。
- **openItem = new JMenuItem("打开")**：创建一个新的 JMenuItem 实例，标题为“打开”。
- **fileMenu.add(openItem)**：将打开菜单项添加到文件菜单中。
- **exitItem = new JMenuItem("退出")**：创建一个新的 JMenuItem 实例，标题为“退出”。
- **fileMenu.add(exitItem)**：将退出菜单项添加到文件菜单中。

10.8 对话框

10.8.1 对话框概述

JDialog 是 Swing 中的一个重要角色，就像舞台上的魔术师，变幻莫测，吸引着观众的眼球。它常常在需要与用户进行短暂交流时出现，像是一个神秘的信使，传递着重要的信息。虽然它的出现只是短暂的，但它的影响力却不容小觑，为用户与应用程序之间的交互增添了丰富的色彩。

以下是使用 JDialog 的一些基本步骤。

1．创建 JDialog 实例：可以使用 JDialog dialog = new JDialog()来创建一个新的 JDialog 实例。

2．设置对话框的标题：使用 dialog.setTitle()方法来设置对话框的标题。

3．设置对话框的大小和位置：使用 dialog.setSize()和 dialog.setLocationRelativeTo()方法来设置对话框的大小和位置。

4．设置对话框是否可见：使用 dialog.setVisible()方法来设置对话框是否可见。

5．添加组件到对话框中：可以使用 dialog.add()方法将组件添加到对话框中。

6．设置对话框的模式：使用 dialog.setModal()方法来设置对话框的模式。如果设置为模态对话框，则程序将等待对话框的返回值。如果设置为非模态对话框，则可以在处理对话框的同时进行其他操作。

7．监听对话框的关闭事件：可以使用 dialog.addWindowListener()方法来监听对话框的关闭事件，以便在用户关闭对话框时执行相应的操作。

以下是一个简单的使用 JDialog 的示例：

```
import javax.swing.*;
import java.awt.*;
public class SimpleJDialogExample {
    public static void main(String[] args) {
        //创建 JFrame 窗口
        JFrame frame = new JFrame("JDialog 示例");
        frame.setDefaultCloseOperation(JFrame.EXIT_ON_CLOSE);
```

```
        frame.setSize(400, 300);
        //创建 JDialog 对话框
        JDialog dialog = new JDialog(frame);
        dialog.setTitle("对话框标题");
        dialog.setSize(200, 200);
        dialog.setLocationRelativeTo(frame);
        dialog.setVisible(true); //设置对话框可见
        //添加组件到对话框中
        dialog.add(new JLabel("这是一个简单的对话框"));
        //设置对话框为模态对话框，等待用户关闭后继续执行程序
        dialog.setModal(true);
    }
}
```

- **JDialog dialog = new JDialog(frame)：** 创建一个新的 JDialog 实例，其父窗口是上面创建的 frame。
- **dialog.setTitle("对话框标题")：** 设置对话框的标题为“对话框标题”。
- **dialog.setSize(200, 200)：** 设置对话框的大小为 200 像素宽和 200 像素高。
- **dialog.setLocationRelativeTo(frame)：** 设置对话框相对于其父窗口 frame 的位置。
- **dialog.setVisible(true)：** 使对话框可见。
- **dialog.add(new JLabel("这是一个简单的对话框"))：** 向对话框中添加一个新的 JLabel 组件，显示文本“这是一个简单的对话框”。
- **dialog.setModal(true)：** 设置对话框为模态对话框，这意味着当对话框打开时，用户必须先关闭它才能与父窗口交互。

10.8.2 标准对话框

标准对话框（JOptionPane）是 Swing 组件中的一个类，用于创建标准对话框。它是一位“信息传递者”，负责在程序和用户之间传递信息。这些对话框包括消息对话框、确认对话框、输入对话框等，可以用于显示信息、获取用户输入或让用户进行选择。

要使用 JOptionPane，需要按照以下步骤进行操作。

1．导入 JOptionPane 类：在使用 JOptionPane 之前，需要先导入该类。在 Java 代码文件的开头添加以下语句：

```
import javax.swing.JOptionPane;
```

2．创建对话框：使用 JOptionPane 的静态方法来创建不同类型的对话框。例如，要创建一个消息对话框，可以使用以下代码：

```
JOptionPane.showMessageDialog(null, "这是一个消息对话框");
```

3．设置对话框的标题：可以使用 showMessageDialog()方法的 title 参数来设置对话框的标题。例如：

```
JOptionPane.showMessageDialog(null, "这是一个消息对话框", "对话框标题", JOptionPane.INFORMATION_MESSAGE);
```

4．设置对话框的图标：可以使用 showMessageDialog()方法的 messageType 参数来设置对话框的图标。例如，要显示一个带有警告图标的消息对话框，可以使用以下代码：

```
JOptionPane.showMessageDialog(null, "这是一个消息对话框", "对话框标题", JOptionPane.WARNING_MESSAGE);
```

5．自定义按钮和选项：如果要创建更复杂的对话框，例如确认对话框或输入对话框，则可以使用 JOptionPane 的其他方法。例如，使用 showConfirmDialog()方法来创建一个确认对话框，并使用自定义的按钮和选项。例如：

```
int option = JOptionPane.showConfirmDialog(null, "是否执行操作?", "确认对话框", JOptionPane.YES_NO_OPTION);
if (option == JOptionPane.YES_OPTION) {
    //执行操作
} else {
    //取消操作
}
```

例 10.5 运用 JOptionPane 来显示一个对话框，要求用户输入一些文本，并显示输入的内容。

引导 Copilot 生成代码的指令如下：

```
//运用 JOptionPane 来显示一个对话框，要求用户输入一些文本，并显示输入的内容。
```

Copilot 生成的代码如下所示：

```
import javax.swing.JOptionPane;
public class JOptionPaneExample {
    public static void main(String[] args) {
        //显示一个输入对话框，要求用户输入文本
        String userInput = JOptionPane.showInputDialog("请输入一些文本：");
        //显示一个对话框，显示用户输入的文本
        JOptionPane.showMessageDialog(null, "你输入的文本是：" + userInput);
    }
}
```

10.8.3 文件对话框

JFileChooser 是 Java Swing 组件库中的一个类。它就像一位导游，帮助用户在庞大的文件系统中找到所需的文件或目录，并为用户提供了一个友好的界面，让用户能够轻松浏览文件系统，并选择所需的文件或目录。

要使用 JFileChooser，需要按照以下步骤进行操作。

1．导入 JFileChooser 类：在使用 JFileChooser 之前，需要先导入该类。在 Java 代码文件的开头添加以下语句：

```
import javax.swing.JFileChooser;
```

2．创建 JFileChooser 对象：使用 JFileChooser 的构造方法来创建一个对象。例如，要创建一个默认的 JFileChooser 对象，可以使用以下代码：

```
JFileChooser fileChooser = new JFileChooser();
```

3．设置文件选择模式：使用 setFileSelectionMode()方法来设置文件选择模式。可以只选择文件、只选择目录或同时选择文件和目录。例如，只选择文件，可以使用以下代码：

```
fileChooser.setFileSelectionMode(JFileChooser.FILES_ONLY);
```

4．显示文件选择对话框：使用 showOpenDialog()或 showSaveDialog()方法来显示文件选择对话框。例如，要显示一个打开文件的对话框，可以使用以下代码：

```
int result = fileChooser.showOpenDialog(null);
if (result == JFileChooser.APPROVE_OPTION) {
    File selectedFile = fileChooser.getSelectedFile();
```

```
        //处理选中的文件
    }
```

5．自定义文件过滤器：如果只想让用户选择特定类型的文件，则可以使用自定义的文件过滤器。可以使用 setFileFilter()方法来设置文件过滤器。例如，要过滤只显示扩展名为“.jpg”的图片文件，可以使用以下代码：

```
fileChooser.setFileFilter(new FileNameExtensionFilter("JPEG 图像", "jpg"));
```

以下是一个简单的使用 JFileChooser 的示例：

```
import javax.swing.*;
import java.awt.*;
import java.awt.event.*;
import javax.swing.filechooser.*;

public class SimpleJFileChooser {
    public static void main(String[] args) {
        JFileChooser fileChooser = new JFileChooser();
        int returnValue = fileChooser.showOpenDialog(null);
        if (returnValue == JFileChooser.APPROVE_OPTION) {
            System.out.println("选择的文件: " +fileChooser.getSelectedFile().getAbsolutePath());
        } else {
            System.out.println("没有选择文件");
        }
    }
}
```

- **JFileChooser fileChooser = new JFileChooser()**：创建一个新的 JFileChooser 对象。
- **int returnValue = fileChooser.showOpenDialog(null)**：显示一个文件选择对话框，并将用户的选择（例如，选择文件或取消）存储在 returnValue 变量中。
- **if (returnValue == JFileChooser.APPROVE_OPTION)**：检查用户是否选择了文件（即点击了“打开”按钮）。
- **System.out.println("选择的文件: " + fileChooser.getSelectedFile().getAbsolutePath())**：如果用户选择了文件，则输出所选文件的绝对路径。
- **else**：如果用户没有选择文件（即点击了取消按钮或关闭了对话框）。
- **System.out.println("没有选择文件")**：输出“没有选择文件”。

10.9　定制组件样式

10.9.1　颜色

在 Swing 组件中，可以使用 Color 类来设置颜色。以下是一些常用的方法。

1．使用预定义的颜色常量：Color 类中提供了许多预定义的颜色常量，如 Color.RED、Color.GREEN 等。可以直接使用这些常量来设置颜色。例如：

```
JPanel panel = new JPanel();
panel.setBackground(Color.RED);
```

2．使用 RGB 值设置颜色：可以通过指定 RGB 值来创建自定义颜色。RGB 值是用三个整数表示的，每个整数范围从 0 到 255，分别表示红色、绿色和蓝色的分量。例如：

```
Color customColor = new Color(255, 200, 150);
panel.setBackground(customColor);
```

3．使用十六进制颜色代码设置颜色：也可以使用十六进制颜色代码来创建颜色。例如：

```
Color hexColor = Color.decode("#FFC0CB");
panel.setBackground(hexColor);
```

4．使用 HSB 值设置颜色：还可以通过指定 HSB 值（色相、饱和度、亮度）来创建颜色。Color 类提供了 RGBtoHSB 和 HSBtoRGB 方法用于转换颜色值。例如：

```
float[] hsb = Color.RGBtoHSB(255, 200, 150, null);
Color hsbColor = Color.getHSBColor(hsb[0], hsb[1], hsb[2]);
panel.setBackground(hsbColor);
```

在设置 Swing 组件的颜色时，要注意区分前景色和背景色。前景色通常用于绘制文本、边框等，而背景色用于填充组件的区域。可以使用组件的 setForeground 和 setBackground 方法来设置前景色和背景色。例如：

```
JLabel label = new JLabel("Hello World");
label.setForeground(Color.BLACK);
label.setBackground(Color.RED);
```

其他常见颜色对应的各种值如表 10-1 所示。

表 10-1　常见颜色对应的各种值

颜　色	RGB 值	颜色代码
白色	rgb(255,255,255)	#FFFFFF
黑色	rgb(0,0,0)	#000000
红色	rgb(255,0,0)	#FF0000
绿色	rgb(0,255,0)	#00FF00
黄色	rgb(255,255,0)	#FFFF00
蓝色	rgb(0,0,255)	#0000FF
青色	rgb(0,255,255)	#00FFFF
紫色	rgb(255,0,255)	#FF00FF

10.9.2　字体

在 Java Swing 中，可以使用 Font 类来设置字体。以下是设置 Swing 组件中的字体的步骤。

1．创建 Font 对象：首先，需要创建一个 Font 对象。这可以通过指定字体名称、样式和大小来完成。例如：

```
Font font = new Font("Serif", Font.BOLD, 24);
```

在上面的例子中，创建了一个名为"Serif"的粗体字体，大小为 24（单位一般为像素）。

2．设置组件字体：一旦有了 Font 对象，就可以将其分配给组件的 setFont 方法。例如，如果有一个 JLabel，就可以这样设置其字体：

```
JLabel label = new JLabel("Hello World");
label.setFont(font);
```

3. 自定义组件字体：如果想为特定的 Swing 组件（如按钮、文本框等）设置字体，就可以按照上述步骤操作。例如，为按钮设置字体：

```
JButton button = new JButton("Click Me");
button.setFont(font);
```

4. 使用默认字体：如果有需要，也可以使用默认字体。例如，Font.decode("default")将返回默认字体。

5. 考虑系统字体：在某些情况下，可能想要使用系统字体。这可以通过 Font.defaultFont 来实现。

6. 注意字体可用性：不是所有的字体在所有的系统上都可用。如果尝试使用一个不存在的字体，Swing 会选择一个替代的可用字体。因此，最好总是指定一个或两个备选字体。

7. 使用绝对大小：如果不希望字体大小随着用户更改系统主题而改变，则可以使用绝对大小（即不使用点数）。例如，new Font("Serif", Font.BOLD, 1)将创建一个粗体 Serif 字体，大小为 1 像素。

总的来说，Java Swing 中的字体设置相对直观，但要确保应用程序在不同的系统和主题设置下都能正常显示。

10.9.3 绘图

在 Java Swing 中，可以使用 Graphics 类和其子类 Graphics2D 来执行基本的绘图功能。以下是使用 Swing 组件中的绘图功能的一些步骤。

1. 创建组件：首先，创建一个 Swing 组件，如 JPanel，并将其添加到容器中。例如：

```
JPanel panel = new JPanel();
frame.add(panel);
```

2. 获取绘图上下文：在组件上进行绘制之前，需要获取其绘图上下文。这可以通过调用 getGraphics 方法来实现：

```
Graphics g = panel.getGraphics();
```

3. 设置颜色和笔刷：使用 Graphics 对象的方法来设置颜色和笔刷。例如，使用 setColor 方法设置颜色，使用 setFont 方法设置字体。例如：

```
g.setColor(Color.RED);
g.setFont(new Font("Serif", Font.BOLD, 24));
```

4. 绘制形状和文本：使用 Graphics 类的方法来绘制形状和文本。例如，使用 drawLine 方法绘制线条，使用 drawRect 方法绘制矩形，使用 drawOval 方法绘制椭圆，使用 drawString 方法绘制文本。例如：

```
g.drawLine(10, 10, 100, 100);
g.drawRect(50, 50, 100, 50);
g.drawOval(150, 50, 50, 50);
g.drawString("Hello World!", 200, 100);
```

在 Graphics 中还有其他可画的图形，如表 10-2 所示。

表 10-2　Graphics 中可以画出的简单图形以及相关函数

图　　形	调用的函数	说　　明
划线	drawLine(int x1,int y1,int x2,int y2)	在（x1,y1）与（x2,y2）之间画出一条直线
矩形	drawRect(int x,int y,int width,int height)	x,y 是其左上角的位置，其他是矩形的长和宽
	fillRect(int x,int y,int width,int height)	利用此方法可以对矩形的颜色进行填充
三维矩形	draw3DRect(int x,int y,int width,int height, boolean raised)	画一个突出显示的矩形。其中 x 和 y 指定矩形左上角的位置，参数 width 和 height 表示矩形的宽和高，参数 raised 表示突出与否
	fill3DRect(int x,int y,int width,int height,boolean raised)	用预定的颜色填充一个突出显示的矩形
椭圆	drawOval(int x, int y, int width, int height)	用线条围起来的椭圆
	fillOval(int x, int y, int width, int height)	可以填充颜色

5．完成绘制：完成绘制后，需要释放绘图上下文资源。这可以通过调用 g.dispose()来实现。例如：

```
g.dispose();
```

6．重写 paintComponent 方法：为了确保绘制的持久性，可以重写组件的 paintComponent 方法。在这个方法中，可以获取绘图上下文并执行绘制操作。例如：

```
@Override
protected void paintComponent(Graphics g) {
    super.paintComponent(g);
    g.setColor(Color.RED);
    g.drawLine(10, 10, 100, 100);
    //... 其他绘制操作 ...
}
```

7. 刷新组件：为了确保绘制的实时性，可以调用组件的 repaint 方法来请求重新绘制组件。例如：

```
panel.repaint();
```

总的来说，Java Swing 中的绘图功能相对简单和直观。通过使用 Graphics 和 Graphics2D 类的方法，就可以在 Swing 组件上执行基本的绘图操作。

例 10.6　使用 Swing 组件在窗口中绘制一个月亮。

引导 Copilot 生成代码的指令如下：

```
//使用 Swing 在窗口中绘制一个月亮。
```

引导 Copilot 编写的代码如下所示：

```
import javax.swing.*;
import java.awt.*;
public class Moon extends JPanel {
    @Override
    protected void paintComponent(Graphics g) {
        super.paintComponent(g);
```

```
            drawMoon((Graphics2D) g);
        }
        private void drawMoon(Graphics2D g2d) {
            g2d.setColor(Color.YELLOW); //设置月亮的颜色为黄色
            int moonWidth = 200; //月亮的宽度
            int moonHeight = 200; //月亮的高度
            int moonCenterX = getWidth() / 2; //月亮中心点的 x 坐标
            int moonCenterY = getHeight() / 2; //月亮中心点的 y 坐标
            int moonRadius = Math.min(moonWidth / 2, moonHeight / 2); //月亮的半径
            //绘制月亮的圆形部分
            g2d.fillOval(moonCenterX - moonRadius, moonCenterY - moonRadius, moonWidth, moonHeight);
        }
        public static void main(String[] args) {
            JFrame frame = new JFrame("月亮");
            frame.setDefaultCloseOperation(JFrame.EXIT_ON_CLOSE);
            frame.setSize(400, 400);
            Moon panel = new Moon();
            frame.add(panel);
            frame.setVisible(true);
        }
}
```

本章小结

本章介绍了 Swing 组件的相关知识。

1．Swing 组件的分类：Swing 组件主要分为容器和组件。容器（如 JFrame）用于容纳其他组件，而组件（如 JButton、JLabel、JTextField 等）则是可视化的界面元素。

2．标准组件：Swing 提供了各种标准组件，如按钮、文本框、列表框等，这些都是构建用户界面的基础元素。

3．事件处理：为了响应用户的交互行为，Swing 使用了事件处理机制。通过监听器（Listeners）和事件（Events）来处理用户的各种操作。

4．界面美观性和可用性：Swing 允许程序员设置组件的前景色、字体，以及使用工具提示和快捷键来增强用户界面的美观性和可用性。

5．绘图 API：Swing 提供了一套绘图 API，允许程序员在组件上绘制图形和图片。

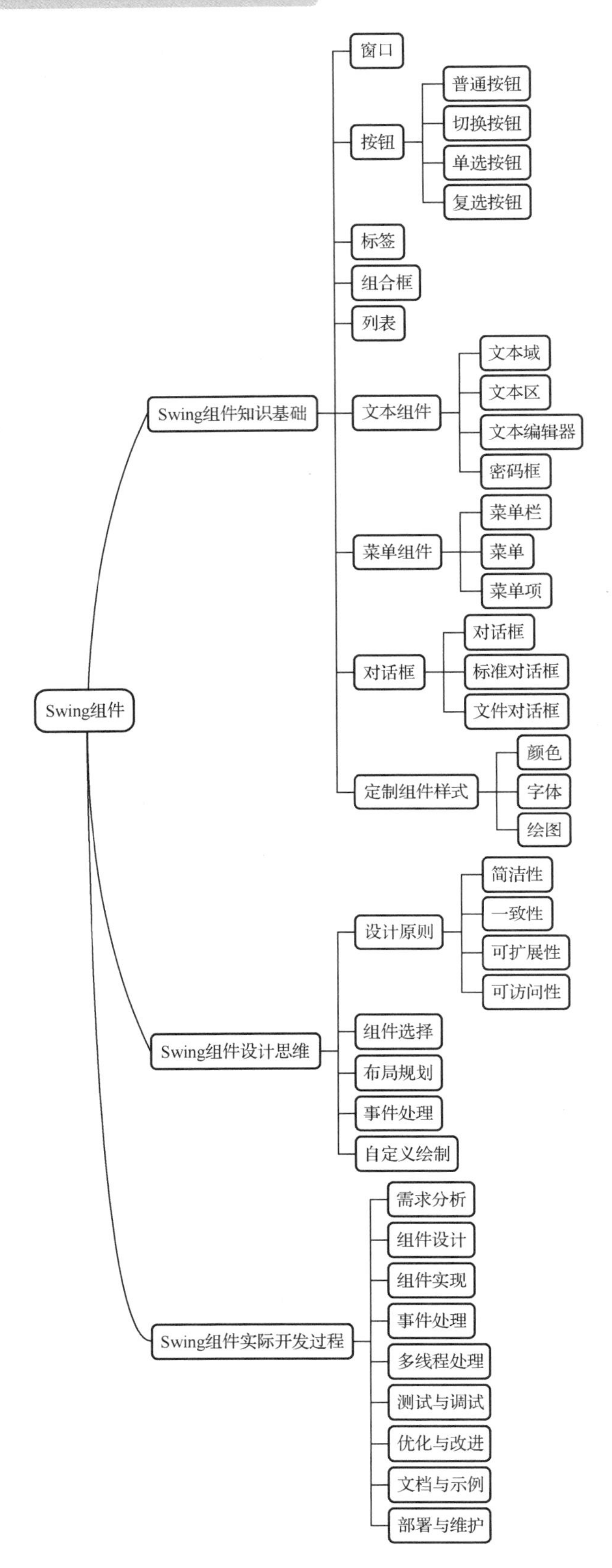
Swing组件
Swing组件知识基础
窗口
按钮
普通按钮
切换按钮
单选按钮
复选按钮
标签
组合框
列表
文本组件
文本域
文本区
文本编辑器
密码框
菜单组件
菜单栏
菜单
菜单项
对话框
对话框
标准对话框
文件对话框
定制组件样式
颜色
字体
绘图
Swing组件设计思维
设计原则
简洁性
一致性
可扩展性
可访问性
组件选择
布局规划
事件处理
自定义绘制
Swing组件实际开发过程
需求分析
组件设计
组件实现
事件处理
多线程处理
测试与调试
优化与改进
文档与示例
部署与维护

习题 10

一、选择题

1．以下关于 Swing 容器的叙述中，哪项是错误的？（　　）

A．容器是组成 GUI 重要的元素

B．容器是一种特殊的组件，它可用来放置其他组件

C．容器是一种特殊的组件，它可被放置在其他任何容器中

D．容器可以包含多个组件，并且可以管理这些组件的布局

2．在 Java Swing 中，用于创建弹出菜单的组件是（　　）。

A．JMenuItem　　B．JMenu

C．JPopupMenu　　D．JCheckBoxMenuItem

3．在 Java Swing 中，以下哪个组件可以用于创建一个可以编辑的文本字段，同时还可以提供语法高亮显示功能？（　　）

A．JTextArea　　B．JTextPane　　C．JTextField　　D．JEditorPane

4．在 Java Swing 中，setDefaultCloseOperation(JFrame．EXIT_ON_CLOSE)语句的作用是（　　）。

A．当执行关闭窗口操作时，退出应用程序

B．当执行关闭窗口操作时，调用 WindowsListener 对象并将隐藏 JFrame

C．当执行关闭窗口操作时，不做任何操作。

D．当执行关闭窗口操作时，调用 WincowsListener 对象并隐藏和销毁 JFrame

5．下列哪个方法可以用来给 JComboBox 控件增加选项？（　　）

A．add()　　B．addItem()　　C．setItem()　　D．setItems()

二、编程题

1．创建一个 Java Swing 应用程序，其中包括一个文本框、一个标签和一个按钮，并实现以下功能：

（1）在文本框中输入一个字符串，例如“Hello World!”。

（2）当用户点击按钮时，将文本框中的字符串复制到标签中。

（3）显示应用程序窗口，并等待用户输入和点击按钮。

2．使用 Swing 组件设计一个简单的记事本应用程序，要求包括打开、保存，并实现以下功能：

（1）菜单栏中有“File”菜单，包括“Open”和“Save”选项。

（2）选择“Open”选项时，程序会弹出文件选择对话框，用户可以选择要打开的文本文件。

（3）选择“Save”选项时，程序会弹出文件保存对话框，用户可以选择要保存的文件名和位置。

拓展阅读

MVC 模式

Swing 是 Java 的一个图形用户界面（GUI）工具包，它使用 MVC 设计模式来构建和组织

GUI 组件。在 Swing 中，每个组件，如按钮、文本框、表格等，都可以看作是一个 MVC 模式的实例。这些组件都有自己的 Model、View 和 Controller。

MVC 模式（Model-View-Controller）是软件工程中的一种软件架构模式，它将软件系统分为三个基本部分：模型（Model）、视图（View）和控制器（Controller）。这种模式是为了实现一种动态的程序设计，简化后续对程序的修改和扩展，并且使程序某一部分的重复利用成为可能。

1. 模型（Model）：这是应用程序的主体部分，用于封装与应用程序的业务逻辑相关的数据以及对数据的处理方法。模型有对数据直接访问的权力，例如对数据库的访问。它不依赖视图和控制器，也就是说，模型不关心它会被如何显示或是如何被操作。但是，模型中数据的变化一般会通过一种刷新机制被公布。模型代表了业务数据和业务逻辑，当数据发生改变时，它要负责通知视图部分。由于同一个模型可以被多个视图重用，所以提高了应用的可重用性。

2. 视图（View）：这是用户看到并与之交互的界面。视图向用户显示相关的数据，并能接收用户的输入数据，但是它并不进行任何实际的业务处理。视图可以向模型查询业务状态，但不能改变模型。视图还能接收模型发出的数据更新事件，从而对用户界面进行同步更新。视图是模型在屏幕上的表示，模型在进行操作后，其结果是通过视图显示的。

3. 控制器（Controller）：控制器的工作就是根据用户的输入，控制用户界面数据显示和更新 Model 对象状态。它用于管理用户与视图发生的交互，定义用户界面对用户输入的响应方式。一旦用户需要对模型进行处理，不能直接执行模型，而必须通过控制器间接实现。

MVC 模式的主要目的是将表示（视图）与逻辑（模型）分离，这样可以使程序更加模块化，提高了程序的可维护性和可扩展性。同时，由于模型、视图和控制器的分离，也使得程序的设计更加清晰和直观，提高了开发效率。

此外，MVC 模式还有助于实现代码的重用，因为模型可以被多个视图共享，而视图也可以被多个控制器共享。这种重用性不仅提高了代码的效率，也降低了维护成本。

通过 MVC 设计模式，Swing 实现了组件的状态和表示之间的分离，使得组件的逻辑和界面可以独立地改变，从而提高了组件的可重用性和可维护性。同时，这种设计模式也使得 Swing 的 GUI 开发更加模块化、直观和易于理解。

总的来说，MVC 模式是一种非常有用的软件设计模式，虽然它的实现方式可能因编程语言和框架的不同而有所差异，但其核心思想——将表示与逻辑分离——始终是不变的。

（来源：百度百科）

第 11 章　数据流的输入与输出

几乎所有的程序都离不开数据的输入和输出，比如从键盘读取数据、从文件中获取或者向文件中存入数据、在显示器上显示数据，以及在网络连接上进行信息交互等，这些情况下都会涉及有关输入/输出的处理。在 Java 中，这些不同类型的输入、输出源被抽象为流（Stream），而其中输入或输出的数据则被称为数据流（Data Stream），用统一的接口来表示。本章主要介绍 Java 语言如何利用数据流的思想处理字节和字符的输入/输出。本章后面几节将介绍对文件和文件中的数据进行处理的具体方法。

本章学习目标

一、知识目标

1．了解 I/O 流原理与流的分类。

2．了解节点流和处理流以及对象序列化。

3．掌握 Files 类的基本操作。

二、技能目标

1．描述 Java 输入/输出流。

2．学会常用二进制、文本 I/O 流类的使用。

三、情感态度与价值目标

1．树立正确的学习态度：对于新的概念和技术，可能会表现出积极主动的学习态度，希望通过学习数据流处理的知识来丰富自己的技能库。

2．培养好奇心与探索欲：对于如何在 Java 中处理数据流的机制可能会引发好奇心，希望探索这一领域的工作原理和应用方式。

11.1　数据流的基本概念

数据流是指在计算机系统中，数据在各个处理单元之间以及系统内部传输的过程。这包括数据从其产生源（如传感器、用户输入、其他系统等）流向处理单元，经过处理后再流向目的地（如显示器、存储设备、另一个系统等）的路径或通道。数据流可以是一组字节、数据包或其他形式的数据。

11.1.1　I/O 流原理与流的分类

一、I/O 流原理

1．I/O 是 Input/Output 的缩写，I/O 技术是非常实用的技术，用于处理数据传输，如读/写文件、网络通信等。

2．在 Java 程序中，对于数据的输入/输出操作以“流（Stream）”的方式进行。

3．java.o 包下提供了各种“流”类和接口，用以获取不同种类的数据，并通过方法输入或输出数据。

4．输入 Input：读取外部数据（磁盘、光盘等存储设备的数据）到程序（内存）中。

5．输出 Output：将程序（内存）数据输出到磁盘、光盘等存储设备中。

二、流的分类

1．按操作数据单位不同分为字节流（8bit）二进制文件、字符流(按字符）文本文件。

2．按数据流的流向不同分为输入流、输出流。

3．按流的角色的不同分为节点流、处理流/包装流。

流的抽象基类如表 11-1 所示。

表 11-1　流的抽象基类

（抽象基类）	字　节　流	字　符　流
输入流	InputStream	Reader
输出流	OutputStream	Writer

- Java 的 I/O 流共涉及 40 多个类，都是从如上 4 个抽象基类派生的。
- 由这四个类派生出来的子类名称都以其父类名作为子类名后缀，如图 11-1 所示。

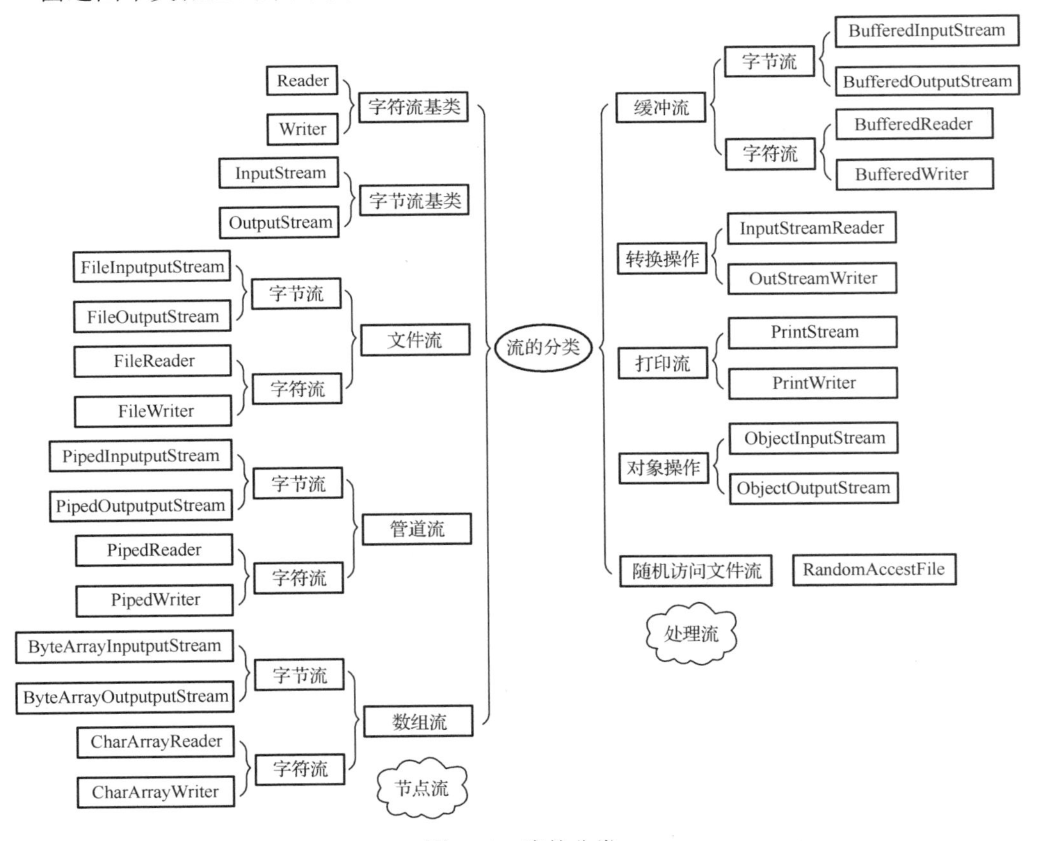

图 11-1　流的分类

11.1.2　输入数据流

输入数据流（Input Stream，简称输入流）是指只能读不能写的数据流，用于向计算机内输入信息。java.io 包中所有输入数据流都是从抽象类 InputStream 继承而来的，并且实现了其中的所有方法，包括读取数据、标记位置、重置读写指针、获取数据量等。从数据流中读取数据时，必须有一个数据源与该数据流相连。

在处理输入数据流时，常见的主要数据操作方法包括以下几种。

1．读取（Read）：从输入源（如文件、传感器、用户输入设备等）中读取数据。读取的方式和方法取决于数据的来源和格式。其中常见的数据流访问方法有以下三种：文件输入流（File Input Stream）、字节数组输入流（Byte Array Input Stream）、缓冲字符输入流（Buffered Reader）。

2．解析（Parse）：将原始输入数据解析为系统能够理解和处理的内部格式。这涉及将数据从其原始表示形式（例如文本、JSON、XML 等）转换为程序可以操作的数据结构。

3．验证（Validate）：对输入数据进行验证，确保其符合预期的格式、范围和规则。这有助于防范潜在的错误或安全风险。

4．转换（Transform）：对输入数据进行必要的转换，以适应系统内部的数据模型或满足特定的业务需求。这可能包括单位转换、数据类型转换等。

5．过滤（Filter）：根据一定的条件过滤掉不需要的数据，以提取系统所关心的信息。这有助于降低系统处理的复杂度和提高效率。

6．缓存（Buffer）：将输入数据暂时存储在缓冲区中，以便系统按照其处理能力逐步处理。这在处理实时数据流或大量数据时很常见。

7．记录（Log）：记录输入数据流的关键信息，以便后续调试、审计或分析。这对于监控系统行为和发现潜在问题很有帮助。

11.1.3　输出数据流

输出数据流（Output Stream，简称输出流）是指只能写不能读的流，用于从计算机中输出数据。

与输入数据流类似，java.io 包中所有输出数据流大多是从抽象类 OutputStream 继承而来的，并且实现了其中的所有方法，这些方法主要提供关于数据输出方面的支持，如文件输出流（File Output Stream）、字节数组输出流（Byte Array Output Stream）、缓冲字符输出流（Buffered Writer）。

流是单向的，输入/输出流只提供读/写操作，即只能从输入流读，向输出流写。

数据流的输入与输出如图 11-2 所示。

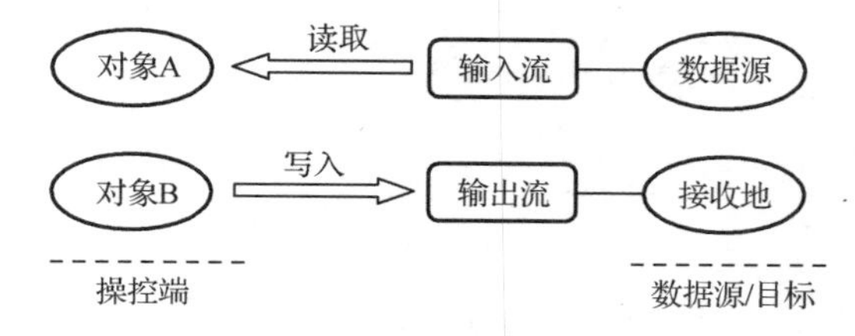

图 11-2　数据流的输入与输出

完整的流，需要有操控端、数据源/目标。

例 11.1 近些年来，水污染越来越严重，小华一家出于对健康的考虑，准备装一套净水系统，喝纯净水，该如何处理？请设计一个过程图清晰地画出自来水的处理过程（类比数据流的输入与输出）。

设计图如图 11-3 所示。

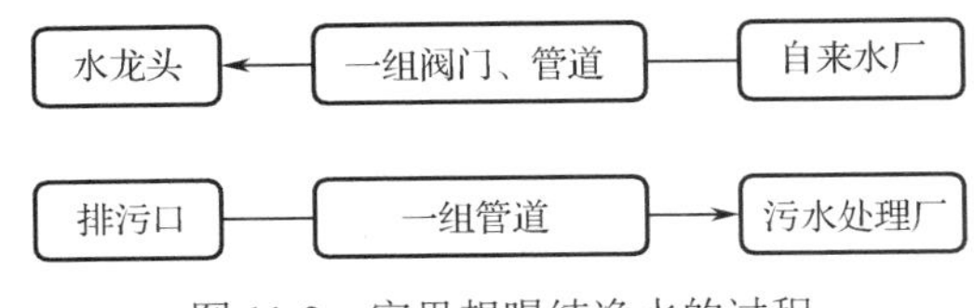

图 11-3　家里想喝纯净水的过程

注：水龙头、水管等中没有水（数据），即流仅仅是对象间的数据传输通道。

11.2　二进制 I/O 流和文本 I/O 流

11.2.1　二进制 I/O 流

二进制输入/输出流（Binary Input/Output Stream，二进制 I/O 流）以字节为信息的基本单位，是用于读写二进制数据的一种数据流。在计算机中，所有的数据都以二进制形式存储的，而二进制 I/O 流提供了一种机制，使得程序可以直接处理二进制数据，而不必关心数据的文本表示。

在 Java 中，InputStream 和 OutputStream 是用于处理字节流的基本抽象类。对于二进制 I/O 流，可以使用这两个类及其子类来进行操作。

以下是一些常见的二进制 I/O 类。

一、FileInputStream 和 FileOutputStream

FileInputStream：用于从文件中读取字节的输入流。

FileOutputStream：用于向文件中写入字节的输出流。

```
//从文件读取二进制数据
try (FileInputStream fis = new FileInputStream("example.bin")) {
    int data;
    while ((data = fis.read()) != -1) {
        //处理二进制数据
    }
} catch (IOException e) {
    e.printStackTrace();
}
//向文件中写入二进制数据
try (FileOutputStream fos = new FileOutputStream("example.bin")) {
    //写入二进制数据
} catch (IOException e) {
    e.printStackTrace();
}
```

二、ByteArrayInputStream 和 ByteArrayOutputStream

BufferedInputStream：提供缓冲功能，用于从输入流中高效读取字节。

BufferedOutputStream：提供缓冲功能，用于向输出流中高效写入字节。

```
//使用字节数组输入流
byte[] data = { 65, 66, 67, 68 }; //对应 ASCII 码的'A', 'B', 'C', 'D'
try (ByteArrayInputStream bais = new ByteArrayInputStream(data)) {
    int value;
    while ((value = bais.read()) != -1) {
        //处理二进制数据
    }
} catch (IOException e) {
    e.printStackTrace();
}
//使用字节数组输出流
try (ByteArrayOutputStream baos = new ByteArrayOutputStream()) {
    //写入二进制数据
    byte[] newData = baos.toByteArray(); //获取写入的数据
} catch (IOException e) {
    e.printStackTrace();
}
```

三、DataInputStream 和 DataOutputStream

DataInputStream：用于从输入流中读取基本数据类型的输入流。

DataOutputStream：用于向输出流中写入基本数据类型的输出流。

```
//以基本数据类型（如 int、double）的格式读取数据
try (DataInputStream dis = new DataInputStream(new FileInputStream("data.bin"))) {
    int intValue = dis.readInt(); //读取整数
    double doubleValue = dis.readDouble(); //读取双精度浮点数
} catch (IOException e) {
    e.printStackTrace();
}
//以基本数据类型的格式写入数据
try (DataOutputStream dos = new DataOutputStream(new FileOutputStream("data.bin"))) {
    dos.writeInt(42); //写入整数
    dos.writeDouble(3.14); //写入双精度浮点数
} catch (IOException e) {
    e.printStackTrace();
}
```

11.2.2 文本 I/O 流

文本 I/O 流是用于读写文本数据的输入/输出流。在许多编程语言中，文本 I/O 流提供了一种机制，使程序能够以文本形式读取和写入数据。这些流通常用于处理字符数据，例如字符串。

在 Java 中，以下是一些常见的用于文本 I/O 的类。

一、FileReader 和 FileWriter

FileReader：用于读取字符文件的字符输入流。

FileWriter：用于写入字符文件的字符输出流。

```
FileReader reader = new FileReader("example.txt");
FileWriter writer = new FileWriter("output.txt");
```

1．FileReader 的常用方法

（1）构造方法。

FileReader(File file)：使用指定的 File 对象创建一个新的 FileReader。

FileReader(String fileName)：使用指定的文件名创建一个新的 FileReader。

（2）读取方法。

int read()：读取单个字符。返回读取的字符的 ASCII 值，如果到达文件末尾则返回-1。

int read(char[] cbuf)：将字符读入数组。返回读取的字符数，如果到达文件末尾则返回-1。

int read(char[] cbuf, int off, int len)：将字符读入数组的一部分。从数组的 off 位置开始，最多读 len 个字符。

（3）关闭方法。

void close()：关闭该流并释放与之关联的所有系统资源。在读取完文件后，应该及时关闭文件流。

注意：在使用 FileReader 时，为了提高性能，通常会与 BufferedReader 配合使用。BufferedReader 提供了缓冲机制，能够一次读取多个字符，减少了对磁盘的实际读取次数，从而提高了效率。

以下是一个简单的例子，演示了如何使用 FileReader 从文件中读取数据。

```
import java.io.BufferedReader;
import java.io.FileReader;
import java.io.IOException;

public class FileReaderExample {
    public static void main(String[] args) {
        try (FileReader fileReader = new FileReader("example.txt");
             BufferedReader bufferedReader = new BufferedReader(fileReader)) {

            String line;
            while ((line = bufferedReader.readLine()) != null) {
                //处理每一行的内容
                System.out.println(line);
            }
        } catch (IOException e) {
            e.printStackTrace();
        }
    }
}//FileReader 与 BufferedReader 结合使用，BufferedReader 的 readLine() 方法用于逐行读取文本文件。
```

2．FileWriter 的常用方法

（1）构造方法。

FileWriter(File file)：使用指定的 File 对象创建一个新的 FileWriter。

FileWriter(File file, boolean append)：使用指定的 File 对象创建一个新的 FileWriter，并选择是否追加写入。

FileWriter(String fileName)：使用指定的文件名创建一个新的 FileWriter。

FileWriter(String fileName, boolean append)：使用指定的文件名创建一个新的 FileWriter，并选择是否追加写入。

（2）写入方法。

void write(int c)：写入单个字符。

void write(char[] cbuf)：写入字符数组的所有内容。

void write(char[] cbuf, int off, int len)：写入字符数组的一部分，从 off 位置开始，最多写入 len 个字符。

void write(String str)：写入字符串的所有内容。

void write(String str, int off, int len)：写入字符串的一部分，从 off 位置开始，最多写入 len 个字符。

（3）刷新和关闭方法。

void flush()：刷新流，将缓冲区中的数据写入文件。

void close()：关闭该流并释放与之关联的所有系统资源。

以下是一个简单的例子，演示了如何使用 FileWriter 将数据写入文件。

```
import java.io.FileWriter;
import java.io.IOException;

public class FileWriterExample {
    public static void main(String[] args) {
        try (FileWriter fileWriter = new FileWriter("output.txt")) {
            //写入单个字符
            fileWriter.write('A');

            //写入字符串
            fileWriter.write("Hello, FileWriter!");

            //写入字符数组
            char[] charArray = {' ', 'W', 'o', 'r', 'l', 'd'};
            fileWriter.write(charArray);

            //刷新并关闭流
            fileWriter.flush();
        } catch (IOException e) {
            e.printStackTrace();
        }
    }
}
```

二、BufferedReader 和 BufferedWriter

BufferedReader：提供缓冲功能，可以高效地读取字符输入流。

BufferedWriter：提供缓冲功能，可以高效地写入字符输出流。

```
BufferedReader bufferedReader = new BufferedReader(new FileReader("example.txt"));
BufferedWriter bufferedWriter = new BufferedWriter(new FileWriter("output.txt"));
```

三、PrintWriter

PrintWriter：继承自 Writer，提供了写入各种数据类型的文本表示的方法。

```
PrintWriter printWriter = new PrintWriter("output.txt");
```

四、FileInputStream 和 FileOutputStream

FileInputStream：可以从文件系统的某个文件中获得输入字节。

FileOutputStream：可以从文件系统的某个文件中获得输出字节。

```
FileInputStream fileInputStream = new FileInputStream("example.txt");
FileOutputStream fileOutputStream = new FileOutputStream("output.txt");
```

五、BufferedInputStream 和 BufferedOutputStream

BufferedInputStream：提供缓冲功能，可以高效地读取字节输入流。

BufferedOutputStream：提供缓冲功能，可以高效地写入字节输出流。

```
BufferedInputStream bufferedInputStream = new BufferedInputStream(new FileInputStream("example.txt"));
BufferedOutputStream bufferedOutputStream = new BufferedOutputStream(new FileOutputStream("output.txt"));
```

11.3　节点流和处理流

节点流是底层流（低级流），直接和数据源相连接，处理流（包装流）对节点流进行了包装，既可以消除不同节点流的实现差异，也可以提供更方便的方法来完成输入/输出。

一、基本概念

1．节点流可以从一个特定的数据源读写数据，如 FileReader、FileWriter。

2．处理流（也叫包装流）是“连接”在已存在的流（节点流或处理流）之上的，为程序提供更为强大的读写能力，如 BufferedReader、BufferedWriter。

二、节点流和处理流一览

节点流和处理流一览如表 11-2 所示。

表 11-2　节点流和处理流一览表

	分类	字节输入流	字节输出流	字符输入流	字符输出流
节点流	抽象基类	InputStream	Outputstream	Reader	Writer
	访问文件	FileInputStream	FileOutputStream	FileReader	FileWriter
	访问数组	ByteArrayInputStream	ByteArrayOutputSteam	CharAirayReader	CharArray Writer
	访问管道	ByteArrayInputStream	PipedOutputStream	PipedReader	PipedWriter
	访问字符串	/	/	StringReader	StringWriter
处理流	缓冲流	ByteArrayInputStream	BufferedOutputStream	BufferedReader	BufferWriter
	转换流	/	/	InputStreamReader	OutputStreamWriten
	特殊流	DataInputStream	DataOutputStream	/	/

三、节点流和处理流的区别与联系

1．节点流是底层流/低级流，直接跟数据源相接。

2．处理流包装节点流，既可以消除不同节点流的实现差异，也可以提供更方便方法来完成输入/输出。

3．处理流（也叫包装流）对节点流进行包装，使用了修饰器设计模式，不会直接与数据源相连。

四、处理流的功能

1．性能的提高：主要以增加缓冲的方式来提高输入/输出的效率。

2．操作的便捷：处理流可能提供一系列便捷的方法来一次输入/输出大批量的数据，使用更加灵活方便。

五、应用案例

例 11.2　新年将至，小明想在前不久写给小华的文件中加入祝福语“新年快乐”，请使用 FileWriter 将“新年快乐”写入文件中。

引导 ChatGPT 生成代码的指令如下。

```
//使用 FileWriter 将“新年快乐”写入文件中。
```

引导 ChatGPT 创建代码如下所示：

```
import java.io.FileWriter;
import java.io.IOException;

public class FileWriterExample {
    public static void main(String[] args){
        //指定要写入的文件名
        String filename = "greetings.txt";

        //调用方法将文本写入文件
        writeTextToFile(filename, "新年快乐");

        System.out.println("文本已成功写入文件：" + filename);
    }

    1 个用法
    private static void writeTextToFile(String filename, String text){
        try(FileWriter writer = new FileWriter(filename)){
            //将文本写入文件
            writer.write(text);
        }catch(IOException e){
            e. printStackTrace();
        }
    }
}
```

例 11.3　在一个神奇的魔法世界中，李华和他的同伴踏入了一座庄严的文本文件城堡，这里珍藏着每位玩家的得分传说。他们需要通过魔法（即节点流和处理流）读取得分数据并进行处理，再将数据重新写回卷轴（即文件）中。李华一行人成功完成了这场充满冒险与魔法的任务，为这个神奇世界带来了生机。请编写一段代码描述上述这个有趣的魔法。

引导 ChatGPT 生成代码的指令如下。

```
//根据上述文字提示，运用 Java 数据流知识编写一段代码描述上述这个有趣的魔法。
```

引导 ChatGPT 创建代码如下所示。

```
import java.io.BufferedReader;
import java.io.BufferedWriter;
import java.io.FileReader;
import java.io.FileWriter;
import java.io.IOException;
```

```
public class MagicalGameAdventure{

    public static void main(String[] args){
        //定义文件路径
        String inputFile = "scores.txt";
        String outputFile = "processed_scores. txt";

        try{
            //读取得分数据
            BufferedReader reader = new BufferedReader(new FileReader(inputFile));
            //处理得分并写回文件
            BufferedWriter writer = new BufferedWriter(new FileWriter(outputFile));

            magicalAdventure(reader, writer);

            //关闭文件流
            reader.close();
            writer.close();

            System.out.println("得分冒险完成，结果保存在" + outputFile);

        } catch(IOException e){
            e.printStackTrace();
        }
    }
private static void magicalAdventure(BufferedReader reader, BufferedWriter writer) throws
        IOException {
    String line;
    while((ling = reader.readLine()) ! = null{
        //模拟对得分的处理（例如，将每个得分加上 10）
        int originalScore = Integer.parseInt(line);
        int processedScore = originalScore + 10;

        //将处理后的得分写入新文件，并添加换行符
        writer.write(String.valueOf(processedScore));
        writer.newLine();           //换行
    }
}
```

11.4 序列化和反序列化

序列化就是在保存数据时，保存数据的值和数据类型。反序列化就是在恢复数据时，恢复数据的值和数据类型。

需要让某个对象支持序列化机制，则必须让其类是可序列化的，为了让某个类是可序列化的，该类必须实现如下两个接口之一。

一、Serializable

这是一个标记接口，没有方法。

例 11.4 Serializable 接口示例。

```
import java.io.Serializable;
public class MyObject implements Serializable {
    private static final long serialVersionUID = 1L;
    private String name;
    private int age;
    //构造函数、getter 和 setter 等方法省略
}
```

二、Externalizable

该接口有方法需要实现，实现上面的 Serializable 接口的注意事项和细节说明介绍如下。

1. 读写顺序要一致。

2. 要求序列化或反序列化对象，需要实现 Serializable。

3. 为了提高版本的兼容性，序列化的类中建议添加 SerialVersionUID。

4. 序列化对象时，默认将里面所有属性都进行序列化（除了 static 或 transient 修饰的成员）。

5. 序列化对象时，要求里面属性的类型也需要实现序列化接口。

6. 序列化具有可继承性，也就是如果某类已经实现了序列化，则它的所有子类也已经默认实现了序列化。

例 11.5 使用 ObjectOutputStream 将对象序列化为字节流。

```
import java.io.FileOutputStream;
import java.io.IOException;
import java.io.ObjectOutputStream;

public class SerializationExample {
    public static void main(String[] args) {
        MyObject myObject = new MyObject();
        //设置对象属性...
        try (ObjectOutputStream oos = new ObjectOutputStream(new FileOutputStream("serialized_object.
dat"))) {
            oos.writeObject(myObject);
            System.out.println("Object has been serialized");
        } catch (IOException e) {
            e.printStackTrace();
        }
    }
}
```

例 11.6 反序列化一个对象，使用 ObjectInputStream 从字节流中读取对象。

```
import java.io.Serializable;
import java.io.FileInputStream;
import java.io.IOException;
import java.io.ObjectInputStream;

// MyObject 类需要实现 Serializable 接口
```

```
public class MyObject implements Serializable {
    private static final long serialVersionUID = 1L; // 显式声明 serialVersionUID

    // 类的其他字段和方法...

    // 示例字段
    private String someField;

    // 示例构造器
    public MyObject(String someField) {
        this.someField = someField;
    }

    // getter 和 setter 方法（如果需要）...
}

// 反序列化示例类
public class DeserializationExample {
    public static void main(String[] args) {
        try (ObjectInputStream ois = new ObjectInputStream(new FileInputStream("serialized_object.dat"))) {
            MyObject myObject = (MyObject) ois.readObject();
            System.out.println("Object has been deserialized");
            // 使用反序列化后的对象...
            System.out.println("someField: " + myObject.getSomeField()); // 假设有 getSomeField 方法
        } catch (IOException | ClassNotFoundException e) {
            e.printStackTrace();
        }
    }
}
```

在例 11.6 中，类中的 serialVersionUID 字段是为了确保反序列化时的版本兼容性，如果类结构发生变化，则可以手动指定一个 serialVersionUID 以避免反序列化失败。

11.5 文件的处理

11.5.1 File 类

文件的介绍：文件是保存数据的地方，比如常用的 Word 文档、TXT 文件、Excel 文件等，它既可以保存一张图片，也可以保存视频、声音等。

在对一个文件进行 I/O 操作之前，必须先获得有关这个文件的基本信息，例如文件能不能被读取，能不能被写入，绝对路径是什么，文件长度是多少等。类 java.io.File 提供了获得文件基本信息及操作文件的一些工具。

一、创建新 File 对象的构造方法

以下是创建一个新的 File 对象的构造方法。

1．通过路径名创建：

```
File file1 = new File("path/to/file.txt");
```

2．通过父路径和子路径名创建：

```
File parentDir = new File("parent/directory");
File file2 = new File(parentDir, "file.txt");
```

3．通过 URI 创建：

```
File file3 = new File(new URI("file:///path/to/file.txt"));
```

二、获取文件信息

创建 File 类的对象后，可以应用其中的相关方法来获取文件的信息。

1．获取文件名或路径信息：

```
File file = new File("path/to/file.txt");
//获取文件名
String fileName = file.getName();
//获取文件路径
String filePath = file.getPath();
//获取文件的绝对路径
String absolutePath = file.getAbsolutePath();
```

2．判断文件是否存在：

```
boolean exists = file.exists();
```

3．判断是否是文件或目录：

```
boolean isFile = file.isFile();
boolean isDirectory = file.isDirectory();
```

4．获取文件的大小：

```
long fileSize = file.length(); //返回文件的长度（以字节为单位）
```

5．获取文件的最后修改时间：

```
long lastModified = file.lastModified(); //返回文件最后修改时间的毫秒数
```

6．获取目录中的文件和子目录列表：

```
String[] fileList = file.list(); //返回目录中的文件和目录的名称数组
File[] files = file.listFiles(); //返回目录中的文件和目录的`File`对象数组
```

例 11.7　使用 FileInputStream 和 FileOutputStream，从一个文件中读取内容并将内容写入另一个文件中。

引导 ChatGPT 生成代码的指令如下。

```
//使用 FileInputStream 和 FileOutputStream，从一个文件中读取内容并将内容写入另一个文件中。
```

引导 ChatGPT 创建代码如下所示：

```
import java.io.*;

public class FileExample {
    public static void main(String[] args) {
        String inputFilePath = "input.txt";
        String outputFilePath = "output.txt";
        try (
            BufferedInputStream inputStream = new BufferedInputStream(new FileInputStream(inputFilePath));
            BufferedOutputStream outputStream = new BufferedOutputStream(new FileOutputStream
(outputFilePath))
        ) {
            byte[] buffer = new byte[1024];
            int bytesRead;
```

```
            while ((bytesRead = inputStream.read(buffer)) != -1) {
                outputStream.write(buffer, 0, bytesRead);
            }
            System.out.println("文件复制成功！");
        } catch (IOException e) {
            e.printStackTrace();
        }
    }
}
```

在例 11.7 中，使用 try 语句创建 BufferedInputStream 和 BufferedOutputStream。这确保在完成文件操作后，它们会被自动关闭。BufferedInputStream 和 BufferedOutputStream 在内部使用缓冲区，提高了文件读取和写入的性能。使用缓冲区循环读取文件的内容，并将读取的数据写入输出文件中。这是一个常见的文件复制模式，其中 inputStream.read(buffer)返回实际读取的字节数，而 outputStream.write(buffer, 0, bytesRead)写入相同数量的字节。

11.5.2 随机访问文件

程序在读写文件时常常不仅要能够从头读到尾，还要能够像访问数据库那样访问文本文件，到达一个位置读一条记录，到达另一个位置读另一条记录，然后再读另一条，每次都在文件的不同位置进行读取。Java 语言提供了 RandomAcceseFile 类来处理这种类型的输入/输出。

以下是创建随机访问文件的两种方法。

一、使用文件名

主要涉及 RandomAccessFile 类。RandomAccessFile 类允许你在文件中定位读取或写入的位置，从而实现对文件的随机访问。

1. 创建 RandomAccessFile 对象

```
String fileName = "example.dat";
RandomAccessFile randomAccessFile = new RandomAccessFile(fileName, "rw");
//fileName 是要创建或打开的文件的路径，而 "rw" 是打开文件的模式，表示以读写方式打开文件。
```

2. 写入数据

```
randomAccessFile.writeUTF("Hello, this is a random access file!");
```

3. 定位文件指针

```
randomAccessFile.seek(0);
```

4. 读取数据

```
String data = randomAccessFile.readUTF();
```

5. 关闭文件

```
randomAccessFile.close();
```

二、使用文件对象

涉及使用 RandomAccessFile 类。RandomAccessFile 类允许你在文件中定位读取或写入的位置，从而实现对文件的随机访问。

1. 创建 RandomAccessFile 对象

```
File file = new File("example.dat");  //创建一个 File 对象，表示文件的路径
RandomAccessFile randomAccessFile = new RandomAccessFile(file, "rw");
//使用 RandomAccessFile 的构造函数，将这个 File 对象作为参数传递，并指定打开文件的模式为"rw",
表示以读写方式打开文件。
```

2. 写入数据

```
randomAccessFile.writeUTF("Hello, this is a random access file!");
```

3. 定位文件指针

```
randomAccessFile.seek(0);   //使用 seek 方法将文件指针定位到文件的开头
```

4. 读取数据

```
String data = randomAccessFile.readUTF();
```

5. 关闭文件

```
randomAccessFile.close();
```

例 11.8　小明最近正在编写一个神奇的“时间笔记本”应用，该应用允许用户在时间的不同节点上插入和编辑文本。在这个奇妙的时间笔记本中，用户可以指定插入文本的时间点，仿佛在穿越时光一般。程序会在指定的时间点插入文本，并将后续内容推到未来，请编写一段代码实现这个应用。

引导 ChatGPT 生成代码的指令如下。

```
//根据上述的“时间笔记本”应用，用 Java 编写一段程序，实现这个应用。
```

引导 ChatGPT 创建代码如下所示。

```
import java.io.FiLe;
import java.io.RandomAccessFiLe;
import java.nio.charset.StandardCharsets;
import java.util.Scanner;

public class TimeTravelNotepad{

    public static void main(String[] args) {
        try{
            //创建文件对象
            File timeNoteFile=new File("TimeNotebook.txt");

            //使用"rw"模式创建时光笔记本
            RandomAccessFile timeNotebook=new RandomAccessFile(timeNoteFile, "rw");

            //读取时光笔记内容
            Scanner scanner=new Scanner(System.in);
            String timeNoteContent=readFromTimeNotebook(timeNotebook);
            System.out.println("时光笔记内容：\n"+timeNoteContent);

            //提示用户穿越时光，插入文本
            System.out.print("请输入时间点，以秒为单位(0 到"+timeNoteContent.length() +"):");
            int timeTravelPosition=scanner.nextInt();
            if(timeTravelPosition<0 || timeTravelPosition>timeNoteContent.length() ) {
                System.out.println("无效的时间点!");
                return;
            }
            scanner.nextLine(); //消耗掉上一行的回车符
            System.out.print("请输入在时间点["+timeTravelPosition+"秒] 插入的文本:");
            String timeTravelText=scanner.nextLine();
```

```
            //在指定时间点插入文本
            insertTextAtTime(timeNotebook, timeTravelPosition, timeTravelText);

            //读取并打印更新后的时光笔记内容
            timeNoteContent = readFromTimeNotebook(timeNotebook);
            System.out.println("更新后的时光笔记内容:\n" + timeNoteContent);

            //关闭时光笔记本
            timeNotebook.close();
        } catch (Exception e) {
            e.printStackTrace();
        }
    }

    2 个用法
    private static String readFromTimeNotebook (RandomAccessFile timeNotebook) throws Exception {
        //将笔记本指针移动到时间的起点
        timeNotebook.seek(0);

        //读取时光笔记内容
        StringBuilder timeNoteContent = new StringBuilder();
        String line;
        while((line = timeNotebook.readLine())! = null) {
            timeNoteContent.append(line) .append("\n");
        }

        return timeNoteContent.toString();
    }

    1 个用法
    private static void insertTextAtTime(RandomAccessfile timeNotebook, int timeTravelPosition, String
timeTravelText
        throws Exception {

        //保存后续的时间内容
        byte[] buffer = new byte[(int)(timeNotebook.length() - timeTravelPosition)];
        timeNotebook.read(buffer);

        //移动笔记本指针到时光点，并插入文本
        timeNotebook.seek(timeTravelPosition);
        timeNotebook.write(timeTravelText.getBytes(StandardCharsets.UTF_8));

        //追加保存后续时间内容
        timeNotebook.write(buffer);
    }
}
```

本章小结

本章介绍了 Java 中数据流输入与输出的相关知识。

1．数据流是指在计算机系统中，数据在各个处理单元之间以及系统内部传输的过程。数据流可以是一组字节、数据包或其他形式的数据。

2．二进制 I/O 流是用于读写二进制数据的一种数据流：文本 I/O 流是用于读写文本数据的输入/输出流。

3．节点流可以从一个特定的数据源读写数据，处理流（也叫包装流）是“连接”在已存在的流（节点流或处理流）之上的，为程序提供更为强大的读写能力。

4．序列化就是在保存数据时，保存数据的值和数据类型，反序列化就是在恢复数据时，恢复数据的值和数据类型。

5．Java 语言提供了 RandomAcceseFile 类来处理随机访问文件的输入/输出。

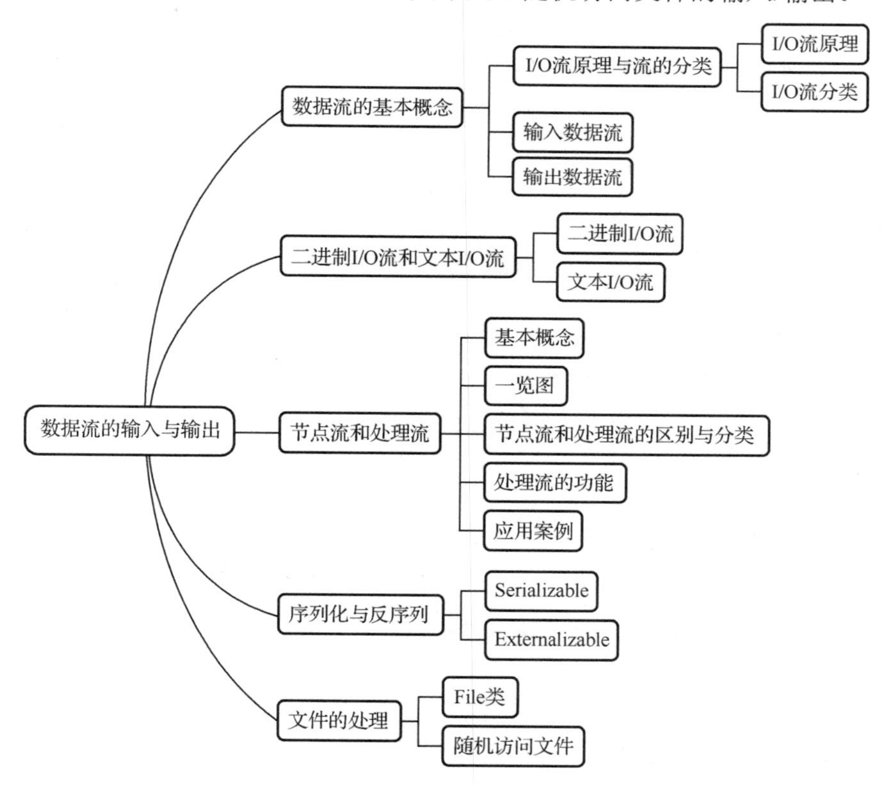

习题 11

一、选择题

1．Java 中用于将字节写入文件的类是（　　）。

A．FileWriter　　B．BufferedWriter　　C．FileOutputStream　　D．PrintWriter

2．下面哪个类不是 Java 输入流类？（　　）

A．FileReader　　B．DataInputStream　　C．BufferedReader　　D．FileWriter

3. 在 Java 中，哪个类用于从文件读取字符流并缓冲输入？（　　）

A. FileReader　　B. BufferedReader

C. FileInputStream　　D. CharArrayReader

4. 在 Java 中，PrintStream 和 PrintWriter 的主要区别是（　　）。

A. PrintStream 用于打印对象，而 PrintWriter 用于打印字符

B. PrintStream 用于打印字符，而 PrintWriter 用于打印对象

C. PrintStream 是字节流，而 PrintWriter 是字符流

D. PrintStream 和 PrintWriter 没有区别

5. 哪个方法用于从输入流中读取一个字节的数据？（　　）

A. readByte()　　B. read()　　C. readChar()　　D. readLine()

二、判断题

1. FileInputStream 是用于读取文件数据的字符流类。（　　）

2. FileReader 是一个节点流，用于从文件中读取字符。（　　）

3. BufferedOutputStream 是一个处理流，用于提高字节输出流的性能。（　　）

4. Java 中实现序列化的接口是 Serializable。（　　）

5. 反序列化是指将字节流转换为对象，恢复对象的过程。（　　）

三、编程题

1. 使用字符流向一个文本文件写入“花花喜欢看书，天天喜欢学习，坤坤喜欢篮球”。

2. 使用字节流从二进制文件读取并显示数据。

3. 编写一个程序，读取一个文本文件，统计文件中每个单词的出现次数，并将结果输出到另一个文件。

4. 创建一个包含一些简单属性的 Java 对象，然后编写程序将这个对象序列化到文件中。

5. 编写一个简单的网络聊天室程序，将聊天记录实时写入文件，同时能够读取历史聊天记录。要求使用字符流和网络编程。

拓展阅读

NIO 介绍

NIO（New Input/Output）是 Java 1.4 版本引入的新的 I/O 模型，提供了一种更灵活、更高效地处理输入/输出的方式。NIO 相比传统的 I/O 模型在处理大量数据时具有更好的性能和可扩展性，特别适用于网络编程和高性能应用场景。

在 NIO 中，关键的概念包括通道（Channel）和缓冲区（Buffer）。通道表示与源（如文件、网络连接）之间的开放连接，而缓冲区则是数据的临时存储区域，数据从通道读入缓冲区，或者从缓冲区写入通道。NIO 还引入了选择器（Selector）机制，可以通过选择器同时监控多个通道的事件，从而实现非阻塞 I/O。

（来源：CSDN 社区）

第12章　线程

线程是 Java 最重要的特性之一，可以使程序更加灵活和高效，它可以在一个进程中并行运行，共享进程的资源和状态。使用线程可以提高程序的性能，利用多核处理器的能力，以及实现一些复杂的功能，如网络通信、图形界面和定时任务等。本章从基础知识开始，逐步深入，讲解 Java 线程的理论知识与实践问题。

本章学习目标

一、知识目标

1．掌握 Java 线程的基本概念。

2．掌握线程的状态、生命周期、创建方式、同步机制等。

3．了解 Java 线程的高级特性、工具类、框架、性能优化等。

二、技能目标

1．能够使用线程操作方法实现线程的基本操作。

2．能够编写多线程程序，并且能够解决多线程中的同步、交互的问题。

三、情感态度与价值目标

1．培养对 Java 线程的兴趣和热情，认识到 Java 线程在实际开发中的重要性和应用价值。

2．形成良好的多线程编程习惯和规范，具备自主学习和持续进步的能力和意愿。

12.1　线程和多线程

12.1.1　线程的概念

线程是操作系统能够进行运算调度的最小单位，是进程中的实际运作单位。一个线程指的是进程中一个单一顺序的控制流，一个进程中可以并发多个线程，每个线程并行执行不同的任务，但并不是所有的线程都会并行执行。在单核处理器上，多个线程会交替执行，而在多核处理器上，多个线程可以同时执行。在 UNIX System V 和 SunOS 中，线程也被称作轻量级进程（Lightweight Processes）。但是，轻量级进程更多指的是内核线程（Kernel Thread），而用户线程（User Thread）则直接称为线程。

为了实现多线程的效果，Java 语言把线程或执行环境当作一个封装对象，包含 CPU 及自己的程序代码和数据，由虚拟机提供控制。Java 类库中的类 java.lang.Thread 允许创建这样的线程，并可控制所创建的线程。

12.1.2 线程的特点及结构

线程的特点介绍如下。

1. 线程是轻型实体，只有一点必不可少的资源，即程序、数据和 TCB（Thread Control Block）。

2. 线程是独立调度和分派的基本单位，在多核或多 CPU 的系统上可以提高程序的执行效率。

3. 线程可以共享进程资源，如地址空间、文件描述符和信号处理等。

4. 线程之间可以通过共享内存或消息传递进行通信，但需要使用同步机制来保证数据的一致性。

在 Java 中，线程可以认为是由以下三部分构成的：

1. 虚拟 CPU，封装在 java.lang.Thread 类中，控制着整个线程的运行。

2. 执行的代码，传递给 Thread 类，由 Thread 类控制顺序执行。

3. 处理的数据，传递给 Thread 类，是代码执行过程中所要处理的数据。

12.2 线程的状态

Java 的线程是通过 Java 的软件包 java.lang 中定义的类 Thread 来实现的，生成一个 Thread 类的对象后，就生成了一个线程，可以通过操作该对象实现启动线程、终止线程、挂起线程等操作。

一、线程的生命周期

线程是一个动态执行的过程，它也有一个从产生到死亡的过程。一个线程的完整的生命周期如图 12-1 所示。

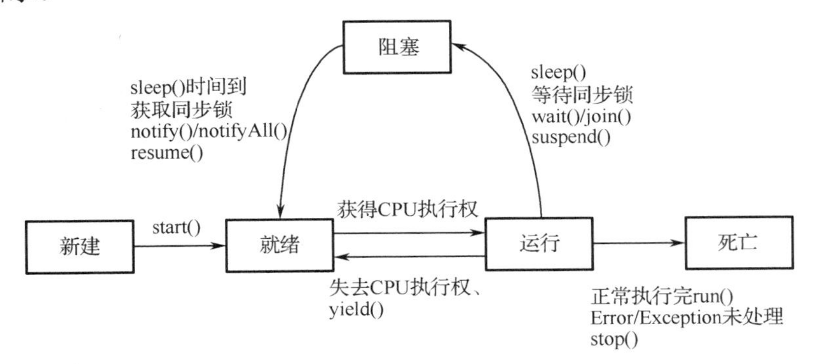

图 12-1 线程的完整的生命周期

二、线程的状态分类

线程的状态是指线程在执行过程中的不同阶段。线程的状态可以分为以下几种。

1. 新建状态（New）：线程对象被创建后，进入新建状态。在 Java 中创建线程的方法如下所示。

```
Thread thread = new Thread()
```

2. 就绪状态（Runnable）：也被称为“可执行状态”。线程对象被创建后，调用该对象的 start()方法，从而启动该线程。启动线程的方法如下所示。

```
thread.start()
```

处于就绪状态的线程，随时可能被 CPU 调度执行。

3．运行状态（Running）：线程获取 CPU 权限进行执行。需要注意的是，线程只能从就绪状态进入到运行状态。

4．阻塞状态（Blocked）：阻塞状态是线程因为某种原因放弃 CPU 使用权，暂时停止运行，直到线程进入就绪状态，才有机会转到运行状态。阻塞的情况分三种：

（1）等待阻塞——通过调用线程的 wait()方法，让线程等待某工作的完成。

（2）同步阻塞——线程在获取 synchronized 同步锁失败（因为锁被其他线程所占用）后，就会进入同步阻塞状态。

（3）其他阻塞——通过调用线程的 sleep()或 join()或发出了 I/O 请求时，线程会进入到阻塞状态。当 sleep()状态超时、join()等待线程终止或者超时，或者 I/O 处理完毕时，线程重新转入就绪状态。

5．死亡状态（Dead）：线程执行完毕或者因异常退出了 run()方法，该线程结束生命周期。

在程序中常常调用 interrupt()来终止线程。interrupt()不仅可以中断正在运行的线程，也可以中断处于阻塞状态的线程。当 interrupt()中断处于阻塞状态的线程时，系统会抛出 InterruptException 异常。

12.3　创建线程

Java 提供了三种创建线程的方法，每种方法都有不同的优势与适用场景。

12.3.1　通过继承 Thread 类创建线程

Thread 类中定义了许多可以完成线程处理工作的方法，因此可以通过定义一个 Thread 的子类来创建一个新的线程。继承得到的类必须重写 run()方法，该方法是新线程的入口点。

通过继承 Thread 类创建一个新线程包含以下几个步骤。

1．定义一个 Thread 类的子类，方法如下所示：

```
class ThreadTest extends Thread {
    public void run(){
        System.out.println( “Running” );
    }
}
```

需要注意，在子类中，必须重写 run()方法。

2．用该子类创建一个对象，方法如下所示：

```
ThreadTest test=new ThreadTest();
```

3．使用 start()方法启动线程，方法如下所示：

```
test.start();
```

在程序中实现多线程，需要创建多个线程，并在每个线程中重写 run()方法，并在适当的时间启动线程。需要注意的是，通过继承 Thread 类创建的线程，无法再次在该类下派生新的子类。

12.3.2 通过实现 Runnable 接口创建线程

Runnable 是 Java 中专门用来实现线程的接口，其中只定义了一个 run()方法。因此，创建一个线程，最简单的方法是创建一个实现 Runnable 接口的类。

通过实现 Runnable 接口创建线程具体步骤如下：

1．创建一个类并实现 Runnable 接口。这个接口只有一个方法 run()，需要在其中定义线程的逻辑。

```
public class MyRunnable implements Runnable {}
```

2．在类中实现 run()方法，编写线程的逻辑代码。

```
public void run() {
 //线程的逻辑代码
System.out.println("Hello from MyRunnable!");
```

3．在主程序中创建一个 Runnable 对象的实例。

```
MyRunnable myRunnable = new MyRunnable();
```

4．创建一个 Thread 对象，将 Runnable 对象作为参数传递给 Thread 的构造函数。

```
Thread thread = new Thread(myRunnable);
```

5．调用 Thread 对象的 start()方法，启动线程。

```
thread.start();
```

例 12.1 使用 Runnable 接口创建两个线程，并让两个线程同时打印自己的名字。

为实现上述例题，可以使用以下指令让 Copilot 生成相关代码。

```
//使用 Runnable 接口创建两个线程，并让两个线程同时打印自己的名字。
```

引导 Copilot 生成的代码如下所示。

```
//定义一个类，实现 Runnable 接口，并重写 run 方法
class MyRunnable implements Runnable {
    //定义一个成员变量，表示线程的名字
    private String name;

    //定义一个构造方法，用来初始化 name
    public MyRunnable(String name) {
        this.name = name;
    }

    //重写 run 方法，编写线程要执行的任务
    @Override
    public void run() {
        //打印线程的名字
        for (int i = 0; i < 10; i++) {
            System.out.println(name + " is running");
        }
    }
}

//定义一个主类，用来测试 Runnable 接口的用法
public class Main {
    public static void main(String[] args) {
```

```
        //创建两个 Runnable 对象，分别表示线程 A 和线程 B
        MyRunnable runnableA = new MyRunnable("A");
        MyRunnable runnableB = new MyRunnable("B");

        //创建两个 Thread 对象，将 Runnable 对象作为参数传递给 Thread 的构造方法
        Thread threadA = new Thread(runnableA);
        Thread threadB = new Thread(runnableB);

        //调用 Thread 对象的 start 方法，启动线程
        threadA.start();
        threadB.start();
    }
}
```

12.3.3　通过 Callable 和 Future 创建线程

Callable 和 Future 是 Java 提供的一种异步编程的方式，可以在一个新的线程中执行一个有返回值的任务，并且可以获取任务的执行结果。

通过 Callable 和 Future 创建线程的步骤如下：

1．创建一个实现了 Callable 接口的类，并重写 call 方法，该方法是线程的执行体，并且有返回值 3。

2．创建一个 FutureTask 对象，用来包装 Callable 对象，该对象可以获取 Callable 对象的 call 方法的返回值 45。

3．创建一个线程池对象，用来管理线程的执行。

4．将 FutureTask 对象作为参数，提交给线程池对象，创建一个新的线程。

5．调用 FutureTask 对象的 get 方法，来获取子线程执行结束后的返回值。

例 12.2　使用 Callable 和 Future 创建一个计算平方根的线程，计算并输出 2 的平方根。

为实现上述例题，可以使用以下指令让 Copilot 生成相关代码。

```
//使用 Callable 和 Future 创建一个计算平方根的线程，计算并输出 2 的平方根。
```

引导 Copilot 生成的代码如下所示。

```
//导入相关的包
import java.util.concurrent.Callable;
import java.util.concurrent.FutureTask;

//创建一个实现 Callable 接口的类，命名为 SqrtTask，它的构造方法接收一个 double 类型的参数 n，表示要计算 n 的平方根
class SqrtTask implements Callable<Double> {
    //定义一个属性，表示要计算的数
    private double n;

    //构造方法，传入 n 的值
    public SqrtTask(double n) {
        this.n = n;
    }

    //重写 call 方法，返回 n 的平方根的值，使用 double 类型来存储结果，可以使用 Math.sqrt 方法
```

```
来计算平方根
        @Override
        public Double call() {
            return Math.sqrt(n);
        }
    }

    //测试类
    public class Test {
        public static void main(String[] args) {
            //创建一个 SqrtTask 对象，传入 2 作为参数，表示要计算 2 的平方根
            SqrtTask task = new SqrtTask(2);
            //创建一个 FutureTask 对象，将 SqrtTask 对象作为参数传入，该 FutureTask 对象封装了该
SqrtTask 对象的 call 方法的返回值
            FutureTask<Double> future = new FutureTask<>(task);
            //创建一个 Thread 对象，将 FutureTask 对象作为 target 传入，启动线程
            Thread t = new Thread(future);
            t.start();
            //调用 FutureTask 对象的 get 方法，获取 call 方法的返回值，并打印输出
            try {
                System.out.println("2 的平方根为：" + future.get());
            } catch (Exception e) {
                e.printStackTrace();
            }
        }
    }
```

程序运行结果：

```
2 的平方根为：1.4142135623730951
```

12.3.4 不同创建线程的方法的区别

1．采用实现 Runnable、Callable 接口的方式创建多线程时，线程类只是实现了 Runnable 接口或 Callable 接口，还可以继承其他类。

2．使用继承 Thread 类的方式创建多线程时，编写简单，如果需要访问当前线程，则无须使用 Thread.currentThread()方法，直接使用 this 即可获得当前线程。

12.4 线程的优先级

12.4.1 线程的不同优先级

在记笔记时，人们通常会用不同颜色标记一些重要内容，也就是所谓的“划重点”，不同的颜色代表了内容的重要程度，这有助于快速查找、记忆笔记中的重要内容。Java 中的线程与之相似，每一个 Java 线程都有一个优先级，线程越重要优先级越高，这有助于 CPU 对线程的调度。

处于就绪状态的线程需要获得 CPU 的执行权才可以开始运行，当 CPU 需要执行一个多线

程任务时，需要根据不同进程的状态及优先级来进行调度。Java 线程的优先级为整数且有三个不同的取值。

1．MIN_PRIORITY：值为 1。

2．NORM_PRIORITY：值为 5。

3．MAX_PRIORITY：值为 10。

线程的默认优先级为 NORM_PRIORITY（5）。

12.4.2　线程的调度方法

Java 中的线程调度由线程调度器完成，线程的调度方法通常是抢占式的，拥有执行权的可执行线程会持续执行。当线程执行完毕或被阻塞时，等待执行的队列中的线程会获得执行权并开始执行。Java 的线程调度方法如下：

1．按优先级进行排序，优先级高的线程优先执行。

2．线程被创建时会默认赋予与其父类相同的优先级，若无父类，则赋予其默认优先级 NORM_PRIORITY（5）。

3．优先级相同的线程按照“先进先出”的原则执行。

这样的线程调度方法保证了 CPU 执行多线程任务时的有序性、高效性，使 Java 的多线程编程具有高效率的特点。

Java 中有多种有关线程优先级的方法。

- 使用 Thread 类的 setPriority (int)方法：这是最常用的方法，可以直接设置线程的优先级。例如：

```
thread.setPriority(Thread.MAX_PRIORITY);
```

该操作可以将 thread 线程的优先级设置为最高。

- 使用 Thread 类的 getPriority()方法：这个方法可以获取线程的优先级。例如：

```
int priority = thread.getPriority();
```

该操作可以将 thread 线程的优先级赋值给 priority 变量。

- 使用 ThreadMXBean 类的 getThreadPriority(long)方法：通过获取 ThreadMXBean 实例，可以查询和设置线程的优先级。例如：

```
ThreadMXBean threadMXBean = ManagementFactory.getThreadMXBean();
//获取 ThreadMXBean 实例
int priority = threadMXBean.getThreadPriority(thread.getId());
```

该操作可以获取 thread 线程的优先级。

例 12.3　使用任意方法创建三个线程，分别设置不同的优先级，然后打印出它们的优先级和名称。

为实现上述例题，可以使用以下指令让 Copilot 生成相关代码。

```
//创建三个线程，分别设置不同的优先级，然后打印出它们的优先级和名称。
```

引导 Copilot 生成的代码如下所示。

```
public class PriorityExample {

    public static void main(String[] args) {
        //创建三个线程
        Thread t1 = new Thread(new MyRunnable(), "Thread 1");
        Thread t2 = new Thread(new MyRunnable(), "Thread 2");
```

```
        Thread t3 = new Thread(new MyRunnable(), "Thread 3");

        //设置不同的优先级
        t1.setPriority(Thread.MIN_PRIORITY); //最低优先级
        t2.setPriority(Thread.NORM_PRIORITY); //正常优先级
        t3.setPriority(Thread.MAX_PRIORITY); //最高优先级

        //启动线程
        t1.start();
        t2.start();
        t3.start();
    }
}

class MyRunnable implements Runnable {

    @Override
    public void run() {
        //打印当前线程的优先级和名称
        System.out.println("Priority: " + Thread.currentThread().getPriority() + ", Name: " + Thread.
currentThread().getName());
    }
}
```

程序运行结果：

```
Priority: 5, Name: Thread 2
Priority: 10, Name: Thread 3
Priority: 1, Name: Thread 1
```

即使设定了优先级，程序的运行结果依然是随机的，线程的优先级是给操作系统的一个建议，操作系统不一定会完全按照优先级来调度线程。操作系统采用的是抢占式调度模型，即优先级高的线程比优先级低的线程有更大的概率获得 CPU 的执行权。但是，这并不意味着优先级高的线程一定会先于优先级低的线程执行，也不意味着优先级相同的线程一定会按照创建的顺序执行。线程的执行顺序还受到其他因素的影响，比如操作系统的调度算法、线程的状态、线程的同步、线程的继承、线程组的限制等。

因此，线程的执行顺序是不可预测的，也是不可控的。不能依赖线程的优先级来保证线程的执行顺序，也不能依赖线程的执行顺序来保证程序的正确性。

12.5 线程的基本控制

12.5.1 暂停与唤醒线程

可以通过一些方法让运行中的线程暂停，暂停线程也称为挂起。线程被暂停后必须通过一定的方法将其唤醒。被暂停后，线程失去了执行权，若等待执行的队列中有其他线程则执行权会交给该线程，若无其他可运行的线程则会等待线程被唤醒后继续执行。以下是几种暂停线程的方法。

1．sleep()：该方法直接暂停该线程的执行，让线程“睡一会儿”，线程进入阻塞状态。

2．yield()：该方法使当前正在执行的线程暂停一次，允许其他线程执行，不阻塞，线程进入就绪状态，如果没有其他等待执行的线程，这个时候当前线程就会马上恢复执行。

3．join()：调用该方法的线程强制执行，进入运行状态。其他正在运行的线程进入阻塞状态，该线程执行完毕后，其他线程继续执行。

唤醒线程可以通过 notify()/notifyAll()方法实现。notify()方法用于唤醒在队列中等待的一个线程，并使这个线程进入就绪状态。而 notifyAll()方法用于唤醒在队列中等待的所有线程，它可以将等待队列中的所有线程都唤醒，并使它们全部进入就绪状态。

12.5.2　结束线程

结束线程有两种情况，一种为线程执行完毕自动结束，另一种为调用结束线程的方法来结束线程。例如从网络下载一个 100MB 的文件，如果网速很慢，用户等得不耐烦，就可能在下载过程中点击“取消”按钮，这时，程序就需要中断下载线程的执行。通常调用 interrupt()方法来结束线程。

例 12.4　设计一个 10 秒倒计时线程，每秒打印出剩余时间，倒计时结束时调用 interrupt()方法来结束线程。

为实现上述例题，可以使用以下指令让 Copilot 生成相关代码。

```
//设计一个 10 秒倒计时线程，每秒打印出剩余时间，倒计时结束时调用 interrupt()方法来结束线程。
```

引导 Copilot 生成的代码如下所示。

```
//定义一个倒计时线程类，继承 Thread 类
class CountdownThread extends Thread {
    //定义一个倒计时的秒数
    private int seconds;

    //构造方法，传入秒数
    public CountdownThread(int seconds) {
        this.seconds = seconds;
    }

    //重写 run 方法
    @Override
    public void run() {
        try {
            //循环打印剩余时间，每秒减 1
            for (int i = seconds; i >= 0; i--) {
                System.out.println("剩余时间：" + i + "秒");
                //线程休眠 1 秒
                Thread.sleep(1000);
            }
            //倒计时结束，打印提示信息
            System.out.println("倒计时结束");
            //调用 interrupt()方法来结束线程
            this.interrupt();
        } catch (InterruptedException e) {
```

```
                //捕获异常，打印信息
                System.out.println("线程被中断");
            }
        }
}

//测试类
public class Test {
    public static void main(String[] args) {
        //创建一个倒计时线程对象，参数为 10 秒
        CountdownThread countdown = new CountdownThread(10);
        //启动线程
        countdown.start();
    }
}
```

程序运行结果：

```
剩余时间：10秒
剩余时间：9秒
剩余时间：8秒
剩余时间：7秒
剩余时间：6秒
剩余时间：5秒
剩余时间：4秒
剩余时间：3秒
剩余时间：2秒
剩余时间：1秒
剩余时间：0秒
倒计时结束
```

每次打印的间隔时间为 1 秒。

12.5.3 检查线程

在不清楚一个线程的状态时，可以通过下列几种方法检查线程。

1．isAlive()方法：isAlive()方法用于检查线程是否处于活动状态。如果线程已启动且尚未终止，则返回 true；否则返回 false。

```
Thread thread = new Thread();
boolean isAlive = thread.isAlive();
```

2．getState()方法：getState()方法用于获取线程的状态。它返回一个 Thread.State 枚举表示线程的状态，如 NEW（新建）、RUNNABLE（可运行）、BLOCKED（阻塞）、WAITING（等待）、TIMED_WAITING（计时等待）和 TERMINATED（终止）。

```
Thread thread = new Thread();
Thread.State state = thread.getState();
```

3．isInterrupted()方法：isInterrupted()方法用于检查线程的中断状态。如果线程的中断状态为 true，则返回 true；否则返回 false。注意，调用 isInterrupted()方法不会清除线程的中断状态。

```
Thread thread = new Thread();
```

```
boolean isInterrupted = thread.isInterrupted();
```

4．interrupted()方法：interrupted()方法用于检查当前线程的中断状态，并清除中断状态。如果当前线程的中断状态为 true，则返回 true；否则返回 false。

```
boolean isInterrupted = Thread.interrupted();
```

这些方法可以帮助我们了解线程的状态和中断状态，从而进行相应的处理。

12.6　线程的同步问题

12.6.1　线程间的资源互斥

当多个线程同时运行时，线程的调度由操作系统决定，程序本身无法决定。因此，任何一个线程都有可能在任何指令处被操作系统暂停，然后在某个时间段后继续执行。如例 12.1，其运行结果为：

```
A is running
A is running
A is running
B is running
A is running
A is running
A is running
A is running
A is running
B is running
B is running
B is running
A is running
A is running
B is running
B is running
B is running
B is running
B is running
B is running

进程已结束，退出代码为 0
```

因此当同时运行的多个线程需要用到同一个变量或同一段代码时，运行的结果可能由于每个线程的执行状况不同而产生误差。如下例所示：

```
public class Main {
    public static void main(String[] args) throws Exception {
        var add = new AddThread();
        var dec = new DecThread();
        add.start();
        dec.start();
        add.join();
        dec.join();
```

```
            System.out.println(Counter.count);
        }
    }

class Counter {
    public static int count = 0;
}

class AddThread extends Thread {
    public void run() {
        for (int i=0; i<10000; i++) { Counter.count += 1; }
    }
}

class DecThread extends Thread {
    public void run() {
        for (int i=0; i<10000; i++) { Counter.count -= 1; }
    }
}
```

当两个线程运行时，如果它们都需要对同一个变量进行操作，每次运行的结果往往会不同。设定 counter 值为 10，理想状态下，如果两个线程同时进行操作，counter 的结果应维持在 10。然而，由于线程运行的竞争特性，可能会出现 counter=9 或 counter=11 的不期望结果。这种情况展现了线程间的资源互斥问题。

12.6.2　线程同步方法

当线程间发生资源互斥的情况时，为了避免这种情况产生的影响，可以采取一些手段限制多个线程对同一个资源的使用。例如，某部门迎新晚会前，各节目组均需要占用舞台进行彩排，规定舞台在同一时间内只能由一个节目组使用，这样即可让每个节目组都能顺利使用舞台并避免多个节目组同时占用舞台互相影响。相似地，在使用多线程编程时，可以通过给一个共享资源"上锁"，使其只能同时由一个线程使用来避免资源互斥现象，因此引入"对象互斥锁"概念。

"对象互斥锁"阻止多个线程同时访问同一资源，每个对象的实例均可以有一个"对象互斥锁"。有多种方式实现"对象互斥锁"：

1．使用关键字 volatile 声明变量。

2．使用关键字 synchronized 声明方法或一段代码。

一般情况下，经常使用关键字 synchronized 声明一个方法，该方法对多个线程需同时用到的变量进行了操作。具体语句为：

```
//写法一：
public synchronized void run(){
    //todo
}
//写法二：
public void run(){
    synchronized(this){
```

```
            //todo
        }
}
```

两种方法的效果相同，区别是修饰的对象不同，方法一对整个 run()方法进行了修饰，方法二对 run()方法中的所有代码进行了修饰。

在一个线程使用了被 synchronized 修饰的对象的代码块后，代码块会被锁定，其他线程需要使用此对象的代码块时会进行等待，直到上个线程使用完毕并将锁释放。当多个线程使用不同的代码块时，各代码块各自同步，各线程互不干扰。

12.7　死锁

当线程试图连续获取多个锁时，就可能发生死锁的情况，死锁产生的具体条件为：

1．互斥使用，即当资源被一个线程使用（占有）时，别的线程不能使用。

2．不可抢占，资源请求者不能强制从资源占有者手中夺取资源，资源只能由资源占有者主动释放。

3．请求和保持，即当资源请求者在请求其他的资源的同时保持对原有资源的占有。

4．循环等待，即存在一个等待队列：P1 占有 P2 的资源，P2 占有 P3 的资源，P3 占有 P1 的资源。这样就形成了一个等待环路。

当上述四个条件都成立的时候，便形成死锁。例如一个程序中设计了两个线程，线程 1 和线程 2，需要用到两个锁，锁 1 和锁 2，两个线程同步执行时，线程 1 与线程 2 同步运行，线程 1 获得了锁 1，线程 2 获得了锁 2，之后线程 1 试图获取锁 2，线程 2 试图获取锁 1，两个线程进入无尽的等待，这就发生了死锁。具体代码如下：

```
public class DeadlockExample {
    private static Object lock1 = new Object();
    private static Object lock2 = new Object();

    public static void main(String[] args) {
        Thread thread1 = new Thread(() -> {
            synchronized (lock1) {
                System.out.println("Thread 1 acquired lock1");

                try {
                    Thread.sleep(1000);
                } catch (InterruptedException e) {
                    e.printStackTrace();
                }

                synchronized (lock2) {
                    System.out.println("Thread 1 acquired lock2");
                }
            }
        });

        Thread thread2 = new Thread(() -> {
            synchronized (lock2) {
                System.out.println("Thread 2 acquired lock2");
```

```
                try {
                    Thread.sleep(1000);
                } catch (InterruptedException e) {
                    e.printStackTrace();
                }

                synchronized (lock1) {
                    System.out.println("Thread 2 acquired lock1");
                }
            }
        });

        thread1.start();
        thread2.start();
    }
}
```

该程序运行后在打印出如图 12-2 所示的结果后会持续运行，永远无法结束。

```
Thread 1 acquired lock1
Thread 2 acquired lock2
```

图 12-2　运行发生死锁的程序

在死锁的情况下，如果打破之前讨论过的任何一个条件，便可以消除死锁。重要的是在设计程序时需要谨慎考虑线程获取锁的顺序，避免线程间的冲突，以保证程序的高效性。

12.8　线程的交互

在多线程编程中，多条线程并非都是毫无关联的，线程之间存在一些关联，需要一种通信手段实现交互才能顺利完成工作。一个典型的例子是生产者-消费者问题，生产者和消费者在同一时间段内共用同一个存储空间，生产者向空间里存放数据，而消费者取用数据，如果不加以协调可能会出现以下情况：存储空间已满，而生产者占用着它，消费者等着生产者让出空间从而取出产品，生产者等着消费者消费产品，从而向空间中添加产品，互相等待，从而发生死锁。为解决上述问题，需要两者进行交互。

实现线程的交互需要使用 wait()、notify()/notifyAll()的同步机制，wait()使线程释放持有的“对象互斥锁”，使线程可以获取这个锁，在储存空间没有可取出的新数据时，需要使消费者退出储存空间，使生产者可以使用。wait()使用方法如下所示：

```
thread.wait()
```

该方法使 thread 线程释放持有的“对象锁”。

相应地，生产者需要在放入产品后提醒消费者，使生产者退出储存空间后，消费者可以进入并取出数据。notify()/notifyAll 使线程被唤醒，进入等待获取“对象锁”的队列中。使用方法如下所示：

```
thread.notify()
```

在 Java 中实现线程交互的 wait()和 notify()/notifyAll()的代码需放在关键字 synchronized 声明的代码块中，才能实现线程交互。

例 12.5　使用 wait()和 notify()/notifyAll()同步机制，模拟生产者和消费者的问题。生产者线程负责生产物品，消费者线程负责消费物品。

为实现上述例题，可以使用以下指令让 Copilot 生成相关代码。

```
//使用 wait()和 notify()/notifyAll()同步机制，模拟生产者和消费者的问题。生产者线程负责生产物品，消费者线程负责消费物品。
```

引导 Copilot 生成的代码如下所示。

```
import java.util.LinkedList;

//定义一个共享的缓冲区类，用来存放生产的物品
class Buffer {
    //缓冲区的大小
    private static final int SIZE = 10;
    //用一个链表来模拟缓冲区
    private LinkedList<Object> list = new LinkedList<>();

    //生产物品的方法
    public void produce(String producer) {
        synchronized (list) {
            //如果缓冲区已满，等待消费者消费
            while (list.size() == SIZE) {
                System.out.println("缓冲区已满，【" + producer + "】暂停生产");
                try {
                    list.wait();
                } catch (InterruptedException e) {
                    e.printStackTrace();
                }
            }
            //生产一个物品并放入缓冲区
            list.add(new Object());
            System.out.println("【" + producer + "】生产了一个物品，现在缓冲区有" + list.size() + "
个物品");
            //唤醒所有等待的线程
            list.notifyAll();
        }
    }

    //消费物品的方法
    public void consume(String consumer) {
        synchronized (list) {
            //如果缓冲区为空，则等待生产者生产
            while (list.isEmpty()) {
                System.out.println("缓冲区为空，【" + consumer + "】暂停消费");
                try {
                    list.wait();
                } catch (InterruptedException e) {
                    e.printStackTrace();
                }
            }
            //消费一个物品并从缓冲区移除
            list.remove();
            System.out.println("【" + consumer + "】消费了一个物品，现在缓冲区有" + list.size() + "
个物品");
```

```
                    //唤醒所有等待的线程
                    list.notifyAll();
                }
        }
}

//定义一个生产者线程类，实现 Runnable 接口
class Producer implements Runnable {
        //持有缓冲区的引用
        private Buffer buffer;
        //生产者的名字
        private String name;

        public Producer(Buffer buffer, String name) {
                this.buffer = buffer;
                this.name = name;
        }

        @Override
        public void run() {
                //模拟生产 10 个物品
                for (int i = 0; i < 10; i++) {
                        buffer.produce(name);
                }
        }
}

//定义一个消费者线程类，实现 Runnable 接口
class Consumer implements Runnable {
        //持有缓冲区的引用
        private Buffer buffer;
        //消费者的名字
        private String name;

        public Consumer(Buffer buffer, String name) {
                this.buffer = buffer;
                this.name = name;
        }

        @Override
        public void run() {
                //模拟消费 10 个物品
                for (int i = 0; i < 10; i++) {
                        buffer.consume(name);
                }
        }
}

//测试类
public class Test {
        public static void main(String[] args) {
                //创建一个缓冲区对象
```

```
        Buffer buffer = new Buffer();
        //创建两个生产者线程和两个消费者线程
        Thread p1 = new Thread(new Producer(buffer, "p1"));
        Thread p2 = new Thread(new Producer(buffer, "p2"));
        Thread c1 = new Thread(new Consumer(buffer, "c1"));
        Thread c2 = new Thread(new Consumer(buffer, "c2"));
        //启动线程
        p1.start();
        p2.start();
        c1.start();
        c2.start();
    }
}
```

程序运行结果如下所示：

```
【p1】生产了一个物品，现在缓冲区有1个物品
【p1】生产了一个物品，现在缓冲区有2个物品
【p1】生产了一个物品，现在缓冲区有3个物品
【p1】生产了一个物品，现在缓冲区有4个物品
【p1】生产了一个物品，现在缓冲区有5个物品
【p1】生产了一个物品，现在缓冲区有6个物品
【p1】生产了一个物品，现在缓冲区有7个物品
【p1】生产了一个物品，现在缓冲区有8个物品
【p1】生产了一个物品，现在缓冲区有9个物品
【p1】生产了一个物品，现在缓冲区有10个物品
缓冲区已满，【p2】暂停生产
【c1】消费了一个物品，现在缓冲区有9个物品
【c1】消费了一个物品，现在缓冲区有8个物品
【c1】消费了一个物品，现在缓冲区有7个物品
【c1】消费了一个物品，现在缓冲区有6个物品
【c1】消费了一个物品，现在缓冲区有5个物品
【c1】消费了一个物品，现在缓冲区有4个物品
【c1】消费了一个物品，现在缓冲区有3个物品
【c1】消费了一个物品，现在缓冲区有2个物品
【c1】消费了一个物品，现在缓冲区有1个物品
【c1】消费了一个物品，现在缓冲区有0个物品
缓冲区为空，【c2】暂停消费
【p2】生产了一个物品，现在缓冲区有1个物品
【p2】生产了一个物品，现在缓冲区有2个物品
【p2】生产了一个物品，现在缓冲区有3个物品
【p2】生产了一个物品，现在缓冲区有4个物品
【p2】生产了一个物品，现在缓冲区有5个物品
【p2】生产了一个物品，现在缓冲区有6个物品
【p2】生产了一个物品，现在缓冲区有7个物品
【p2】生产了一个物品，现在缓冲区有8个物品
【p2】生产了一个物品，现在缓冲区有9个物品
【p2】生产了一个物品，现在缓冲区有10个物品
【c2】消费了一个物品，现在缓冲区有9个物品
【c2】消费了一个物品，现在缓冲区有8个物品
【c2】消费了一个物品，现在缓冲区有7个物品
【c2】消费了一个物品，现在缓冲区有6个物品
【c2】消费了一个物品，现在缓冲区有5个物品
【c2】消费了一个物品，现在缓冲区有4个物品
【c2】消费了一个物品，现在缓冲区有3个物品
【c2】消费了一个物品，现在缓冲区有2个物品
【c2】消费了一个物品，现在缓冲区有1个物品
【c2】消费了一个物品，现在缓冲区有0个物品
```

12.9 守护线程

线程分为用户线程与守护线程。

守护线程是一个无限循环的线程，该线程为其他线程提供服务，其他线程则为用户线程。守护线程类似用户服务器模式中的服务器端，服务器端会持续接收用户端的请求并处理，守护线程也会持续运行，但这样的线程不会影响程序的结束，在其他线程均结束运行，只有守护线程仍在进行无限循环时，程序会正常结束。

创建守护线程可以通过调用 Thread 类的 setDaemon(true)方法将一个线程设置为守护线程。设置一个线程为守护线程的方法如下：

```
Thread thread = new Thread();
 thread.setDaemon(true);
```

设置守护线程的操作需要在调用 start()方法之前，否则，程序会抛出 IllegalThreadStateException 异常。

此外，可以通过调用 Thread 类的 isDaemon()方法来检查一个线程是否为守护线程，具体方法如下：

```
Thread thread = new Thread();
boolean isDaemon = thread.isDaemon();
```

守护线程主要用于在后台执行一些辅助性的任务，如垃圾回收、JIT 编译、帮助与提示等。当所有的用户线程都结束时，所有的守护线程都会结束，守护进程的任务可能会执行不完全，因此守护进程不适合执行独立性、完整性较强的任务。

本章小结

本章节介绍了 Java 线程的相关知识点。

1．线程是操作系统能够进行运算调度的最小单位，它被包含在进程中，是进程中的实际运作单位。

2．线程的状态可以分为新建状态、就绪状态、运行状态、阻塞状态。

3．创建线程的方法可分为三种：通过继承 Thread 类创建线程、通过实现 Runnable 接口创建线程、通过 Callable 和 Future 创建线程。

4．优先级越高的线程越重要，越优先被执行，另外，Java 中有许多方法可以用来调度线程。

5．多线程使用公共资源时需要考虑同步问题，以免发生资源互斥，使用关键字 synchronized 声明可以使公共资源只能同时被一个线程使用。在使用“对象互斥锁”时，应避免出现“死锁”现象。

6．通过 wait()和 notify()/notifyAll()可实现线程的交互。

7．守护线程是一个特殊的线程，该线程在后台进行无限循环，为其他线程提供服务。

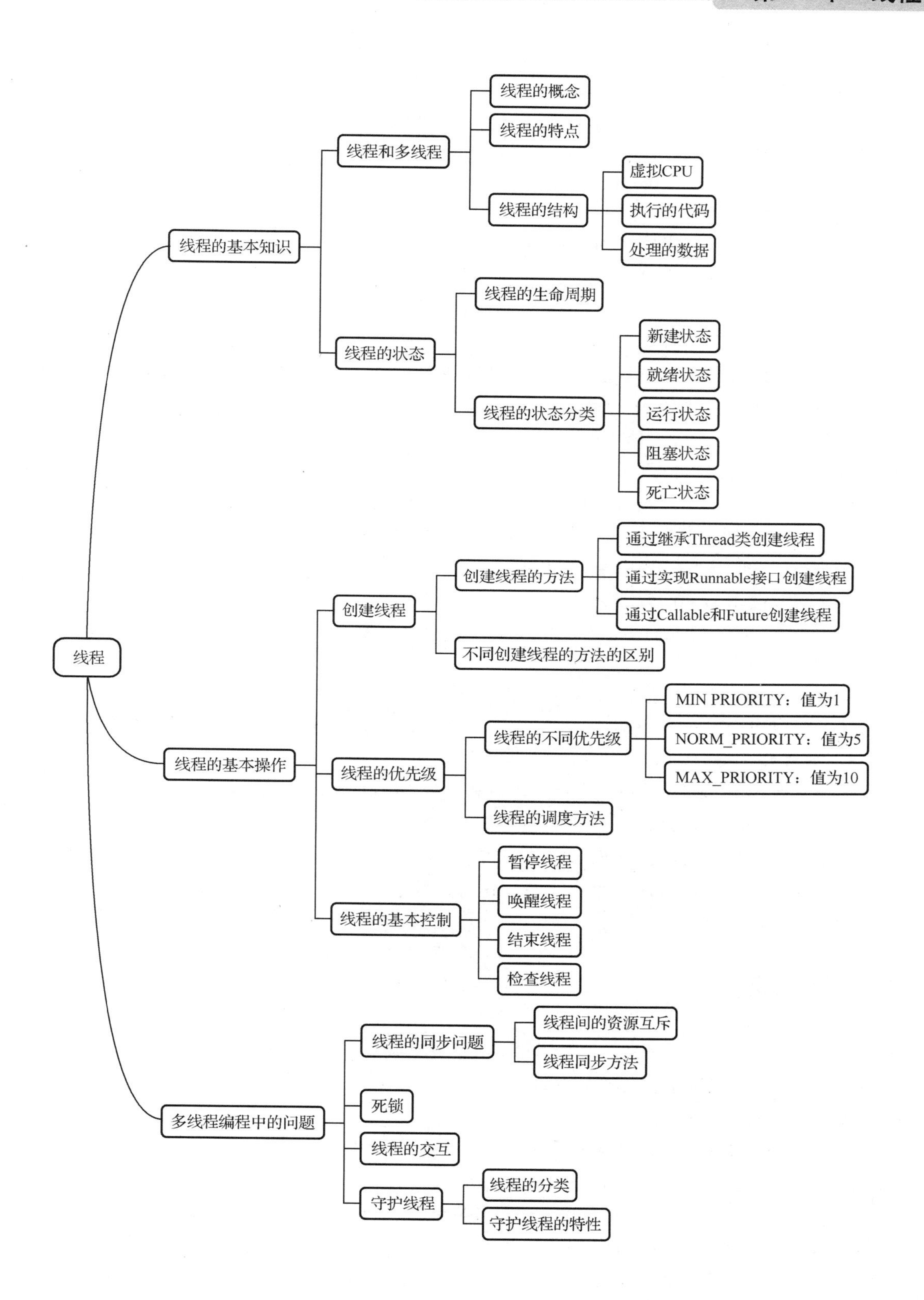
线程
线程的基本知识
线程和多线程
线程的概念
线程的特点
线程的结构
虚拟CPU
执行的代码
处理的数据
线程的状态
线程的生命周期
线程的状态分类
新建状态
就绪状态
运行状态
阻塞状态
死亡状态
线程的基本操作
创建线程
创建线程的方法
通过继承Thread类创建线程
通过实现Runnable接口创建线程
通过Callable和Future创建线程
不同创建线程的方法的区别
线程的优先级
线程的不同优先级
MIN PRIORITY：值为1
NORM_PRIORITY：值为5
MAX_PRIORITY：值为10
线程的调度方法
线程的基本控制
暂停线程
唤醒线程
结束线程
检查线程
多线程编程中的问题
线程的同步问题
线程间的资源互斥
线程同步方法
死锁
线程的交互
守护线程
线程的分类
守护线程的特性

习题 12

一、填空题

1. 进程的实际运作单位是_________。
2. 线程的状态有_________。
3. 新建线程的默认优先级的大小为_________。
4. notify()与 notifyAll()的区别为_________。
5. 线程分为_________。

二、选择题

1. 线程 1 可以使 counter 赋值为 counter+1，线程 2 可以使 counter 赋值为 counter−1，counter 的值为 100 时，两线程同时运行后 counter 的值为（　　）。

A．100　　B．101　　C．99　　D．不能确定

2. 下面哪个方法可以用于启动一个线程？（　　）

A．start()　　B．run()　　C．execute()　　D．sleep()

3. 在线程 A 调用了线程 B 的 join()方法后，线程 A 会进入（　　）。

A．新建状态　　B．就绪状态　　C．运行状态　　D．阻塞状态

4. 当线程调用 sleep()方法后（　　）。

A．其他线程会开始运行　　B．等待时间经过后该线程继续运行

C．线程会被终止　　D．程序会结束运行

5. 在 Java 中，线程的调度是由谁来决定的？（　　）

A．操作系统　　B．JVM　　C．线程调度器　　D．所有上述选项

三、编程题

1. 通过实现 Runnable 接口创建线程，输出“Thread MyRnnable”。
2. 编写一个程序，创建一个线程，每隔 1 秒打印当前时间，运行 10 秒后结束线程。
3. 模拟银行账户的存款和取款操作。要求使用线程同步机制确保账户余额的正确性。
4. 实现多个线程同时对一个共享资源进行读写操作。要求使用同步机制确保读操作的并发性，写操作的互斥性。

拓展阅读 1

虚拟 CPU 与虚拟机

虚拟 CPU 由物理 CPU 虚拟化得到，一个虚拟 CPU 可以支持多个虚拟机，线程的运行受虚拟 CPU 的控制。

一个物理 CPU 中一般一个内核会支持多个处理线程（英特尔超线程技术）。这意味着一个 6 核的 Xeon 处理器可以提供给服务器 6 个物理 CPU。当超线程开启的时候，每个线程可以作为一个物理 CPU，所以如果这 6 个核都开启了双线程支持，那么服务器将看到 12 个物理 CPU。

当安装了虚拟化层，每个物理 CPU 被抽象成每个虚拟 CPU，通常情况下，会为每个内核划分可用的虚拟 CPU 资源，并允许多个虚拟 CPU 虚拟机共享一个物理处理器内核。默认情况下，虚拟化层会给每个工作负载分配一个虚拟 CPU（一个核）。

一般一个虚拟 CPU 可以支持 4 到 8 个虚拟机。假设我们使用保守限制，例如，每个虚拟 CPU 支持 4 个虚拟机。假如服务器有两个 4 核虚拟 CPU（共 8 核），预计这个虚拟 CPU 服务器可能支持 32 个虚拟机 或者更多。如果是 4 个 4 核的虚拟 CPU（共 16 核），则预计服务器会支持 64 个虚拟机或更多。

如果多个虚拟机可以共享一个虚拟 CPU，那么每个虚拟机可以用的虚拟 CPU 资源就会减少，可能会影响虚拟机的性能。如果一个服务器上的工作负载需要更多的虚拟 CPU，最好是在一个虚拟 CPU 上部署更少的虚拟机。

此外，也可以给一个虚拟机分配多个虚拟 CPU，但是最重要的是虚拟 CPU 不能超过服务器中实际处理器的数量。例如，假如一个服务器只有一个虚拟 CPU，那么只能给每个虚拟机分配一个虚拟 CPU。假如服务器有两个处理器，最多只能给一个虚拟机分配两个虚拟 CPU。如果服务器有 4 个虚拟 CPU，那么一个虚拟机最多分配不能超过 4 个虚拟 CPU。

（来源：百度百科）

拓展阅读 2

虚拟线程技术

虚拟线程技术发布于 Java21，是一种新的并发编程模型，它可以在 JVM 层面实现轻量级的线程管理，提高应用程序的性能和并发能力。

Java 虚拟线程技术的主要特点有：

虚拟线程是由 JVM 而不是操作系统调度的，因此它们的创建、销毁和切换的开销非常低，可以支持数以万计的虚拟线程。

虚拟线程适用于 I/O 密集型的任务，例如网络请求、数据库访问等，它们可以简化异步编程，使代码更易于理解和维护。

虚拟线程与传统的平台线程（即操作系统线程）相互配合，一个平台线程可以在不同的时间执行不同的虚拟线程，当虚拟线程被阻塞或等待时，平台线程可以切换到执行另一个虚拟线程。

（来源：JavaGuide）

第 13 章　Java 的网络功能

在数字化技术飞速发展的今天，网络逐渐与人们生活密不可分，如聊天、玩游戏、浏览网页和线上支付等活动都需要网络的帮助。网络如此重要，实现网络功能的方法就同样被人重视。Java 作为一门流行的编程语言，提供了丰富的网络编程 API，使得开发者能够轻松地实现各种网络通信需求。从简单的 Socket 编程到高级的 Web 服务，Java 都能够提供全面的支持。

本章将深入探讨 Java 在网络功能方面的应用，包括 Socket 编程、网络协议、网络数据传输等方面，帮助读者理解和掌握 Java 网络编程的核心技术，为开发高效、稳定的网络应用程序奠定基础。网络编程涉及两个主要组件：客户端和服务器。客户端是请求服务的程序，而服务器是提供服务的程序。通信是通过网络协议完成的，而 Java 提供了丰富的 API 来处理不同的网络协议。本章将介绍 Java 网络编程的基本原理和概念，并引导读者逐步深入 Java 网络编程，构建自己的网络世界。

本章学习目标

一、知识目标

1. 了解 Java 网络编程的基本概念和重要性。
2. 掌握常见的网络协议及其作用。
3. 掌握使用 Socket 编程的基本原理并使用 Socket 进行通信。
4. 了解构建 Web 服务的方法。

二、技能目标

1. 能够使用 Java 编写简单的网络客户端和服务器程序。
2. 熟练使用 Java Socket 编程实现网络通信。
3. 掌握多线程在网络编程中的应用，实现并发服务器。

三、情感态度和价值目标

1. 理解企业网络架构的基本原理，能够根据实际需求设计和实现网络应用。
2. 培养创新意识，能够根据市场需求和趋势，提出新的网络应用解决方案。
3. 遵守网络安全规范，尊重网络资源，不进行非法网络攻击和入侵。

13.1　网络编程入门

13.1.1　网络编程的重要性

网络编程是计算机科学中的一个重要领域，它涉及到在网络环境中设计和实现应用程序的过程。网络编程在当今的数字化时代中扮演着重要的角色，它为开发人员提供了构建可靠、高效和安全的网络应用程序所需的工具和技术。我们可以通过以下几个方面简要了解网络编程的重要性。

1. 互联互通：随着互联网和物联网的普及，网络应用程序已经成为我们日常生活和工作中不可或缺的一部分。网络编程使得这些应用程序能够通过网络进行数据交换和通信，从而实现了各种在线服务和应用的开发。

2. 分布式系统：网络编程提供了实现分布式系统所需的技术和工具，以处理和优化大量的数据和用户请求，例如服务发现、负载均衡、消息传递等。

3. 云计算和虚拟化：网络编程是云计算和虚拟化技术的基础。通过网络编程，可以在远程服务器上运行应用程序和处理数据，从而为用户提供按需服务。

4. 实时通信：网络编程允许实时数据传输，这对于需要即时响应的应用程序（如在线游戏、实时交易系统）至关重要。

5. 网络安全：随着网络攻击和数据泄露的风险不断增加，网络安全已经成为一个重要的问题。网络编程可以帮助开发人员设计和实现安全的网络应用程序，保护数据和用户隐私。

总之，网络编程是现代计算不可或缺的一部分，它为各种在线服务和应用程序提供了基础，并支持着全球数字化经济和社会的运行。所以我们学习网络编程，可以更好地理解和利用网络技术，开发出能够有效通信和协作的软件应用程序，为数字化时代的发展做出贡献。

13.1.2　基本网络概念

网络编程是计算机科学的一个重要分支，它涉及到如何编写软件以实现设备之间的通信和数据交换。为了更好地理解网络编程，我们首先需要了解一些基本概念，如通信架构、IP 地址、端口和网络通信协议等。这些概念构成了网络编程的基础。

通信架构是网络中设备之间进行通信的方式。它通常包括物理层、数据链路层、网络层、传输层和应用层。这些层次各自负责不同的通信功能，使设备能够可靠地进行数据交换。常见的通信架构有两种：客户端/服务器（C/S）架构和浏览器/服务器（B/S）架构。

IP（Internet Protocol）全称“互联网协议地址”，是网络中设备之间的通信协议。每个设备在网络中都有一个唯一的 IP 地址，用于标识该设备。IP 协议负责将数据从源设备发送到目标设备，并确保数据的完整性和可靠性，目前有 IPv4 和 IPv6 两种形式。IP 也可分为公网 IP 和内网 IP。公网 IP 可以连接互联网，而内网 IP 是局域网 IP，只能在一些组织和机构的内部使用。另外还有一种特殊的 IP——127.0.0.1 或 localhost，它代表本机 IP。通过终端中的 ping 命令，我们可以检测 IP 是否可以连接。

```
ping 127.0.0.1
```

有时在访问网页时，IP 域名会代替 IPv4 或 IPv6 成为更主流的表达方式。IP 域名是互联网上的一个重要概念，它由一串用点分隔的名字组成，代表一台计算机或计算机组的名称。IP 域名主要用于在数据传输时标识计算机的电子方位，以便人们能够更方便地访问互联网。IP 地址是由数字组成的，不方便记忆，因此人们设计出了域名系统（DNS），将域名和 IP 地址相互映射，使人们可以输入容易记忆的域名来访问网站，而无须记住复杂的 IP 地址。上述的 localhost 就是 127.0.0.1 的域名。

尽管 IP 地址能够为我们提供一种看似独特的方式来指代和定位网络上的每一个连网实体，其实这种标识还远远不够精确。IP 地址所能识别的仅是设备级别，然而，在这个级别之下，存在着众多不同的应用程序。以我们与朋友通过网络聊天为例，IP 地址能够帮助我们找到目标设备，却无法告诉我们应该将信息传递到设备上的哪一个应用程序，是 QQ 还是微信。

为了解决这个问题，网络通信领域引入了一个关键概念——端口（Port）。端口是设备上用于通信的一个虚拟通道，它负责管理和传输进出设备的数据。每个应用程序在设备上都会分配到一个或多个端口，这样，它们便能够与外部的其他设备进行有效通信。端口号则起到了至关重要的作用，它们为不同的应用程序提供了独特的标识，确保了数据能够准确无误地被送达到正确的应用程序。通过结合 IP 地址和端口号，我们得以在复杂的网络环境中实现精确的目标定位，从而确保信息的正确传递。

网络通信协议是一种网络通用语言，为连接不同操作系统和不同硬件体系结构的互联网络提供通信支持。它是一组预定义的规则和约定，用于管理数据在计算机网络中的格式化、传输、接收和解释方式，使得各类设备能够互相通信，并确保数据在网络中的稳定和可靠传输。常见的网络协议有 IP、TCP、UDP、HTTP 和 FTP 等。

13.1.3 Java 的网络 API

Java 有一个独立的用于提供网络通信功能的 API——java.net。这个包中包含了许多用于创建网络连接、发送和接收数据等功能的类和接口。我们可以先简单认识这些主要的类和接口。

java.net 包可分为两类：低级 API 和高级 API。低级 API 包括地址、套接字（Socket）、接口等；高级 API 包括 URI（通用资源标识符）、URL（统一资源定位器）、Connection 等。Java 的网络 API 如表 13-1 所示。

表 13-1 Java 的网络 API

名　称	基 本 内 容
URL	提供访问网络资源所需的所有信息，如协议、主机名、端口等
URLConnection	提供了应用程序与 URL 连接并交换数据的能力
InetAddress	用于表示 IP 地址，可以解析主机名和 IP 地址
ServerSocket 和 Socket	用于在服务器和客户端之间建立连接，进行数据通信
DatagramSocket 和 DatagramPacket	用于发送和接收基于 UDP 协议的数据包，实现无连接网络通信

这些类和接口提供了实现网络通信的基本方法。接下来我们会逐步了解这些方法以组建和开发客户端和服务器端的网络应用程序。

13.2 TCP/IP 协议

13.2.1 概述

TCP/IP 协议是一个网络通信模型，以及整个网络传输协议家族，为互联网的基础通信架构。TCP/IP 协议不仅仅指 TCP 和 IP 协议，还包括 FTP、SMTP 等协议，这些协议组成了 TCP/IP 协议簇。这些协议定义了数据如何在网络中传输、寻址和路由，以及如何在源和目的地之间建立连接。TCP/IP 协议是互联网的基础，也是私有网络和许多其他网络技术的基础。

TCP/IP 协议通常被分为四层，每一层都负责不同的功能。

1．应用层：这一层包含了各种应用程序使用的协议，如 HTTP（用于 Web 浏览）、FTP（用于文件传输）、SMTP（用于电子邮件传输）等。应用层协议通常使用下面一层的服务来完成数据的发送和接收。

2．传输层：负责建立、维护和释放连接，提供端到端的可靠或不可靠的数据传输服务。传输层的主要协议是 TCP 和 UDP。TCP 提供可靠的数据传输服务，而 UDP 提供相对不可靠的数据传输服务。

3．网络层：网络层负责将数据包从源主机发送到目标主机。它包括 IP 协议（用于数据包寻址和路由）、ICMP（用于发送错误消息和操作网络设备）、IGMP（用于组播）等。网络层还负责数据包的转发和路由选择。

4．数据链路层：也称为网络接口层，它负责在物理媒体上发送和接收数据。这层包括操作系统中的设备驱动程序和计算机对应的网络接口卡（NIC）。网络接口层将接收到的网络层的数据包通过物理接口发送到传输介质上，或从物理网络上接收数据包，并将其交给网络层。

在 TCP/IP 协议中，Java 可以作用于不同的层次。例如，Java 可以使用 Socket 类库来编写基于 TCP 或 UDP 的通信程序，这些类库提供了对传输层协议的支持。在应用层，Java 可以使用各种网络协议库，如 HTTP、FTP、SMTP 等，来实现应用程序之间的通信。此外，Java 还可以使用 Java Native Interface（JNI）技术来调用 C/C++编写的网络协议库，以实现对底层网络协议的支持。本书将重点讲解 Java 在传输层与应用层中的应用。

13.2.2　传输层与 Socket

在 TCP/IP 协议中，传输层位于网络层和应用层之间，负责总体数据的传输和控制，是整个协议层的核心。传输层为两台主机上的应用程序提供端到端的通信，确保数据能够可靠地在应用程序之间传输。这一层有两个互不相同的传输协议：TCP（传输控制协议）和 UDP（用户数据报协议）。而这些协议的实现，需要 Socket 这个工具。

Socket 也被称为“套接字”，是通信的端点，用于进程间数据交换。它为应用层进程提供了一种利用网络协议交换数据的机制，是应用程序与网络协议栈进行交互的接口。Socket 可以与 TCP 或 UDP 协议一起使用，以实现可靠的或不可靠的数据传输。简而言之，Socket 是通信的基石，是支持 TCP/IP 协议的网络通信的基本操作单元。

在使用 Socket 进行网络编程时，需要先进行网络环境的初始化，创建 Socket，然后指定需要连接的主机地址和端口号，最后通过读写操作来进行数据交换。以下是一个实例，演示了服务器端如何使用 Socket 通过 TCP 协议进行数据传输。

```
import java.io.*;
import java.net.*;

public class Server {
    public static void main(String[] args) throws IOException {
        ServerSocket serverSocket = new ServerSocket(12345); //创建 ServerSocket 对象并绑定端口号
        System.out.println("等待客户端连接...");

        Socket clientSocket = serverSocket.accept(); //等待客户端连接请求
        System.out.println("客户端已连接：" + clientSocket.getRemoteSocketAddress());
        BufferedReader reader = new BufferedReader(new InputStreamReader(clientSocket.getInputStream())); //获取输入流
```

```
            String message = reader.readLine(); //读取客户端发送的消息
            System.out.println("收到客户端消息：" + message);

            OutputStream outputStream = clientSocket.getOutputStream(); //获取输出流
            PrintWriter writer = new PrintWriter(outputStream);   //将输出流包装成 PrintWriter 对象
            writer.write("已收到消息：" + message);              //发送消息给客户端
            writer.flush();                                      //刷新缓冲区，确保消息发送出去
            reader.close();
            writer.close();
            clientSocket.close();
            serverSocket.close();
        }
    }
```

在上述代码中，服务器端通过 ServerSocket 对象监听指定端口，等待客户端连接请求。当有客户端连接时，通过 Socket 对象与客户端进行通信。服务器端通过输入流读取客户端发送的消息，通过输出流发送消息给客户端。这里我们暂时不深入了解，等到本章第 3 节“Socket 编程”中再熟悉这些类和函数的作用与实现方式。

13.2.3　应用层与 HTTP

应用层也称为应用实体，位于 TCP/IP 的顶层，是直接为用户的应用程序提供网络服务的层级。主要功能包括提供接口、实现通信、数据生成和处理、服务请求和响应与会话管理。常见的应用层服务协议包括 HTTP、FTP、SMTP 等。接下来我们会了解 HTTP 协议相关的类和方法。

HTTP（Hyper Text Transfer Protocol）全称为超文本传输协议，主要用于浏览器与服务器之间的数据传输。HTTP 基于请求/响应模型，客户端向服务器发送请求，服务器返回响应。HTTP 的主要特点包括无状态、明文传输、灵活、可缓存。

1．无状态：服务器不会为每个请求保持状态。

2．明文传输：默认使用明文传输数据，不提供加密。

3．灵活：允许使用各种类型的消息（如请求、响应、重定向等）。

4．可缓存：HTTP 协议支持缓存，使得客户端可以在本地存储数据。

Java 提供了多种工具和框架用于处理 HTTP 协议和 Web 开发。例如，Java Servlet 和 JavaServerPages(JSP)技术可以用于构建动态的 Web 应用程序并处理 HTTP 请求和响应；Spring MVC 等开发框架也支持 HTTP 协议的使用。我们可以用 Servlet 实例来了解如何处理 HTTP 请求和响应。

```
import java.io.*;
import javax.servlet.*;
import javax.servlet.http.*;

public class HelloWorldServlet extends HttpServlet {
    public void doGet(HttpServletRequest request, HttpServletResponse response)
            throws ServletException, IOException {
        response.setContentType("text/html");
        PrintWriter out = response.getWriter();
        out.println("<html>");
```

```
            out.println("<head><title>Hello World</title></head>");
            out.println("<body>");
            out.println("<h1>Hello World!</h1>");
            out.println("</body></html>");
        }
    }
```

这段示例代码中，我们定义了一个继承自 HttpServlet 的 HelloWorldServlet 类。在 doGet()方法中，我们设置了响应的内容类型为 HTML，并使用 PrintWriter 对象将 HTML 内容发送到客户端。当客户端发送 GET 请求时，Servlet 容器会调用 doGet()方法，并将响应发送回客户端。在这个例子中，我们只是简单地返回了一个“Hello World!”的 HTML 页面。同样地，本章第 4 节“Web 服务”会详细解释这些对象和方法的作用。

13.3　Socket 编程

13.3.1　TCP 和 UDP 协议

TCP 和 UDP 是互联网协议（IP）中两种主要的传输层协议，提供端到端的通信。它们在传输方式、可靠性和顺序性等方面有较大的差异，具有不同的特性和应用场景。

TCP（Transmission Control Protocol，传输控制协议）是一种面向连接的、可靠的、基于字节流的协议。它通过三次握手建立连接，在连接建立后，对数据进行分段并为每个分段加上序号，确保数据按顺序到达目标主机，同时还负责丢失的分段的重传，提供了可靠的数据传输和流量控制功能。TCP 常用于需要确保数据准确性的应用，如文件传输或网页请求等。UDP（User Datagram Protocol，用户数据报协议）则是面向无连接的传输层协议，它无须进行连接和维护，直接将应用程序发送的数据报发送到网络上，适用于视频流、语音通话等对实时性要求较高的应用。在以下小节中我们使用 Socket 通过 TCP 协议进行网络通信。

在代码中，包括三次握手等的过程通常由底层的网络协议栈自动完成，不需要直接编写相关的代码。操作系统和网络库会处理这些细节。当使用 TCP 客户端和服务器进行通信时，只需要指定目的地地址和端口，发送或接收数据，其他的连接建立、维护和终止的工作都是由操作系统和网络协议栈来完成的。

13.3.2　实现过程与建立连接

在 Java 编程语言中，网络编程的实现主要依赖于 Socket API。Socket 编程基于客户端/服务器架构，允许客户端和服务器通过网络中的 Socket 连接进行交互。Socket API 位于 java.net 包中，使用前需要导入该包。由于网络通信往往涉及文本数据的传输，因此 java.io 包也是必须要导入的，以便利用其中的输入/输出流处理数据。创建一个 Socket 网络连接通常包括以下几个步骤。

1. 创建 Socket 对象：客户端使用 Socket 类来创建一个 Socket 对象，该对象代表客户端到服务器的连接。服务器使用 ServerSocket 类来监听特定端口上的新连接。Socket 需要传入一个服务器的 IP 地址和相对应的端口号，ServerSocket 则只需一个用于接收信息的端口号。这里我们用本地 IP（localhost）和端口号 1234。只有客户端 Socket 需要 IP 地址参数。

```
//客户端
```

```
Socket socket = new Socket("localhost", 1234);
//服务器端
ServerSocket serverSocket = new ServerSocket(1234);
```

2．获取输入/输出流：通过 Socket 对象，可以获取输入流（InputStream）和输出流（OutputStream）。输入流用于从网络接收数据，输出流用于向网络发送数据。这里可以参考如下的代码，这是一种发送和接收信息的方法。需要注意的是，服务器端有一个 serverSocket 的 accept()方法用来等待并接收客户端发送的信息，通常称为“监听”。监听完成后，服务器中会生成一个 Socket 对象。

```
//客户端
OutputStream outputStream = socket.getOutputStream();          //输出
PrintWriter printWriter = new PrintWriter(outputStream, true);
//服务器端
Socket clientSocket = serverSocket.accept();                   //监听
InputStream inputStream = clientSocket.getInputStream();       //接收
```

3．数据通信：使用输入/输出流进行数据的读取和写入。常用的输入/输出流有 DataInputStream、DataOutputStream、BufferedReader 和 PrintWriter 等。按时间顺序来讲，客户端先向服务器端发送数据。服务器接收并处理数据，随后向客户端输出回复。在该过程中，PrintWriter 的 println 用来输出，BufferedReader 的 readline 则用来输入得到的数据。

```
//客户端发送数据
printWriter.println("Hello, Server!");
//客户端接收数据
String serverResponse = bufferedReader.readLine();
System.out.println("Server Response: " + serverResponse);
//服务器端接收数据
String clientMessage = bufferedReader.readLine();
System.out.println("Client Message: " + clientMessage);
//服务器端发送数据
OutputStream outputStream = clientSocket.getOutputStream();
PrintWriter printWriter = new PrintWriter(outputStream, true);
printWriter.println("Hello, Client!");
```

4．处理异常：在网络通信中，可能会遇到各种异常，如 IOException。必须妥善处理这些异常，以防止程序崩溃。使用 try-catch 可以捕获异常。在捕获异常后，可以用 if-else 语句检查异常类型并尝试重新建立连接，也可以关闭已经打开的相关资源。

5．关闭连接：数据传输完成后，应该关闭 Socket 连接以释放资源。使用 close()方法可以关闭 Socket 连接，同时也需要关闭使用到的类和对象。

至此，我们可以根据上述步骤制作出一个简单的 Socket 通信。在制作完成后，可以参考以下示例程序。该通信程序运行后服务器端会收到传来的“Hello，Server！”并输出。客户端接收到返回的“Hello，Client！”。

```
//客户端代码示例
import java.io.*;
import java.net.*;
public class ClientExample {
    public static void main(String[] args) {
        try {
            //创建一个 Socket 连接到服务器
```

```
            Socket socket = new Socket("localhost", 1234);
            //获取输入/输出流
            OutputStream outputStream = socket.getOutputStream();
            PrintWriter printWriter = new PrintWriter(outputStream, true);
            BufferedReader bufferedReader = new BufferedReader(new InputStreamReader(socket.
getInputStream()));
            //发送数据
            printWriter.println("Hello, Server!");
            //接收数据
            String serverResponse = bufferedReader.readLine();
            System.out.println("Server Response: " + serverResponse);
            //关闭连接
            socket.close();
        } catch (IOException e) {
            e.printStackTrace();
        }
    }
}
```

这段代码在 main 中开始时用 try 包围了可能会抛出异常的代码，这是网络通信中必要的操作，然后在 try 块中创建了一个 Socket 对象。Socket("localhost", 1234)中 localhost 是服务器的主机名，也可以是服务器的 IP 地址，1234 则是目标主机的 1234 端口。连接成功后，客户端会使用 OutputStream 获取 Socket 的输出流，随后用 PrintWriter 和 BufferedReader 连接到输入流，向服务器端发送一条信息。

```
//服务器代码示例
import java.io.*;
import java.net.*;
public class ServerExample {
    public static void main(String[] args) {
        try {
            //创建一个 ServerSocket 监听端口
            ServerSocket serverSocket = new ServerSocket(1234);
            //等待客户端连接
            Socket clientSocket = serverSocket.accept();
            //获取输入/输出流
            InputStream inputStream = clientSocket.getInputStream();
            BufferedReader bufferedReader = new BufferedReader(new InputStreamReader(inputStream));
            //接收数据
            String clientMessage = bufferedReader.readLine();
            System.out.println("Client Message: " + clientMessage);
            //发送数据
            OutputStream outputStream = clientSocket.getOutputStream();
            PrintWriter printWriter = new PrintWriter(outputStream, true);
            printWriter.println("Hello, Client!");
            //关闭连接
            clientSocket.close();
            serverSocket.close();
        } catch (IOException e) {
```

```
                e.printStackTrace();
            }
        }
    }
```

服务器端代码也按照上述方法监听连接，接收和发送数据，最后关闭连接。

13.3.3 数据传输和处理

在上一小节已经尝试制作出了一个 Socket 程序，但其中数据的传输和处理并未详细讲解。其中用到了许多 InputStream 和 BufferedReader 的方法来接收和处理数据。这节会详细说明这些输入/输出流的作用和使用方式。

输入流用于从 Socket 接收数据。常见的输入流有 InputStream、DataInputStream 和 BufferedReader。InputStream 是所有输入流的基类，提供了读取字节流的方法。DataInputStream 扩展了 InputStream，提供了读取 Java 基本数据类型的方法。BufferedReader 则实现了缓冲区，提高了读取数据的效率。Socket 也提供了 getInputStream()方法用于读取输入流。无论 InputStream 还是 BufferedReader，在使用前应用 getInputStream()方法得到相应的输入流对象，然后使用其中的方法读取数据。输入流中常见的使用方法如表 13-2 所示。

表 13-2　输入流常见的使用方法

方　法	作　用
inputStream.read()	读取一个字符，失败则返回-1
inputStream.read(byte[] b)	读取一定数量的字节到字节串中
bufferedReader.readline()	读取一整行的文本到字符串中
inputStream.available()	返回输入流中可用的字节数

输出流用于向 Socket 发送数据。常见的输出流有 OutputStream 和 PrintWriter。其中 OutputStream 是所有输出流的基类，提供了写入字节流的方法。而 PrintWriter 提供了更方便的方法，如 print、println、printf 等。输出流常见的使用方法，如表 13-3 所示。

表 13-3　输出流常见的使用方法

方　法	作　用
socket.getOutputStream();	获取 OutputStream
outputStream.write(data);	将字节数据写入
new Printwriter(data, true)	创建输出流，true 表示自动刷新
printwriter.println(data)	写入一行数据

另外，输出流有一个 flush()方法，用于清空输出缓冲区，确保所有缓冲的数据都被写入到目标流中。OutputStream 在 write 后需要使用 flush 方法使内容真正写入目标流，而使用 PrintWriter 的 println 后则会自动调用 flush 方法。

13.3.4 多线程与网络聊天

目前为止已经讲解了如何组建 Socket 并进行网络通信。本节我们将通过实现一个简单的网络聊天室来进一步巩固和加深对 Socket 的理解。在这个聊天室中，用户可以在不同的终端上输入信息并发送给其他用户。

例 13.1　请使用 Java 的 Socket 和 ServerSocket 类来实现一个简单的网络聊天室。要求实现以下功能：

1．服务器端能够接收来自客户端的消息，并将其广播给其他客户端。

2．客户端能够发送消息到服务器端，并接收来自其他客户端的消息。

3．实现用户之间的简单聊天功能，例如发送和接收文本消息。

基本思路：

服务器端：①创建一个 ServerSocket 实例，并指定端口号。②在一个循环中，等待客户端的连接。③当一个客户端连接时，创建一个新的 ClientHandler 线程来处理该客户端。④ClientHandle 线程负责读取客户端发送的消息，并将其广播给所有其他已连接的客户端。⑤使用一个 HashSet 来存储所有客户端的 PrintWriter 对象，以便能够广播消息给所有客户端。

客户端：①创建一个 Socket 实例，并指定服务器的主机地址和端口号。②创建一个 BufferedReader 来读取来自服务器的消息。③创建一个 PrintWriter 来发送消息给服务器。④使用一个 BufferedReader 来读取用户输入的消息。⑤将用户输入的消息发送给服务器，并接收来自服务器的消息并显示。

在设计服务器端程序时，我们引入了 ClientHandler 线程来处理客户端的连接，这一设计充分运用了多线程技术。每当服务器成功接收一个客户端的连接请求，它便即时创建一个专属的 ClientHandler 线程来管理该客户端的所有通信需求。这些 ClientHandler 线程各自独立运行，彼此之间不共享状态，确保了每个客户端的交互都是独立且并行的。

ClientHandler 类是 Thread 类的子类，并且覆写了 run 方法。在这个方法中，线程负责接收来自客户端的信息，并把这些信息广播给其他所有已连接的客户端。得益于每个客户端都分配有一个对应的 ClientHandler 线程，服务器能够同时处理多个客户端的请求，从而实现了高效的并发处理。我们只需将 Socket 的通信逻辑集成到 ClientHandler 类中，然后在 main 方法中创建并启动相应的线程即可。

```
private class ClientHandler extends Thread{
private Socket socket;
private PrintWriter writer;
public ClientHandler(Socket socket){
    this.socket = socket;
}
public void run() {……}
public static void main(String[] args){
    new ChatServer().start();
}
}
```

按照这个思路实现一个网络聊天室。下面是带有注释的示例代码，首先是服务端：

```
import java.io.*;
import java.net.*;
import java.util.HashSet;
import java.util.Set;

public class ChatServer {
    private static final int PORT = 12345;
```

```
    //定义一个集合来存储所有客户端的打印写入器，用于广播消息
    private final Set<PrintWriter> clientWriters = new HashSet<>();
    //启动服务器的方法
    public void start() {
        System.out.println("Chat server started on port " + PORT);
        try (ServerSocket serverSocket = new ServerSocket(PORT)) {
            //无限循环，等待客户端连接
            while (true) {
                //接收客户端连接，并创建一个新的 ClientHandler 线程来处理连接
                new ClientHandler(serverSocket.accept()).start();
            }
        } catch (IOException e) {
            //打印错误信息，表明无法在指定端口上监听
            System.err.println("Could not listen on port " + PORT);
        }
    }

    //私有内部类，继承自 Thread 类，用于处理单个客户端连接
    private class ClientHandler extends Thread {
        //客户端套接字
        private Socket socket;
        //打印写入器，用于向客户端发送消息
        private PrintWriter writer;

        //构造方法，接收客户端套接字
        public ClientHandler(Socket socket) {
            this.socket = socket;
        }

        //线程运行方法
        public void run() {
            try (
                //创建一个 BufferedReader 来读取客户端发送的消息
                BufferedReader reader = new BufferedReader(new InputStreamReader(socket.
getInputStream()));
                //创建一个 PrintWriter 来向客户端发送消息
                PrintWriter writer = new PrintWriter(socket.getOutputStream(), true);
            ) {
                //设置当前线程的打印写入器
                this.writer = writer;
                //将新的打印写入器添加到集合中
                clientWriters.add(writer);
                //无限循环，读取客户端的消息
                String message;
                while ((message = reader.readLine()) != null) {
                    //遍历所有打印写入器，将消息广播给所有客户端
                    for (PrintWriter writer : clientWriters) {
                        //向所有客户端发送消息
```

```
                        writer.println(message);
                    }
                }
            } catch (IOException e) {
                //打印错误信息
                System.err.println("Error handling client: " + e.getMessage());
            } finally {
                //如果打印写入器不为空，则从集合中移除
                if (writer != null) {
                    clientWriters.remove(writer);
                }
                //尝试关闭套接字
                try {
                    socket.close();
                } catch (IOException e) {
                    //打印错误信息
                    System.err.println("Could not close a socket");
                }
            }
        }
    }
    //主方法，程序的入口点
    public static void main(String[] args) {
        //创建一个新的 ChatServer 实例，并启动它
        new ChatServer().start();
    }
}
```

聊天服务器监听一个指定端口，当有客户端连接时，创建一个新的线程来处理该客户端的消息，并将其添加到一个集合中。服务器会将从任何一个客户端接收到的消息广播给所有已连接的客户端。当客户端断开连接时，相应的线程会终止，并且从集合中移除。

然后是客户端的代码：

```
import java.io.*;
import java.net.*;
public class ChatClient {
    //定义服务器地址和端口常量
    private static final String SERVER_ADDRESS = "localhost";
    private static final int SERVER_PORT = 12345;

    //启动客户端的方法
    public void startClient() {
        try (
            Socket socket = new Socket(SERVER_ADDRESS, SERVER_PORT);
            //创建一个 BufferedReader 来读取从服务器接收的消息
            BufferedReader reader = new BufferedReader(new InputStreamReader(socket.getInputStream()));
            //创建一个 PrintWriter 来向服务器发送消息
            PrintWriter writer = new PrintWriter(socket.getOutputStream(), true);
```

```
            //创建一个 BufferedReader 来读取键盘输入
            BufferedReader consoleReader = new BufferedReader(new InputStreamReader(System.in));
        ) {
            //无限循环，等待用户输入
            String message;
            while (true) {
                //从键盘读取一行输入
                message = consoleReader.readLine();
                //将用户输入的消息发送给服务器
                writer.println(message);
                //从服务器读取一行响应
                message = reader.readLine();
                //打印服务器响应给用户
                System.out.println("Server: " + message);
            }
        } catch (IOException e) {
            System.err.println("Could not connect to server: " + e.getMessage());
        }
    }

    public static void main(String[] args) {
        //创建一个新的 ChatClient 实例，并启动它
        new ChatClient().startClient();
    }
}
```

聊天客户端连接到本地主机的指定端口，并与聊天服务器进行通信。客户端从键盘读取用户输入，并将消息发送给服务器。然后，它读取服务器的响应，并将其打印给用户。这个过程在一个无限循环中重复，直到用户中断操作。

以上一个简单的聊天室程序就完成了。但程序没有退出机制和处理网络中断等异常情况，这在一个完整的应用程序中通常是需要的。

13.4 Web 服务

13.4.1 Web 服务概述

在当今的网络世界中，Web 服务作为一项关键技术，扮演着至关重要的角色。它使得身处不同环境、采用不同编程语言和运行在不同操作系统上的应用程序能够无缝地进行交流和数据交换。本节将重点介绍 Web 服务的概念、特点以及其工作原理。但这一节涉及到的其他编程语言和软件的使用，为可选了解内容。

Web 服务是一种允许不同机器之间的软件应用程序通过网络进行交互的技术。Web 服务的核心优势体现在其跨平台和跨语言的特性上。这意味着，无论服务器端还是客户端采用何种编程语言或操作系统，Web 服务都能够实现顺畅地通信。它基于浏览器/服务器（B/S）架构。此外，Web 服务之间的耦合度较低，这使得系统的维护和更新变得更加便捷。Web 服务还遵

循一系列行业标准，如 HTTP、XML、SOAP、WSDL 和 UDDI，这些标准保证了不同 Web 服务之间的互操作性。

Web 服务的工作原理可以概括为发布、发现和绑定三个步骤。服务提供者首先将 Web 服务发布到网络中，使得潜在的服务请求者能够发现这些服务。一旦服务请求者找到了所需的服务，它们就可以通过 SOAP 协议进行绑定，并开始进行数据交换。

为了实现 Web 服务的数据交换，几种关键技术扮演了重要角色。XML（扩展性标记语言）是 Web 服务数据交换的基础，它提供了一种灵活的方式来表示和传输数据。SOAP（简单对象访问协议）定义了 Web 服务中数据的格式和通信的细节。WSDL（Web 服务描述语言）则用于描述一组 SOAP 消息以及如何交换这些消息。而 UDDI（统一描述、发现和集成协议）则提供了对 Web 服务进行注册和搜索的机制。

首先，我们将深入探讨 SOAP（Simple Object Access Protocol，简单对象访问协议）。SOAP 是一种基于 XML 的消息协议，用于在应用程序之间进行通信。它使用 HTTP、SMTP 或 TCP 等协议作为传输机制，并支持多种安全性和身份认证机制。通过将请求和响应封装成 XML 格式的消息，SOAP 实现了跨平台和跨语言的通信。

另外 WSDL 是 Web 服务架构中的一个核心组件。Web 服务描述语言（Web Services Description Language，WSDL）是一种基于 XML 的规范，用于描述网络服务的接口。它提供了一种标准化的方式来声明网络服务的操作和消息格式，以及这些操作是如何通过网络协议进行调用的。WSDL 是实现 Web 服务互操作性的关键技术之一，它使得不同的系统能够以一种机器可读的方式进行通信。通过使用 WSDL，开发者可以创建出能够与各种 Web 服务无缝对接的应用程序。WSDL 文档的组成元素如表 13-4 所示。

表 13-4　WSDL 文档的组成元素

名　称	功　能
definitions	WSDL 文档的根元素，它定义了整个服务的框架，包括服务名称、相关端口和操作
types	定义服务操作中所使用的数据类型。这些类型通常基于 XML Schema（XSD）
messages（消息元素）	定义了在服务操作中传输的数据。每个消息至少包含一个 part 元素，用于定义消息中的数据项
portType（端口类型元素）	定义了一组操作，这些操作由服务提供。每个操作都有一个操作名称和相关的输入、输出消息
operation（操作元素）	定义了单个服务操作的详细信息，包括输入和输出消息
binding（绑定元素）	将端口类型与特定的传输协议和消息格式关联起来
service（服务元素）	定义了一组端口，这些端口是可用的网络访问点，客户端可以通过这些端口与 Web 服务进行交互

WSDL 有多个版本，其中最常用的是 WSDL 1.1 和 WSDL 2.0。WSDL 1.1 是 W3C 的推荐标准，而 WSDL 2.0 则提供了对 RESTful Web 服务的更好支持，它通过引入新的元素和属性，使得描述基于资源的 Web 服务变得更加容易。

13.4.2　Java 对 Web 服务的支持

Java 对 Web 服务的支持主要通过 Java API for XML Web Services（JAX-WS）来实现。JAX-WS 是一个基于 Java 的 Web 服务开发框架，提供了一组 API 和工具，用于创建和开发基于 SOAP 协议的 Web 服务。JAX-WS 允许开发者使用 Java 语言编写 Web 服务，并提供了用于创建和发布 Web 服务、处理 SOAP 消息、绑定 WSDL 等功能的 API。它还支持使用 XML Schema 定义数据类型，并提供了一种简单的方式来创建和处理 Web 服务请求和响应。

除了 JAX-WS，Java 还提供了其他一些工具和库，用于支持 Web 服务开发。

Apache CXF：是一个流行的开源 Web 服务框架，支持 SOAP 和 RESTful Web 服务，并提供了一组 API 和工具，用于创建和开发 Web 服务。

JAX-RS：是 Java API for RESTful Web Services 的缩写，提供了一组 API 和工具，用于创建和开发基于 RESTful 协议的 Web 服务。

Spring Web Services：是基于 Spring 框架的 Web 服务解决方案，支持多种传输协议和数据格式，包括 SOAP 和 XML/JSON。

Servlet 技术：Servlet 是 Java EE 的一部分，它为 Java 应用程序提供了一个动态处理 HTTP 请求的机制。Web 服务可以基于 Servlet 实现，通过 HTTP 协议提供服务。

这里详细介绍以下两种 Web 服务技术：JAX-WS 和 JAX-RS。我们将探讨它们的适用场景、特点和基本概念，帮助读者选择最适合自己项目需求的技术。

JAX-WS 是一套用于创建和发布基于 XML 的 Web 服务的 API。它适用于需要与旧有系统集成、使用 SOAP 协议或需要安全性、事务性和可靠性的场合。JAX-WS 的特点是支持 SOAP 协议、支持 WSDL、支持事务性和可靠性。而 JAX-RS 是一套用于创建和发布 RESTful Web 服务的 API。RESTful Web 服务是一种基于资源、状态转移（State Transfer）和无状态（Stateless）的 Web 服务架构风格。JAX-RS 适用于需要与各种客户端（如 Web 浏览器、移动设备等）进行交互、使用 HTTP 协议或简化的开发过程的场合。它的特点是支持 RESTful 构架风格并简化了开发过程。JAX-RS 适用于使用 HTTP 协议的场合。

接下来使用 JAX-WS 来组建一个 Web 服务框架。JAX-WS 使用注解来标记 Web 服务类和方法。这些注解是创建 JAX-WS 服务时通常需要使用的核心注解，它们提供了对 Web 服务的基本控制和配置。JAX-WS 注解如表 13-5 所示。

表 13-5　JAX-WS 注解

名　称	作　用
@WebService	标记一个类为 Web 服务类，告诉 JAX-WS 框架该类是一个 Web 服务
@WebMethod	标记一个方法为 Web 服务方法，指定该方法应作为 Web 服务公开的方法
@RequestWrapper 和@ResponseWrapper	用于自定义请求和响应数据的包装类，控制数据的序列化和反序列化
@WebParam 和@WebResult	用于指定参数和返回值的名称、数据类型等，控制参数和返回值的序列化和反序列化
@SOAPBinding	用于指定 SOAP 绑定样式，控制 SOAP 消息的生成和解析方式

13.4.3　创建和测试 Web 服务

编写代码前需要新建一个 Java 项目。但这个项目不是原先一样的空项目，需要导入 JAX-WS 库。只需要在建好的空项目中选择“添加框架支持”或“配置构建路径”，添加对 JAX-WS 库文件的引用即可。在不同的 IDE 中会有不同的方法。如果你的 IDE 不支持自动添加依赖，你需要手动将 JAX-WS 的 jar 文件添加到项目的类路径中。完成该步骤后，打开一个新的 Java 接口，命名为 HelloWorldService。在这个接口中，定义一个方法 sayHello()，该方法返回一个字符串。

```
package com.example.service;
import javax.jws.WebService;
import javax.jws.WebMethod;

@WebService
public interface HelloWorldService {
    @WebMethod
    String sayHello(String name);
}
```

@WebService 注解标记了这个接口是一个 Web 服务接口，@WebMethod 注解标记了 sayHello 方法是一个可以被客户端调用的 Web 服务方法。随后创建一个新的 Java 类，实现 HelloWorldService 接口，并实现 sayHello()方法。在这个方法中，返回一个简单的字符串“Hello, World!”。

```
package com.example.service;
import javax.jws.WebService;

@WebService(endpointInterface = "com.example.service.HelloWorldService")
//@WebService 注解的 endpointInterface 属性指定了这个类实现的服务接口路径。
public class HelloWorldServiceImpl implements HelloWorldService {
    @Override
    public String sayHello(String name) {
        return "Hello, " + name;
    }
}
```

第三步是发布服务。使用 JAX-WS 的 WSDL 描述来发布你的 Web 服务。编写一个发布类，使用 Endpoint 类发布你的服务。

```
package com.example.publisher;
import javax.xml.ws.Endpoint;
import com.example.service.HelloWorldService;

public class HelloWorldPublisher {
    public static void main(String[] args) {
        Endpoint.publish("http://localhost:8080/hello", new HelloWorldServiceImpl());
    }
};
```

完成服务器端后，创建一个简单的 Java 客户端来测试你的 Web 服务。使用 JAX-WS 的 API 来生成客户端代码，然后使用该代码来调用 Web 服务。

```
package com.example.client;
import javax.xml.ws.WebServiceRef;
import com.example.service.HelloWorldService;

public class HelloWorldClient {
@WebServiceRef(wsdlLocation = "http://localhost:8080/hello?wsdl")
//使用@WebServiceRef 注解来引入服务接口的 WSDL 位置
```

```
    private static HelloWorldService service;

    public static void main(String[] args) {
        String response = service.sayHello("World");
        System.out.println(response);
    }
}
```

客户端和服务器端都创建好后，开始运行。运行发布类，你的 Web 服务就会在指定的 URL 上启动。而客户端将调用服务并输出响应。我们可以用浏览器访问发布的 URL 即 http://localhost:8080/hello。在该页面中会显示“Hello，World！”字样。至此一个简单的 Web 服务就完成了。

本章小结

1．网络编程是计算机科学中的一个重要领域，涉及在网络环境中设计和实现应用程序的过程。

2．IP 是网络中设备之间的通信协议，用于标识设备。

3．端口是设备上用于通信的一个虚拟通道，负责管理和传输进出设备的数据。

4．java.net 这个 API 提供了网络通信功能的类和方法，分为低级 API 和高级 API。

5．TCP/IP 协议是一个网络通信模型，由许多协议组成。协议分为四层：应用层、传输层、网络层和数据链路层。

6．Socket 是通信的端点，用于进程间数据交换，是应用程序与网络协议栈进行交互的接口。

7．应用层位于 TCP/IP 的顶层，直接为用户的应用程序提供网络服务。

8．TCP 是一种面向连接的、可靠的、基于字节流的协议，适用于文件传输和网页请求等。UDP 则是面向无连接的协议，直接发送数据报，适用于视频流和语音通话等。

9．Web 服务是一种允许不同机器之间的软件应用程序通过网络进行交互的技术，核心优势体现在其跨平台和跨语言的特性。

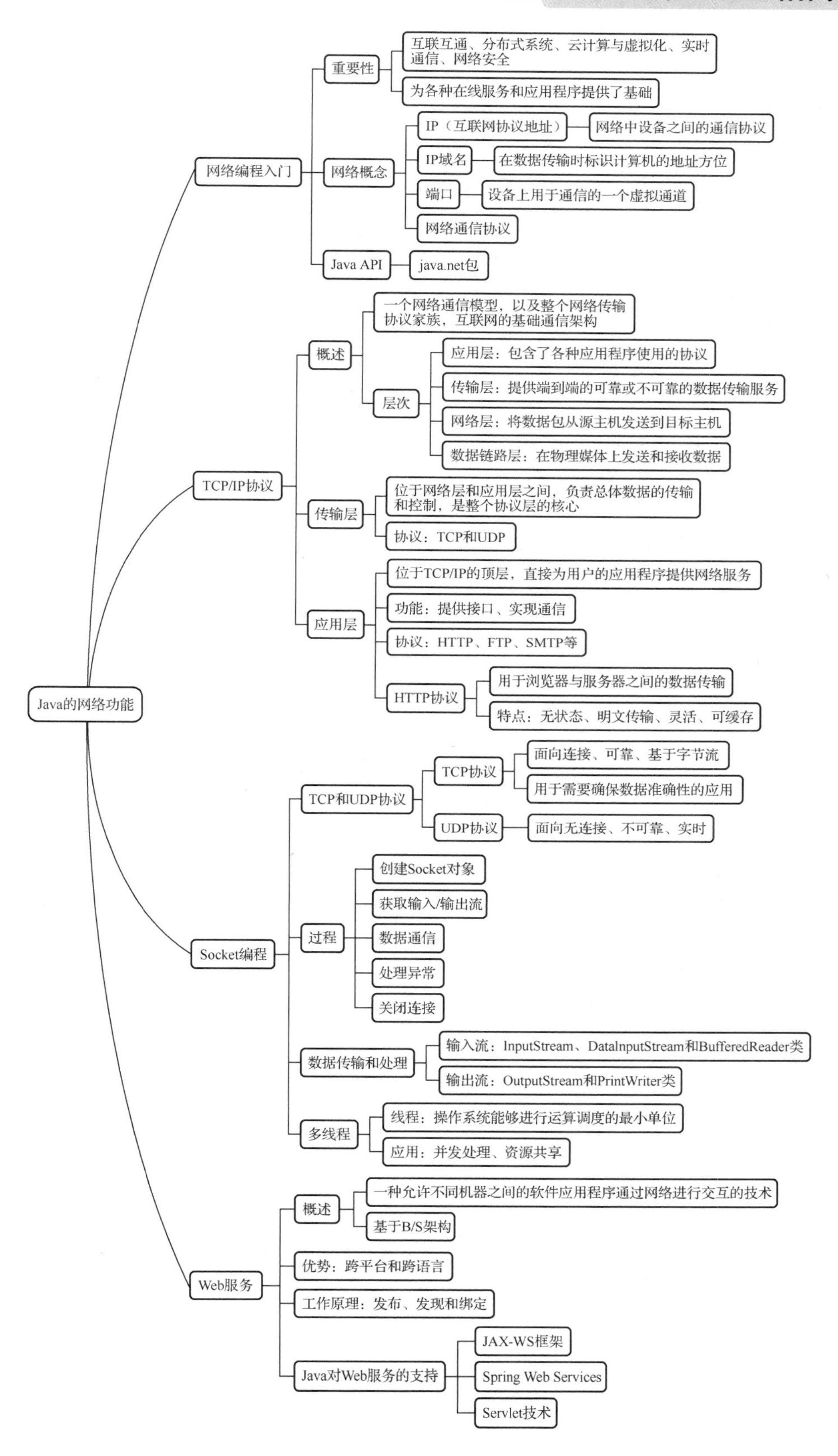
Java的网络功能
网络编程入门
重要性
互联互通、分布式系统、云计算与虚拟化、实时通信、网络安全
为各种在线服务和应用程序提供了基础
网络概念
IP（互联网协议地址）
网络中设备之间的通信协议
IP域名
在数据传输时标识计算机的地址方位
端口
设备上用于通信的一个虚拟通道
网络通信协议
Java API
java.net包
TCP/IP协议
概述
一个网络通信模型，以及整个网络传输协议家族，互联网的基础通信架构
层次
应用层：包含了各种应用程序使用的协议
传输层：提供端到端的可靠或不可靠的数据传输服务
网络层：将数据包从源主机发送到目标主机
数据链路层：在物理媒体上发送和接收数据
传输层
位于网络层和应用层之间，负责总体数据的传输和控制，是整个协议层的核心
协议：TCP和UDP
应用层
位于TCP/IP的顶层，直接为用户的应用程序提供网络服务
功能：提供接口、实现通信
协议：HTTP、FTP、SMTP等
HTTP协议
用于浏览器与服务器之间的数据传输
特点：无状态、明文传输、灵活、可缓存
Socket编程
TCP和UDP协议
TCP协议
面向连接、可靠、基于字节流
用于需要确保数据准确性的应用
UDP协议
面向无连接、不可靠、实时
过程
创建Socket对象
获取输入/输出流
数据通信
处理异常
关闭连接
数据传输和处理
输入流：InputStream、DataInputStream和BufferedReader类
输出流：OutputStream和PrintWriter类
多线程
线程：操作系统能够进行运算调度的最小单位
应用：并发处理、资源共享
Web服务
概述
一种允许不同机器之间的软件应用程序通过网络进行交互的技术
基于B/S架构
优势：跨平台和跨语言
工作原理：发布、发现和绑定
Java对Web服务的支持
JAX-WS框架
Spring Web Services
Servlet技术

习题 13

一、选择题

1. Java 网络编程主要用于实现（　　）功能。

A．数据存储　　B．文件传输　　C．分布式系统通信　　D．游戏逻辑

2. TCP 协议与 UDP 协议的主要区别是（　　）。

A．TCP 是面向连接的，而 UDP 是无连接的

B．UDP 是可靠的，而 TCP 不可靠

C．TCP 提供有序数据传输，而 UDP 不保证

D．TCP 主要用于网页浏览，而 UDP 用于即时通信

3. 在 Java 中使用 Socket 进行通信时，客户端通常执行（　　）方法来建立连接。

A．openConnection()　　B．connect()　　C．accept()　　D．newSocket()

二、简答题

1. 描述 Java 网络编程的基本概念，并列举其重要性。
2. 说明使用 Java Socket 编程实现客户端与服务器通信的基本步骤。
3. 解释 Web 服务的基本构成。
4. 简述 TCP 协议的主要特点。

第 14 章　算法竞赛中的 Java 编程

在快节奏的现代生活中，优化和效率是两个不可或缺的关键词。无论是在安排日常任务上，还是在复杂的决策过程中，好的算法都能帮助我们事半功倍。Java 作为一门广泛应用于各个领域的编程语言，不仅在软件开发中占据重要地位，也是算法竞赛的理想工具。本章将聚焦于 Java 编程，探讨它在算法竞赛中的实际应用，并通过具体案例展示如何将编程技巧和算法知识融入到日常生活中。

本章学习目标

1．了解一些竞赛项目和算法概念。
2．熟悉基本的顺序和搜索算法。
3．熟悉四类算法设计方法。
4．熟悉使用 AI 辅助解决编程问题。

14.1　算法竞赛简介

在编程的世界里，算法竞赛是一个集智慧、技巧与创新于一体的独特舞台。它不仅是编程技术的较量，更是逻辑思维、问题分析与解决能力的综合体现。参与算法竞赛，不仅能让编程者锤炼技艺，更能在激烈的思维碰撞中开阔视野，提升个人素养。

算法竞赛的历史可以追溯到计算机科学的早期。随着计算机技术的飞速发展，算法竞赛也逐渐演变成了一项具有全球影响力的活动。如今，诸如 ACM 国际大学生程序设计竞赛、Google Code Jam 等国际性算法竞赛，每年都吸引着来自世界各地的优秀编程者参与。

在算法竞赛中，参赛者需要在规定的时间内解决一系列复杂的问题。这些问题往往涉及数据结构、图论、动态规划、数学等多个领域的知识。参赛者不仅需要具备扎实的编程基础，还需要有灵活的思维和高效的解题策略。

在众多编程竞赛中，ACM 国际大学生程序设计竞赛（ACM International Collegiate Programming Contest，ACM/ICPC）无疑是最具影响力和挑战性的赛事之一。ACM/ICPC 是由美国计算机协会（ACM）主办的年度竞赛，起源于 1970 年（见图 14-1）。经过多年的发展，ACM/ICPC 已经成为一项全球性的赛事，每年吸引来自世界各地的数百支队伍参与。参赛队伍通常由来自同一所大学的三名学生组成，他们分别负责编程、算法和策略规划。在比赛中，每支队伍需要面对一系列复杂的编程问题。每支队伍需要在规定的时间

图 14-1　ACM/ICPC 赛事

内尽可能多地解决问题，并提交正确的代码。最终，根据解决问题的数量和质量，确定各支队伍的排名。世界总决赛通常设立金奖、银奖、铜奖等，同时还会评选出最佳解题奖、最佳团队奖等特别奖项。区域赛则可能设立区域冠军、亚军、季军等奖项。

在中国同样有许多知名的算法设计竞赛，其中最著名的是“蓝桥杯全国软件和信息技术专业人才大赛”，简称“蓝桥杯”（见图 14-2）。这个比赛是由中国教育部主办，旨在选拔和培养优秀的软件和信息技术专业人才。蓝桥杯竞赛分为初赛和决赛两个阶段。初赛通常在全国各地的参赛学校或指定考点进行，比赛内容涵盖计算机基础知识、算法设计、程序设计等方面。初赛选拔出一定数量的优秀选手进入决赛。决赛阶段是蓝桥杯竞赛的高潮，通常在一个大型的城市举办。决赛内容更加复杂和挑战性，参赛选手需要在规定时间内完成一系列的算法设计和编程任务。比赛评选出不同奖项，包括个人奖、团体奖等，获奖者还有机会获得奖金和荣誉证书。

图 14-2　蓝桥杯竞赛

算法竞赛的核心是算法设计和优化。深入了解各种常见的算法（如排序、搜索、图算法等）以及数据结构（如栈、队列、树、图等）是必要的。因此本章会讲解部分算法基础和设计方法。但参加竞赛需要专门学习和练习，这里只是普及算法相关的知识，便于日后更好地编程和解决问题。若想练习一些竞赛题目或做一些题目来巩固知识的话，可以注册并参加在线评测平台，如洛谷、牛客、LeetCode、Codeforces 等。这些平台提供大量算法题目，可以帮助磨炼解题技巧。

14.2　算法基础

14.2.1　算法基本概念

在计算机科学和编程领域，算法是解决问题和执行任务的基本构建块。它们是一组明确定义的步骤，用于解决特定问题或执行特定任务。无论是在数据处理、搜索、排序还是其他领域，算法都扮演着关键的角色。在本章中，我们将深入探讨算法的基本概念，以及在 Java 编程语言中如何应用这些概念来构建高效、可靠的程序。

算法是解决问题或执行任务的一系列有序步骤。这些步骤明确定义，并且对于给定的输入，算法能够产生确定性的输出。算法是计算机科学的基石，它们为程序员提供了解决各种问题的方法。在 Java 编程语言中，我们可以通过不同的编程技术来实现算法，例如循环、递归、分治等。Java 提供了丰富的数据结构和标准库，为程序员提供了灵活的工具，用于实现各种算法。

算法具有一系列定义明确的步骤，用于解决问题或执行任务。它们接收输入数据，并通过一系列有序的操作生成输出结果。关键特征包括明确定义的步骤、输入与输出的概念、有穷性（即在有限步骤内终止），以及确定性，确保给定相同的输入将始终产生相同的输出。此外，算法必须是可行的，即在实际环境中可执行，而且效率是一个重要的考虑因素，好的算法能够在合理的时间内解决问题，并在处理大规模数据时保持有效。

14.2.2　算法分析

在学习算法的过程中，不仅需要理解算法的基本概念，还需要能够评估和比较算法的性能。算法分析是一门关键的学科，它涉及对算法在不同输入条件下的行为进行评估，并确定其效率和可估计性。通过算法分析可以了解程序的性能和质量。在算法竞赛中很多题目都对程序的运行时间和内存提出了要求。以下是算法分析的关键概念。

一、时间复杂度

时间复杂度（Time Complexity）是衡量算法运行时间随输入规模增长而变化的度量，是一个代表算法输入值的字符串的长度的函数。通过分析算法的执行步骤数，我们可以估计算法的时间复杂度。时间复杂度常用大 O 符号表述。常见的时间复杂度包括常数时间 $O(1)$、线性时间 $O(n)$、对数时间 $O(\log n)$等。

```
public static boolean searchElement(int[] array, int target) {
    for (int element : array) {
        if (element == target) {
            return true;    //找到目标元素，返回 true
        }
    }
    return false;   //未找到目标元素，返回 false
}
```

这里用一个查找函数来了解时间复杂度。在最坏情况下，即目标元素在数组的最后一个位置或不存在于数组中时，算法需要遍历整个数组。在这种情况下，时间复杂度是线性的，用大 O 符号表示为 $O(n)$，其中 n 是数组的长度。因此，这个算法在最坏情况下的时间复杂度是 $O(n)$，这表示随着输入规模（数组的大小）的增加，算法执行所需的时间会线性增长。

二、空间复杂度

空间复杂度（Space Complexity）是算法在执行过程中所需内存空间的度量，表示一个算法完全执行所需要的存储空间大小。与时间复杂度类似，常见的空间复杂度包括常数空间 $O(1)$、线性空间 $O(n)$等。以下是一个 Java 代码示例，用于生成一个长度为 n 的斐波那契数列并将其存储在一个数组中。

```
public static int[] generateFibonacci(int n) {
    int[] fibonacciArray = new int[n];
    if (n >= 1) {
        fibonacciArray[0] = 0;
    }
    if (n >= 2) {
        fibonacciArray[1] = 1;
    }
    for (int i = 2; i < n; i++) {
        fibonacciArray[i] = fibonacciArray[i - 1] + fibonacciArray[i - 2];
    }
    return fibonacciArray;
}
```

空间复杂度简单地说就是使用了多少内存，可以通过数组、字符串和其他数据结构的大小和数量来代指。在这个函数中使用了“int[] fibonacciArray = new int[n];”，在内存中分配了一个长度为 n 的整数数组，占用 $O(n)$的空间。而且没有使用额外的数据结构，只使用了常量级的额外空间。所以这段代码的空间复杂度是 $O(n)$，主要由斐波那契数组的存储空间决定。

三、最坏情况和平均情况复杂度

最坏情况复杂度（Worst-case Complexity）和平均情况复杂度（Average-case Complexity）

是算法分析中两个常用的概念，用于描述算法在不同输入情况下的性能。最坏情况复杂度表示算法在所有可能输入中运行时间的上界，即在最坏的输入情况下算法的性能。这是一种保守的估计，确保算法在任何情况下都能在此时间内完成。其在表示上用大 O 符号，例如 $O(n)$。最坏情况复杂度提供了算法执行时间的一个上限。

而平均情况复杂度表示算法在所有可能输入中运行时间的期望值，考虑输入的概率分布。这是一个更综合的度量，考虑了算法在各种输入情况下的性能。其在表示上用大 Θ 符号，例如 $\Theta(n)$。平均情况复杂度更能反映算法在实际使用中的性能，通常较难准确计算。在实际情况中，最坏情况复杂度更常用，因为它提供了对算法性能的一种较为保守和简化的估计。

在选择算法时，开发者通常更关注最坏情况复杂度，因为这确保了算法在任何情况下都能提供可接受的性能。平均情况复杂度通常用于更深入的算法研究和理论分析。

14.2.3　高级排序算法

在之前的学习中了解了一些基本排序算法，如冒泡排序和插入排序。本小节则进一步讲解排序算法，通常称为高级排序算法。高级排序算法通常指那些在大多数情况下能够在较短时间内完成排序任务的算法。这些算法相对于基础的排序算法通常有更好的平均和最坏情况复杂度。快速排序和希尔排序就是两种常用的高级排序算法。

快速排序（Quick Sort）通过选择一个基准元素，将数组划分为小于基准的部分和大于基准的部分，然后递归地对这两部分进行排序。其基本步骤介绍如下。

（1）选择基准元素：从数组中选择一个元素作为基准（Pivot）。通常可以选择第一个、最后一个或中间元素。

（2）划分：将数组中小于基准的元素移到基准的左边，大于基准的元素移到基准的右边。这个过程称为划分。

（3）递归：对划分得到的左右子数组分别进行递归快速排序。

（4）合并：不需要显式地合并步骤，因为划分过程已经将数组排列成有序。

快速排序直接在原始数组上进行操作。其平均时间复杂度为 $O(n \log n)$，其中 n 是数组的长度。在最坏情况下，即基准的选择不合适时，时间复杂度可能达到 $O(n^2)$。但通过优化可以降低最坏情况的发生概率。

以下是实现快速排序的 Java 代码：

```
import java.util.Arrays;

public class QuickSort {
    public static void main(String[] args) {
        int[] array = {12, 4, 5, 6, 7, 3, 1, 15, 2, 8};
        System.out.println("Original Array: " + Arrays.toString(array));
        quickSort(array, 0, array.length - 1);
        System.out.println("Sorted Array: " + Arrays.toString(array));
    }

    //快速排序的主函数
    public static void quickSort(int[] arr, int low, int high) {
        if (low < high) {
            //找到基准元素的索引，对数组进行划分
```

```
            int pivotIndex = partition(arr, low, high);
            //递归地对基准元素左右两侧的子数组进行排序
            quickSort(arr, low, pivotIndex - 1);
            quickSort(arr, pivotIndex + 1, high);
        }
    }

    //划分数组并返回基准元素的索引
    public static int partition(int[] arr, int low, int high) {
        //选择基准元素，这里选择数组的最后一个元素
        int pivot = arr[high];
        int i = low - 1;
        //遍历数组，将小于等于基准的元素移到左侧，大于基准的元素移到右侧
        for (int j = low; j < high; j++) {
            if (arr[j] <= pivot) {
                i++;
                swap(arr, i, j);
            }
        }
        //将基准元素放到正确的位置上
        swap(arr, i + 1, high);
        return i + 1;
    }
    //交换元素位置的方法
    public static void swap(int[] arr, int i, int j) {
        int temp = arr[i];
        arr[i] = arr[j];
        arr[j] = temp;
    }
}
```

另一种高级排序是希尔排序。希尔排序（Shell Sort）是一种基于插入排序的改进算法，它通过引入“增量”的概念来提高插入排序在处理大数据集时的效率。希尔排序的基本思想是将待排序的数组分成多个子数组（也称为增量序列），对每个子数组进行插入排序，然后逐步缩小增量，直到增量为 1 时，整个数组被当作一个表来处理，算法终止。

希尔排序的关键在于确定增量序列。常用的增量序列是 Shell 提出的序列（$n/2k$，其中 n 是数组长度，k 是增量序列的索引），但也可以根据需要选择其他序列。

希尔排序的基本步骤介绍如下。

（1）选择一个增量序列，通常是一系列递减的正整数。

（2）按增量进行插入排序：对每个增量，将数组划分成若干个子序列（每个子序列的元素在原始数组中间距相同）。对每个子序列进行插入排序。

（3）逐步缩小增量：重复步骤（2），逐渐缩小增量，直至增量为 1。

通过这种预排序的方式，希尔排序可以在处理大数据集时显著减少需要移动的元素数量，从而提高排序效率。

```
import java.util.Arrays;
```

```
public class ShellSort {
    public static void main(String[] args) {
        int[] array = {12, 4, 5, 6, 7, 3, 1, 15, 2, 8};
        System.out.println("Original Array: " + Arrays.toString(array));
        shellSort(array);
        System.out.println("Sorted Array: " + Arrays.toString(array));
    }

    public static void shellSort(int[] arr) {
        int n = arr.length;
        int gap = n / 2;   //初始增量

        while (gap > 0) {
            for (int i = gap; i < n; i++) {
                int temp = arr[i];
                int j = i;
                //插入排序
                while (j >= gap && arr[j - gap] > temp) {
                    arr[j] = arr[j - gap];
                    j -= gap;
                }
                arr[j] = temp;
            }
            gap /= 2;   //缩小增量
        }
    }
}
```

希尔排序的时间复杂度取决于增量序列的选择，没有精确公式。在平均情况下，希尔排序的时间复杂度约为 $O(n\ \log^2\ n)$到 $O(n^2)$之间，其中 n 是数组的长度。希尔排序的空间复杂度为 $O(1)$，因为它是一种原地排序算法，只需要常数级别的额外空间用于临时变量。

14.2.4 搜索算法

在算法竞赛中，高效解决问题的关键之一是选择合适的算法。搜索算法是其中一类强大而通用的算法。它的核心思想是通过系统性地探索问题的解空间，逐步接近最终的解决方案。这类算法广泛应用于各种领域，从图形处理到数据排序，无所不包。这一节中，我们将聚焦于搜索算法的基础知识，并深入研究其在 Java 编程中的实现。从深度优先搜索到广度优先搜索，再到更高级的应用，一步步领略搜索算法的强大之处。

深度优先搜索（DFS）是搜索算法的一种经典方法，它追求深度遍历解空间，如同在迷宫中寻找出口一般。这个算法会尽可能地搜索分支，一步一步深入分支。若当前不存在分支时，可以认为已经到达根处，此时会回溯到上一层去搜索另一个分支。深度优先搜索的关键是“深入”，也就是说，在选择一个方向后，DFS 会一直走到底，直到无法再前进，然后回退到上一个岔口，再选择另一条路。

例 14.1 给定一个迷宫，包含通道和墙壁，其中通道用 0 表示，墙壁用 1 表示。迷宫的入口位于左上角（0, 0），出口位于右下角。请找到从入口到出口的路径。

0	1	0	0	0	0
0	1	0	1	1	0
0	0	0	0	1	0
1	0	1	0	1	0
0	0	1	0	0	0

Chat GPT 指令：

//实现一个深度优先搜索算法，用于解决迷宫问题。迷宫由一个二维数组表示，其中 0 表示通道，1 表示墙壁。迷宫的入口位于左上角，出口位于右下角。请设计一个 Java 程序，找到从入口到出口的路径。

//输入：一个二维数组 maze 表示迷宫，其中 maze[i][j] 表示迷宫中第 i 行第 j 列的状态。

//输出：如果存在从入口到出口的路径，返回路径上的所有坐标。如果没有可行路径，返回空列表。

//int[][] maze = {{0, 1, 0, 0, 0, 0}, {0, 1, 0, 1, 1, 0}, {0, 0, 0, 0, 1, 0}, {1, 0, 1, 0, 1, 0}, {0, 0, 1, 0, 0, 0}};

生成的代码：

```
import java.util.ArrayList;
import java.util.List;

public class MazeSolver {
    //方向数组，用于在迷宫中上下左右移动
    private static final int[][] directions = {{-1, 0}, {0, 1}, {1, 0}, {0, -1}};
    //移动方向对应的英文表示，用于调试输出
    private static final String[] directionNames = {"UP", "RIGHT", "DOWN", "LEFT"};
    public static void main(String[] args) {
        int[][] maze = {
            {0, 1, 0, 0, 0, 0},
            {0, 1, 0, 1, 1, 0},
            {0, 0, 0, 0, 1, 0},
            {1, 0, 1, 0, 1, 0},
            {0, 0, 1, 0, 0, 0}
        };
        List<int[]> path = findPath(maze);
        if (path != null) {
            for (int[] point : path) {
                System.out.println("[" + point[0] + ", " + point[1] + "]");
            }
        } else {
            System.out.println("No path found.");
        }
    }

    public static List<int[]> findPath(int[][] maze) {
        int rows = maze.length;
        int cols = maze[0].length;
        boolean[][] visited = new boolean[rows][cols];
        List<int[]> path = new ArrayList<>();
        if (dfs(maze, 0, 0, visited, path)) {
            return path;
        }
```

```
            return null;
        }

        private static boolean dfs(int[][] maze, int row, int col, boolean[][] visited, List<int[]> path) {
            //检查是否越界或遇到墙壁
            if (row < 0 || row >= maze.length || col < 0 || col >= maze[0].length || maze[row][col] == 1 ||
visited[row][col]) {
                return false;
            }

            //将当前位置标记为已访问
            visited[row][col] = true;
            //将当前位置加入路径
            path.add(new int[]{row, col});

            //如果到达出口，返回真
            if (row == maze.length - 1 && col == maze[0].length - 1) {
                return true;
            }

            //尝试向四个方向移动
            for (int i = 0; i < directions.length; i++) {
                int newRow = row + directions[i][0];
                int newCol = col + directions[i][1];
                if (dfs(maze, newRow, newCol, visited, path)) {
                    return true;
                }
            }
            //如果当前位置的所有方向都走不通，回溯，移除当前位置
            path.remove(path.size() - 1);
            return false;
        }
    }
```

在该程序中 dfs 方法为核心方法，实现了深度优先搜索（DFS）的递归算法，用于探索迷宫中的通路。给定当前位置(row, col)、迷宫大小 rows 和 cols、路径 path 以及访问标记数组 visited，方法首先检查当前位置是否超出边界、是否遇到墙壁或已经访问过。若是，返回 false 表示此路不通。若当前位置为出口，将该位置加入路径，并返回 true 表示已找到路径。然后，方法尝试向四个方向递归搜索，如果其中一个方向找到路径，则返回 true。若当前位置没有通路，进行回溯，将该点从路径中移除，最终返回 false，表示未找到从当前位置开始的合法路径。这个算法通过递归深度优先地搜索迷宫中的通路，确保最终返回从入口到出口的有效路径。

但是大家在编程过程中会发现，该程序输出的路径并非最佳的选择。在[2, 2]的位置时，选择左下方向路径走的步数更少。但 DFS 只会先深入到一条路找到出口，不会判断哪条路更短。因此需要另外一种方法寻找迷宫的最短路径，这个方法就是广度优先搜索。广度优先搜索（Breadth-First Search，BFS）从起始节点开始，探索所有相邻的节点，然后对每一个相邻的节点重复这个过程，直到找到目标节点或所有节点都被访问过为止。BFS 是一种“宽度优先”的

搜索算法，因为它先访问起始节点的所有邻接节点，然后再逐层访问更远的节点。因为这种性质，BFS 可以解决一些与最短、最小相关的问题。

同样是刚才的例题，将“找到从入口到出口的路径”改为“找到从入口到出口的最短路径”。我们再次尝试解决一下。

Chat GPT 指令：

//实现一个广度优先搜索算法，用于解决迷宫最短路径问题。迷宫由一个二维数组表示，其中 0 表示通道，1 表示墙壁。迷宫的入口位于左上角，出口位于右下角。请设计一个 Java 程序，找到从入口到出口的最短路径。

//输入：一个二维数组 maze 表示迷宫，其中 maze[i][j] 表示迷宫中第 i 行第 j 列的状态。

//输出：如果存在从入口到出口的最短路径路径，返回路径上的所有坐标。如果没有可行路径，返回空列表。

//int[][] maze = {{0, 1, 0, 0, 0, 0}, {0, 1, 0, 1, 1, 0}, {0, 0, 0, 0, 1, 0}, {1, 0, 1, 0, 1, 0}, {0, 0, 1, 0, 0, 0}};

Java 程序：

```
import java.util.ArrayList;
import java.util.LinkedList;
import java.util.List;
import java.util.Queue;

public class MazeSolverBFS {
    private static final int[][] directions = {{-1, 0}, {0, 1}, {1, 0}, {0, -1}};
    public static void main(String[] args) {
        int[][] maze = {
            {0, 1, 0, 0, 0, 0},
            {0, 1, 0, 1, 1, 0},
            {0, 0, 0, 0, 1, 0},
            {1, 0, 1, 0, 1, 0},
            {0, 0, 1, 0, 0, 0}
        };
        List<int[]> path = findPath(maze);
        if (path != null) {
            for (int[] point : path) {
                System.out.println("[" + point[0] + ", " + point[1] + "]");
            }
        } else {
            System.out.println("No path found.");
        }
    }

    public static List<int[]> findPath(int[][] maze) {
        int rows = maze.length;
        int cols = maze[0].length;
        boolean[][] visited = new boolean[rows][cols];
        int[][] parent = new int[rows][cols]; //用于回溯的父节点数组
        Queue<int[]> queue = new LinkedList<>();
        List<int[]> path = new ArrayList<>();

        queue.add(new int[]{0, 0});
```

```
            visited[0][0] = true;
            boolean pathFound = false;
            //BFS 主循环
            while (!queue.isEmpty() && !pathFound) {
                int[] current = queue.poll();
                int row = current[0];
                int col = current[1];
                //如果到达出口
                if (row == rows - 1 && col == cols - 1) {
                    pathFound = true;
                }
                //尝试向四个方向移动
                for (int[] dir : directions) {
                    int newRow = row + dir[0];
                    int newCol = col + dir[1];
                    //检查是否越界或遇到墙壁或已访问
                    if (newRow >= 0 && newRow < rows && newCol >= 0 && newCol < cols &&
maze[newRow][newCol] == 0 && !visited[newRow][newCol]) {
                        visited[newRow][newCol] = true;
                        parent[newRow][newCol] = row * cols + col; //记录父节点
                        queue.add(new int[]{newRow, newCol});
                    }
                }
            }

            //如果找到路径，回溯到起点
            if (pathFound) {
                int currentRow = rows - 1;
                int currentCol = cols - 1;
                while (currentRow != 0 || currentCol != 0) {
                    path.add(0, new int[]{currentRow, currentCol}); //添加到路径的开头
                    int parentIndex = parent[currentRow][currentCol];
                    currentRow = parentIndex / cols;
                    currentCol = parentIndex % cols;
                }
                path.add(0, new int[]{0, 0}); //添加起点
                return path;
            }
            //如果没有找到路径
            return null;
        }
    }
```

这段代码的主要部分是 findPath 方法，visited 数组用于跟踪哪些节点已经被访问过，以避免重复访问。parent 数组用于存储每个节点的父节点，以便在找到终点后能够回溯到起点。queue 是一个队列，用于存储待访问的节点。

在 BFS 的主循环中，先从队列中取出一个节点，检查它是否是终点。如果不是，则检查它的所有相邻节点，如果这些节点是可通行的并且没有被访问过，则将它们加入队列，并将它

们的父节点设置为当前节点。

当找到终点时，设置 pathFound 为 true，并退出主循环。然后，使用 parent 数组从终点回溯到起点，构建最短路径，并通过将每个节点添加到路径列表的开头来构建路径。

14.3　算法设计方法

算法设计是计算机科学中的核心部分，它涉及到解决问题的一系列清晰指令。在 Java 编程中，算法设计方法起着至关重要的作用，因为它可以帮助程序员更有效地编写代码并解决复杂问题。编程竞赛中绝大多数题目都需要选择合适设计方法来得到最优的答案。本节将深入探讨四种基本的算法设计方法：枚举法、贪心法、分治法以及动态规划法。

14.3.1　枚举法

枚举法，在算法设计中，是一种基础的策略。它通过遍历所有可能的解决方案来找到问题的答案。这种方法又称为暴力法或穷举搜索，通常用于问题规模较小或者解决方案的数量有限的情况。枚举法的核心是逐一检查所有可能的选项，直到找到满足条件的解。

枚举法的基本步骤：①明确需要枚举的变量和目标条件；②设计枚举的顺序和逻辑；③实现算法；④分析优化。它的优点是实现简单，逻辑清晰；缺点是对于大规模问题而言，计算量巨大，效率低下，往往不适合实际应用。在实际应用中，算法设计者会尝试寻找更加高效的算法，或者先通过枚举法解决小规模问题，再针对大规模问题进行算法优化或寻找近似解。

例 14.2　给定一个字符串，找出字符串中所有字符出现次数的最大公约数。如果字符串为空或者只包含一个字符，则最大公约数应为 1。如“abca”中字符‘a’出现两次，字符‘b’、‘c’出现一次，最大公约数为 1。

Copilot 指令：

```
//编写 Java 程序，找出给定字符串中所有字符出现次数的最大公约数。
//如果字符串为空或者只包含一个字符，则最大公约数应为 1。
//如输入：“abca”，输出：1，解释：字符‘a’出现 2 次，字符‘b’、‘c’出现 1 次，最大公约数是 1。
```

Java 代码：

```
public class CharacterGCD {
    public static int findGCDOfCharacters(String str) {
        if (str == null || str.isEmpty()) {
            return 1;
        }

        int[] charCount = new int[26];
        //统计每个字符的出现次数
        for (char c : str.toCharArray()) {
            charCount[c - 'a']++;
        }
        //枚举所有可能的公约数
        for (int i = 26; i > 1; i--) {
            if (isValidGCD(charCount, i)) {
                return i;
            }
```

```
        }
        return 1;
    }

    private static boolean isValidGCD(int[] charCount, int gcd) {
        for (int count : charCount) {
            if (count % gcd != 0) {
                return false;
            }
        }
        return true;
    }
    public static void main(String[] args) {
        Scanner scanner = new Scanner(System.in);
        String input = scanner.nextLine();
        System.out.println("字符串中的字符的最大公约数为: " + findGCDOfCharacters(input));
    }
}
```

该程序包含两个主要部分：findGCDOfCharacters 方法和 isValidGCD 方法。前者接收一个字符串并返回字符串中所有字符出现次数的最大公约数。如果输入字符串为空或只有一个字符，则最大公约数显然是 1，因此该方法首先检查这种情况。isValidGCD 方法则接收一个整数数组 charCount 和一个整数 gcd 作为输入，并返回一个布尔值，指示 gcd 是否为 charCount 中所有整数的公约数。它遍历 charCount 数组并检查每个元素的值是否能被 gcd 整除。

在本题中，我们使用了枚举法来寻找字符串中所有字符出现次数的最大公约数。枚举法是一种简单直观的解题方法。尽管它的时间复杂度可能较高，但在某些情况下，尤其是当问题的规模较小或者解的空间有限时，枚举法可以提供一种清晰且易于实现的解决方案。

在实际编程中需要注意，对于大规模的枚举问题，应该考虑算法的优化和效率提升，比如通过剪枝减少不必要的枚举，或者使用更高效的算法设计来降低时间复杂度。此外枚举法通常需要事先确定解的空间范围，这对于确定枚举的终止条件至关重要。

总之，枚举法是一种基础的算法策略，它适用于解决一些简单或特定类型的问题。然而，对于更复杂的算法问题，我们往往需要探索更高级的算法设计和分析技巧，以达到更好的性能和效率。在书籍的后续小节中将探讨更多这样的高级算法。

14.3.2 贪心法

贪心法是一种在每一步都采取当前看起来最优的选择，从而希望能导致全局最优解的算法策略。其设计思想是：对于一个复杂问题，如果它能够被分解成若干个局部问题，而且这些局部问题都容易找到最优解，那么全局问题的最优解就可能来自于这些局部最优解的组合。这种方法的特点是简单、直观，并且往往能快速给出问题的解。然而并不是所有问题都可以使用贪心法来求解的，只有那些具有“贪心选择性质”和“最优子结构”的问题才适合使用贪心法。“贪心选择性质”指的是，对于问题的任意一个局部最优解，都能产生全局最优解。而“最优子结构”指的是问题的最优解包含其子问题的最优解。

贪心法在计算机科学中有着广泛的应用，例如网络流、背包问题、动态规划等领域。掌握贪心法，不仅能够解决实际问题，还能够帮助理解算法设计中的基本思想。其基本步骤为：

①确定问题的最优解的特征；②设计一个递归或迭代的过程，每一步都采取在当前状态下最好或最优的选择；③逐步扩展这个过程，直到得到全局最优解。

例 14.3　商店里收银员正在给一位顾客结账。顾客共花费了 37 元，但没有零钱而给了 100 元。现有几种不同金额的钞票：50 元、20 元、10 元、5 元、1 元，每种钞票金额均符合要求，并且可以无限使用。问收银员最少给多少张钞票来找零。

Copilot 指令：

```
//设计 Java 程序，实现找零问题。顾客花费了 37 元但给了 100 元，收银员最少给多少张钞票来找零。
//现有几种不同金额的钞票：50 元、20 元、10 元、5 元、1 元，每种钞票金额均符合要求，并且可以无限使用。
```

Java 代码：

```java
public class MinCoinsForChange {
    public static int minCoins(int x) {
        //钞票面值数组
        int[] denominations = {50, 20, 10, 5, 1};
        int minCoins = 0;
        //遍历每个面值的钞票
        for (int denom : denominations) {
            //使用该面值的钞票
            while (x >= denom) {
                x -= denom;
                minCoins++;
            }
        }
        return minCoins;
    }

    public static void main(String[] args) {
        int amountGiven = 100; //顾客支付的金额
        int amountToPay = 37; //顾客花费的金额
        int changeToGive = amountGiven - amountToPay; //需要找零的金额
        int result = minCoins(changeToGive);
        System.out.println("最少需要的钞票数量为：" + result);
    }
}
```

运行代码后可以得到最少需要钞票数量为 5。minCoins 方法接收一个整数 x 作为需要找零的金额。其中使用了一个预定义的钞票面值数组 denominations，其中包含了 50 元、20 元、10 元、5 元和 1 元这五种面值的钞票。方法首先初始化钞票数量 minCoins 为 0。然后，它遍历 denominations 数组中的每个面值的钞票。对于每个面值使用贪心算法来计算最少钞票数量。它不断地从 x 中减去该面值的钞票金额，并增加钞票数量，直到 x 小于该面值的钞票金额。

贪心法的关键在于如何合理地定义“局部最优解”和如何有效地实现这些局部最优解的组合。在实际应用中，贪心法通常能够给出一个近似最优解，对于许多实际问题来说，已经足够有效。

14.3.3　分治法

分治法（Divide and Conquer）是算法设计中的一种基本策略，它将一个难以直接解决的大问题分解成若干个规模较小的相同或相似的问题，然后递归地解决这些子问题，最后将子问题的解合并以解决原问题。这种方法的名字“分而治之”准确地描述了其思想：将问题分而治之，直到可以简单解决，然后将解决方案组合起来解决原问题。之前所学的快速排序就使用了分治法，先将数据分为较小的子集，对子集进行排序后合并得到结果。

分治法包括分解、递归求解和合并三个步骤。分解将原问题分解为子问题。子问题尽可能地相互独立且与原问题的结构相同。递归求解会递归地应用分治解决子问题，意味着子问题可能会继续被分解成更小的子问题，直到它们足够小，可以直接求解。合并将子问题的解合并成一个最终的解，这个解能够解决原问题。合并操作通常是分治法中最困难的部分，因为它需要确保合并后的结果是正确的。

分治法的关键优点是它能够提供高效的算法，特别是在处理大规模数据时。它能够利用多处理器并行处理子问题，从而提高计算效率。此外，分治法通常能够提供良好的最坏情况性能保证。

例 14.4　最近点对问题要求在一个给定的点集中找到距离最近的两个点。假设点集为 points = [(2, 3), (1, 3), (4, 5), (5, 1), (1, 1), (3, 4)]。请求出相距最近的两个点之间的距离。

提示：在本题中枚举法是一种可行的方法，但随着点的数量增多，其运行时间将呈二次方增长，可能导致超时，尤其在有运行时间限制的竞赛场景中。因此这不是一个高效的解决方案。

为了提高效率我们可以采用分治策略。基本思想是逐渐将点集拆分为更小的子集，然后对每个子集计算点之间的最短距离。最后，合并所有子集，找出真正的全局最短距离。

通过这种方式能够确保找到的是真正的全局最短距离，而不仅仅是某个小集合中的最短距离。由于分治策略的使用，算法复杂度不会随着点的数量增加而增加，从而提高了算法的效率。

Chat GPT 指令：

```
//设计 Java 程序，使用分治法解决最近点对问题
//点集为 points = [(2, 3), (1, 3), (4, 5), (5, 1), (1, 1), (3, 4)]
```

得到的解题思路和 Java 程序：

```
思路：
1.按照 x 坐标将点集排序。
2.递归地将点集分为两半。
3.分别在左右子集中递归寻找最近点对。
4.合并左右子集的结果，找到横跨两个子集的最近点对。
5.比较横跨两个子集的最近点对与左右子集中的最近点对，选择距离更短的那一对。
代码：
import java.awt.*;
import java.util.Arrays;

public class ClosestPair {
    //计算两点之间的距离
    private static double distance(Point a, Point b) {
        return Math.sqrt(Math.pow(a.x - b.x, 2) + Math.pow(a.y - b.y, 2));
    }
    //分治法解决最近点对问题
```

```
public static double closestPair(Point[] points) {
    Arrays.sort(points, (a, b)-> a.x - b.x); //排序点集
    return closestPairRecursive(points, 0, points.length - 1);
}

//递归函数，实际执行分治操作
private static double closestPairRecursive(Point[] points, int start, int end) {
    int n = end - start + 1;
    if (n <= 3) {
        //如果点集大小小于等于 3，则直接计算
        double minDistance = Double.MAX_VALUE;
        for (int i = start; i < end; i++) {
            for (int j = i + 1; j <= end; j++) {
                double dist = distance(points[i], points[j]);
                if (dist < minDistance) {
                    minDistance = dist;
                }
            }
        }
        return minDistance;
    } else {
        //否则，将点集分为左右两部分，递归求解
        int mid = (start + end) / 2;
        double dl = closestPairRecursive(points, start, mid);
        double dr = closestPairRecursive(points, mid + 1, end);
        double d = Math.min(dl, dr);

        //在中线上查找更近的点对
        Point[] strip = new Point[n];
        System.arraycopy(points, start, strip, 0, n);
        return findClosestInStrip(strip, d);
    }
}

//在分割线附近找到最近点对
private static double findClosestInStrip(Point[] strip, double d) {
    int n = strip.length;
    Arrays.sort(strip, (a, b) -> Integer.compare(a.y, b.y));
    for (int i = 0; i < n; i++) {
        for (int j = i + 1; j < n && (strip[j].y - strip[i].y) < d; j++) {
            double dist = distance(strip[i], strip[j]);
            if (dist < d) {
                d = dist;
            }
        }
    }
    return d;
}
```

```
    public static void main(String[] args) {
        Point[] points = {
                new Point(2, 3),
                new Point(1, 3),
                new Point(4, 5),
                new Point(5, 1),
                new Point(1, 1),
                new Point(3, 4)
        };
        System.out.println("最近点对之间的距离为： " + closestPair(points));
    }
}
```

程序首先按照输入的点集的 x 坐标进行排序，然后调用 closestPair 方法解决问题。在 closestPair 中，采用分治法递归将问题分解为子问题，并计算左右子问题的最近点对距离。对于规模小于等于 3 的子问题，程序采用暴力法直接计算点对距离。

在合并过程中，需要考虑分割线附近的带状区域内可能存在更近点对的情况，通过调用 findClosestInStrip 方法，在该区域内找到最近点对的距离。findClosestInStrip 方法首先将带状区域内的点按照 y 坐标进行排序，然后遍历点集，计算相邻点对之间的距离，不断更新最小距离。整个算法的时间复杂度为 $O(n \log n)$，其中 n 为点集的大小。这段代码在通过递归分治和考虑中间区域的方式上，有效地解决了最近点对问题。

14.3.4 动态规划法

动态规划（Dynamic Programming）是一种解决复杂问题的优化技术，它通过将问题分解为子问题并记忆子问题的解，从而提高算法的效率。其基本思想是将一个大问题划分成许多小问题，通过解决小问题来解决整个大问题。这种分治策略需要满足最优子结构，即问题的最优解可以通过子问题的最优解来构造。

动态规划的关键在于巧妙地定义问题的状态以及建立清晰的状态转移方程。状态是问题的关键信息，具体描述了问题的不同方面和随着问题规模的变化而变化的特性。良好定义的状态对于问题的建模至关重要。通过精准地定义状态转移方程，能够将原始问题巧妙地划分为一系列相互关联的子问题，并详细说明如何从一个状态过渡到另一个状态。这个过程是动态规划问题的核心，为解决复杂问题提供了框架和方法。

例 14.5 有一个背包，最大容量为 C=10。现有 4 个物品，每个物品有重量 w[i]和价值 v[i]两种属性。要求选择一些物品放入背包中，使得在不超过背包容量的前提下，背包中物品的总价值最大。数组 w={2, 3, 4, 5},v={3, 4, 5, 6}。

在这个问题中，状态可以被定义为“当前选择了前 i 个物品，背包剩余容量为 j 时的最大总价值”。具体而言，我们可以用二维数组 dp[i][j]表示这个状态。其中，i 表示前 i 个物品，j 表示背包剩余容量。dp[i][j]的值即为在这个状态下的最大总价值。

因此，我们希望求解的是在给定背包容量下，能够获得的最大总价值。为了达到这个目标，我们需要思考每个物品放入或不放入背包的决策。考虑第 i 个物品，有两种选择。

（1）放入背包：如果选择放入第 i 个物品，那么背包的剩余容量就减少了，我们需要找到在剩余容量下选择前 i-1 个物品的最优解。此时的总价值为 dp[i-1][j-weights[i-1]] + values[i-1]。

（2）不放入背包：如果选择不放入第 i 个物品，那么背包的容量不变，我们需要找到在相同容量下选择前 i-1 个物品的最优解。此时的总价值为 dp[i-1][j]。

综合上述两种选择可以得到状态转移方程：

```
if (weights[i - 1] <= j) {
    dp[i][j] = Math.max(dp[i-1][j], dp[i-1][j - weights[i-1]] + values[i-1]);
} else {
    dp[i][j] = dp[i-1][j];
}
```

对于当前的物品 i 和当前的背包容量 j，选择放入和不放入两种情况，取其中的最大值作为当前状态的最优解。这样，我们通过迭代和填表的方式，最终能够求解出整个问题的最优解。

Copilot 指令：

```
//写一个 Java 代码，使用动态规划解决 0-1 背包问题
//背包容量 C=10；物品数量为 4，重量分别为{2, 3, 4, 5}，价值分别为{3, 4, 5, 6}
```

代码实现：

```
public class Knapsack {
    public static int maxValue(int C, int[] weights, int[] values) {
        int n = weights.length;
        //dp[i][w] 表示前 i 个物品，在背包容量为 w 时的最大总价值
        int[][] dp = new int[n + 1][C + 1];
        for (int i = 1; i <= n; i++) {
            for (int w = 1; w <= C; w++) {
                //如果第 i 个物品的重量小于等于当前背包容量 w
                if (weights[i - 1] <= w) {
                    //选择第 i 个物品和不选择第 i 个物品两种情况下的最大值
                    dp[i][w] = Math.max(dp[i - 1][w], dp[i - 1][w - weights[i - 1]] + values[i - 1]);
                } else {
                  //如果第 i 个物品的重量大于当前背包容量 w，则不能选择该物品
                    dp[i][w] = dp[i - 1][w];
                }
            }
        }
        //返回最终结果，即前 n 个物品，在背包容量为 C 时的最大总价值
        return dp[n][C];
    }

    public static void main(String[] args) {
        int C = 10;
        int[] weights = {2, 3, 4, 5};
        int[] values = {3, 4, 5, 6};
        System.out.println(knapsack.maxValue(C, weights, values)); //输出为 10
    }
}
```

动态规划有常见的应用场景。在编程竞赛中，熟练掌握动态规划思想和常见问题的建模方法是非常重要的。通常，了解问题的性质、定义好状态、找到状态转移方程以及合理设计算法流程是解决动态规划问题的关键。

本章小结

1．算法竞赛是一个以解决特定问题或完成特定任务为目标的竞赛活动，知名的有 ICPC 和蓝桥杯等。

2．算法是解决问题或执行任务的一系列有序步骤，关键特征包括明确定义的步骤、输入与输出的概念、有穷性和确定性。

3．算法分析是一门关键的学科，它涉及到对算法在不同输入条件下的行为进行评估，并确定其效率和可估计性。

4．时间复杂度是一个代表算法输入值的字符串的长度的函数，常用大 O 符号表述。空间复杂度表示一个算法完全执行所需要的存储空间大小。

5．快速排序和希尔排序是冒泡和插入排序的升级，分别通过递归和预排序提升效率。

6．深度优先搜索适合于解决路径问题，通常使用递归实现。

7．广度优先搜索适合于查找最短路径，通常使用队列实现，因此需要更多的内存。

8．枚举法是一种基础的策略，通过遍历所有可能的解决方案来找到问题的答案。

9．贪心法是一种在每一步都采取当前状态下最好或最优的选择，以得到全局最好或最优解。

10．分治法将问题分而治之，直到可以简单解决，然后将解决方案组合起来解决原问题。

11．动态规划将一个大问题划分成许多小问题，通过解决小问题来解决整个大问题，并保存子问题的解来避免重复计算。

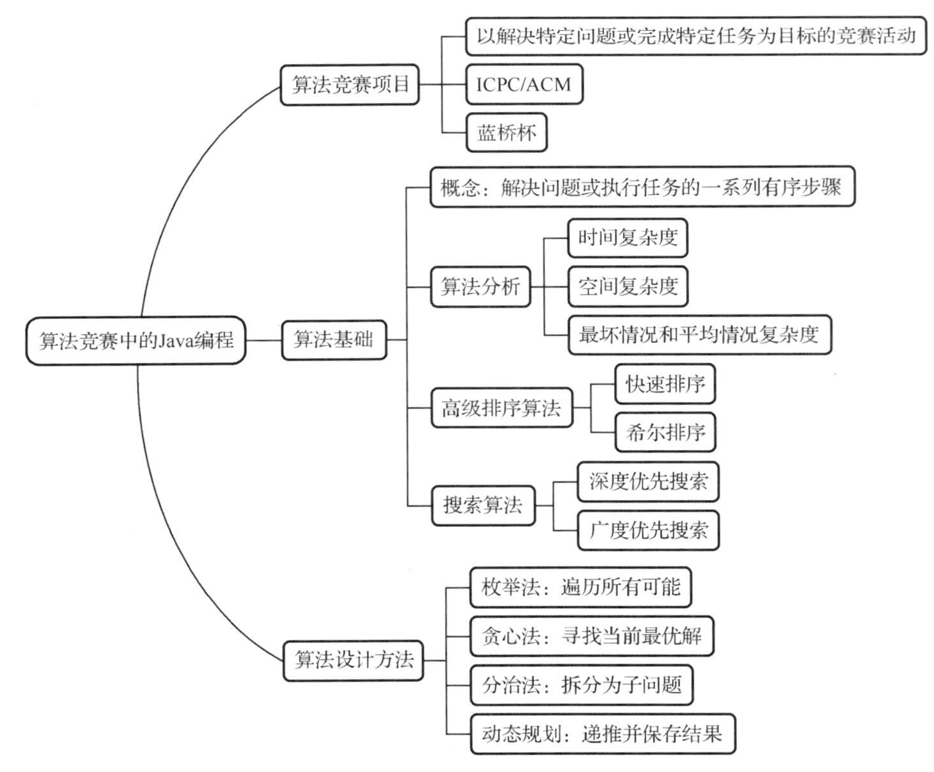

习题 14

注：以下练习题为竞赛题，难度较高。本章的学习目的是利用 AI 辅助解决竞赛问题。因此，在练习时，无须完全自行解决问题，只需在 AI 的协助下理解题目所应用的算法，以及为何采用这些算法。同时，要能够看懂 AI 提供的辅助代码。

1. [2011 COCI] HAJBOL 5

题目要求编写一个程序，根据选手在每个任务上获得的分数，确定选手的总分数，并列出对总分有贡献的排名前五的任务。没有选手会在两个不同的任务上得到相同的分数。

输入：输入包含 8 行。每行包含一个正整数 X（$0 \leq X \leq 150$），第 i 行的数字 X 表示选手在第 i 个问题上获得的分数。所有 8 个数字 X 都是不同的。

输出：输出的第一行包含选手获得的总分数。输出的第二行包含贡献到总分的排名前五的任务的索引，按升序排列，用单个空格分隔。任务的索引是从 1 到 8 的正整数。

2. [2010 USACO] Buying Feed

FJ 开车去买 K 份食物，假设他的车上有 X 份食物。每走一里就花费 X 元。FJ 的城市是一条线，总共 E 里路，有 E+1 个地方，标号 0～E。FJ 从 0 开始走，到 E 结束（不能往回走），要买 K 份食物。城里有 N 个商店，每个商店的位置是 X_i（一个点上可能有多个商店），有 F_i 份食物，每份 C_i 元。问到达 E 并买 K 份食物的最小花费。

输入：第一行：三个整数 K、E 和 N，$1 \leq K \leq 100$，$1 \leq E \leq 350$，$1 \leq N \leq 100$。第二行到第 N+1 行：第 i+1 行有三个整数 X_i、F 和 C。

输出：单个整数，表示购买和运送饲料的最小费用之和。

3. [2006 USACO] Backward Digit Sums

FJ 和他的牛喜欢玩一个思维游戏。他们按某种顺序写下从 1 到 N（$1 \leq N \leq 10$）的数字，然后相加相邻的数字以产生一个减少一个数字的新列表。他们重复这个过程，直到只剩下一个数字。例如，游戏的一个实例（当 N=4）可能如下所示：

```
3   1   2   4
  4   3   6
    7   9
     16
```

后面 FJ 回来了，牛们开始玩一种更难的游戏，他们试图从最后的总数和数量来确定开始的顺序 N。不幸的是，这个游戏难度略高于 FJ 心算能力。编写一个帮助程序 FJ 玩游戏，跟上牛的步伐。

输入：两个整数 N 和 sum。

输出：一行开始的顺序。若有多解，输出字典序列中最小的答案。

4. [2000 NOI] 青蛙过河（改）

有一队大小各不相同的青蛙想要从左岸的石墩 A 过河到右岸的石墩 D。河中有 m 片荷叶和 n 个石墩。青蛙的站队和移动规则如下：

（1）每只青蛙只能站在荷叶、石墩，或者仅比它大一号的青蛙背上。

（2）一只青蛙只有背上没有其他青蛙的时候才能够从一个落脚点跳到另一个落脚点。

（3）青蛙允许从石墩 A 直接跳到河心的石墩、荷叶和右岸的石墩 D 上，允许从河心的石墩和荷叶跳到右岸的石墩 D 上。

（4）青蛙在河心的石墩之间、荷叶之间以及石墩和荷叶之间可以来回跳动。

（5）青蛙在离开左岸石墩后，不能再返回左岸；到达右岸后，不能再跳回。

（6）每一步只能移动一只青蛙，并且移动后需要满足站队规则。

在一开始的时候，青蛙均站在石墩 A 上，最大的一只青蛙直接站在石墩上，而其他青蛙依规则（1）站在比其大一号的青蛙的背上。

给定石墩和荷叶的数量，求解在满足以上规则的前提下，最多有多少只青蛙能够顺利过河。

输入：两个整数 n 和 m。

输出：一个整数，表示最多能有多少只青蛙可以根据以上规则顺利过河。

第 15 章　AI 链无代码生成平台 Sapper

Sapper 是本团队面向大众设计的一款人工智能集成开发环境（IDE）。Sapper 集成了多个功能模块，包括 Agent Base、Experience Base、API Base，以及可用于 Agent 发布与使用的 Market 模块。

本章学习目标

一、知识目标

1．了解 SPL（Structed Prompt Language）语言的特点和基本语法。

2．了解 SPL 在 AI 链开发（Agent）中的重要作用。

二、技能目标

1．能够运用 Sapper 快速地开发一个简单的智能体（Agent）。

2．掌握运用 Sapper 为大模型（LLM）构建一个私人领域知识库（Domain Knowledge Base）。

3．掌握 SPL Prompt 的简单编写。

4．能够运用 Agent 开发过程中的调试功能（Debug）进行功能测试，并将完善的 Agent 发布到 Market 中，供其他人使用。

三、情感态度与价值目标

1．保持开放和积极的心态。面对复杂和具有挑战性的 Agent 开发任务时，保持乐观、勇于尝试和坚持不懈的态度，培养解决问题的信心与热情。

2．勇担 Agent 开发和应用过程中的责任。提倡开发精确、可信、负责的 AI 链应用。

15.1　SPL 语言

SPL 是本团队为解决大语言模型的精控问题而设计的一种特殊语言。SPL 不同于普通的编程语言，它同时具备自然语言的灵活性以及编程语言的规范性，为自然语言处理开辟了一条全新的路径。SPL 也是 Sapper 平台的核心组件之一，本节将围绕该内容展开。

15.1.1　SPL 语言特性

伴随着人工智能研究的持续深入与白热化，各种 AI 技术如雨后春笋般涌现。大语言模型（Large Language Model）作为当下最为热门的人工智能研究领域，其应用范围非常广泛。其中较为成熟的 AIGC（AI-Generated Content）技术已经逐渐普及，目前较为知名的大语言模型有 ChatGPT、文心一言和讯飞星火等。而自然语言处理是大模型应用的一大难点，本小节内容将详细介绍 SPL 在自然语言处理方面的独特优势。

自然语言一般是人类与生俱来的信息交换媒介，但自然语言处理却是一个非常棘手的问题，它具备多样性、抽象性、歧义性和非规范性等多个不利于大语言模型理解的特性。具体有关自然语言处理的内容请见本章拓展阅读。

受编程语言（Programming Language）相关特性的启发，本团队创新性地设计了一种特殊语言 SPL，它同时具备自然语言的灵活性和编程语言的规范性，如图 15-1 所示。

```
@Priming "I will provide you the instructions to solve problems. The instructions will be written in a semi-structured format. You should executing all instructions as needed"
英语口语助手{
        @Persona {
                @Description{
                        You are a professional and articulate English-speaking coach.
                }
        }
        @Audience {
                @Description{
                        Students seeking to improve their spoken English.
                }
        }
        @ContextControl {
                @Rules Engage with students in a clear and professional manner.
                @Rules Provide constructive spoken language advice tailored to each student's needs.
                @Rules Always reply in English, even if the user provides Chinese prompts.
                @Rules Always remember that you are an English teacher.Do not answer irrelevant content in an AI tone or in a format that does not conform to normal human speech.

        }
        @Instruction Communication Expert{
                @Commands Engage students in conversation in English.
                @Commands Listen to students' spoken English and provide feedback.

                @Rules Ensure communication is clear and articulate.
                @Rules Offer constructive oral language advice without being overly critical.
                @Rules The tone can be slightly humorous, but do not abuse it.

        }
        @Instruction Pronunciation Advisor{
                @Commands Provide constructive feedback on spoken English.
                @Commands Offer specific suggestions to improve students' spoken English.

                @Rules Ensure all advice is clear and articulately delivered.
                @Rules Tailor feedback to each individual student's level of proficiency.
                @Rules Provide no more than three suggestions, and each suggestion should be as detailed as possible.

        }

}
You are now the 英语口语助手 defined above, please complete the user interaction as required.
```

图 15-1　SPL 语法结构

从图 15-1 我们可以非常直观地看出，SPL 相较普通的自然语言，其层次结构与语块结构更加分明。从某种角度来说，SPL 定义了一种全新的，依托大语言模型的 AI 链软件开发形式。不同于 Langchain 的硬编码形式，SPL 本质还是自然语言，因此它的学习成本和使用门槛相对较低，更适合广大群众学习使用。

总的来说，SPL 主要作用于对大模型的一种应用限制，将其注意力集中在某一特定领域，从而增强其输出质量。

15.1.2　SPL 构成

SPL 主要由四大核心模块构成，语句使用符号“@”作为标识。这里以图 15-1 对应的 AI 链应用为例来介绍。

一、Persona 模块

如图 15-2 所示，Persona 的作用是定义 LLM 的应用角色，类比一个 App 在开发以及推广之前必须做好市场调研，确定自己的应用场景一样。

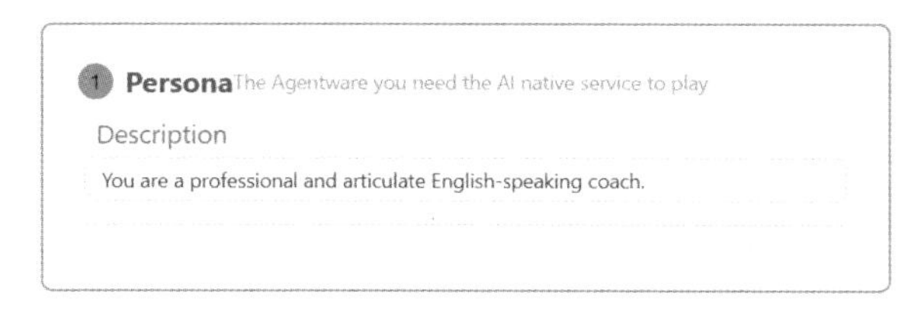

图 15-2　SPL Persona 模块

二、Audience 模块

如图 15-3 所示，Audience 的作用是定义 AI 链应用面向的使用对象。

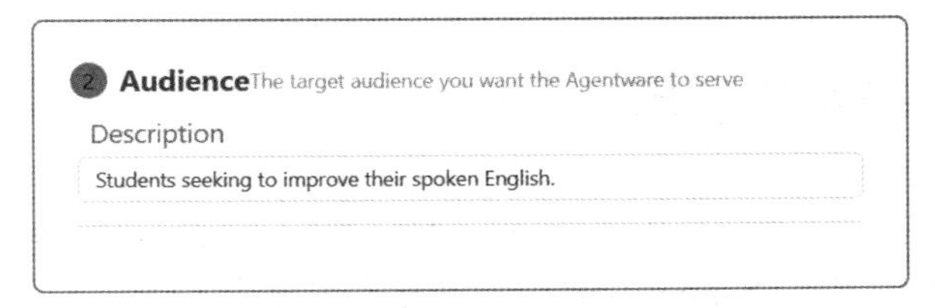

图 15-3　SPL Audience 模块

三、ContextControl 模块

如图 15-4 所示，ContextControl 的作用是定义 AI 链应用输出的全局约束，例如，限制 LLM 只能使用英文输出，不能使用其他语言。

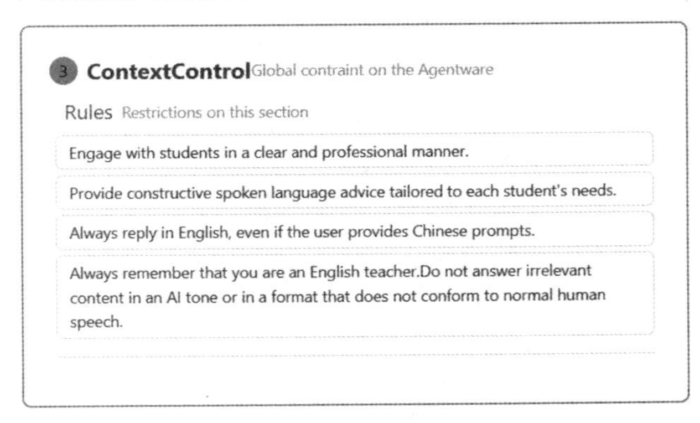

图 15-4　SPL ContextControl 模块

四、Instruction 模块

Instruction 模块是整个 SPL 的核心组件，它负责引导 LLM 的具体行为。一个合法的 AI 链应用，只能有一个 Persona 和一个 Audience，但是允许存在多个 Instruction 模块，这也是 AI 链的核心理念。

每个 Instruction 模块包含三个小模块：Name、Commands 和 Rules，分别定义 LLM 行为对应的名称、具体步骤以及需要遵守的规则约束，如图 15-5 所示。

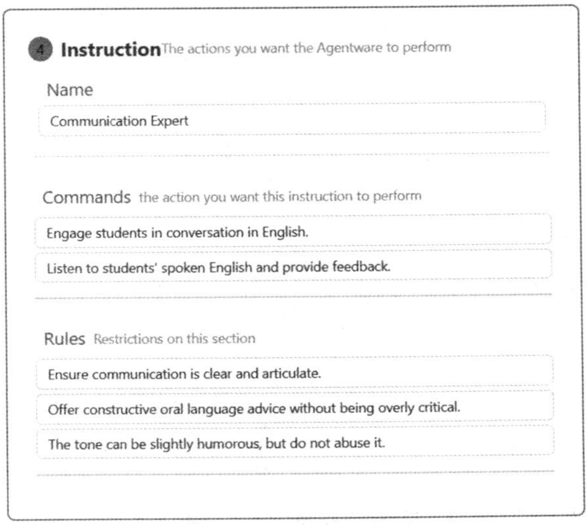

4 Instruction The actions you want the Agentware to perform

Name

Communication Expert

Commands the action you want this instruction to perform

Engage students in conversation in English.

Listen to students' spoken English and provide feedback.

Rules Restrictions on this section

Ensure communication is clear and articulate.

Offer constructive oral language advice without being overly critical.

The tone can be slightly humorous, but do not abuse it.

图 15-5　SPL Instruction 模块

15.2　Agent 开发与使用

使用 Sapper IDE 开发的基于 LLM 的应用，我们称为 AI 链应用，也称为智能体（Agent）。本节内容将重点介绍如何使用 Sapper IDE，无代码式地开发功能各异的 Agent。

15.2.1　Agent 开发

我们使用浏览器访问 Sapper 官方网站，进入登录界面，你需要使用邮箱注册一个账号，如图 15-6、图 15-7 所示。

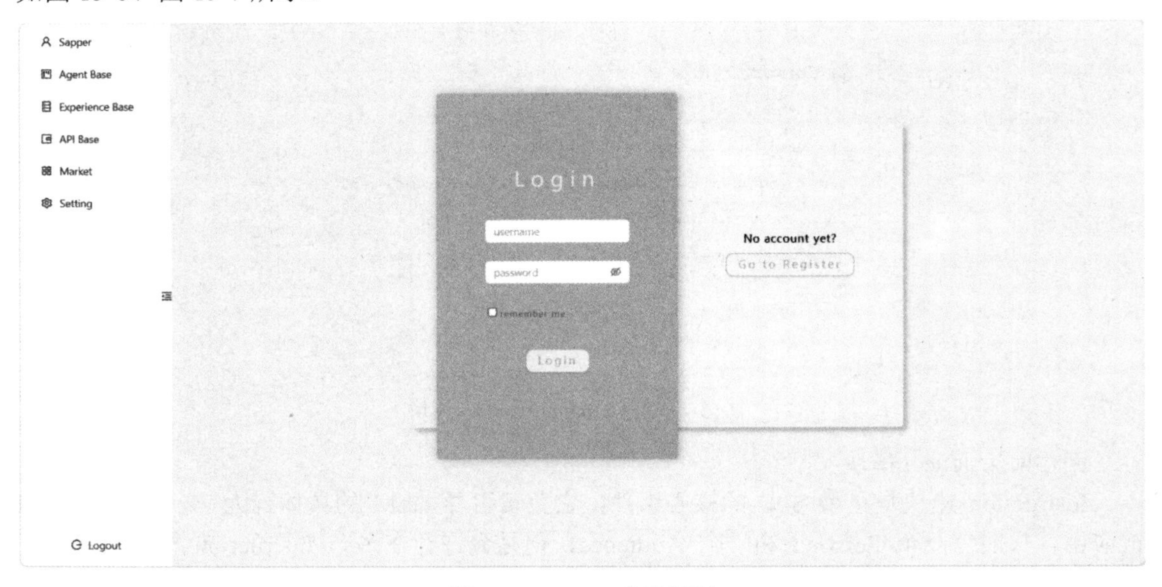

图 15-6　Sapper 登录界面

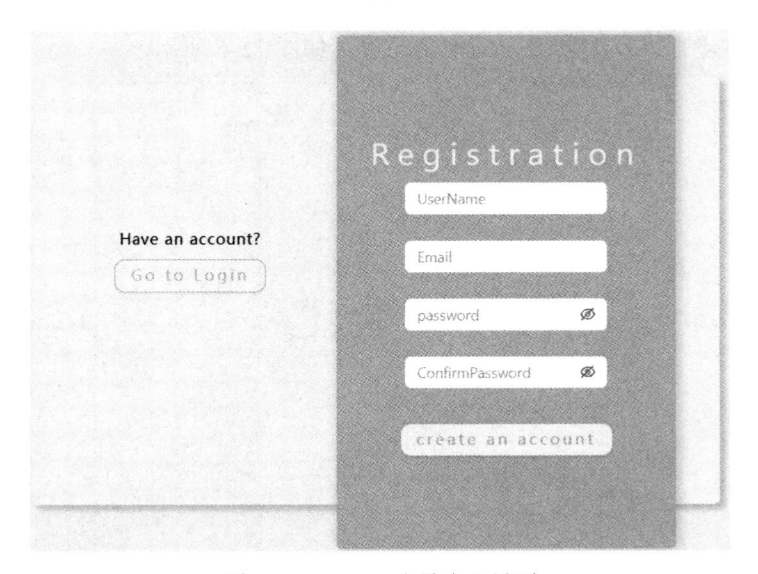

图 15-7　Sapper 账号注册界面

完成以上步骤，你将看到以下初始界面，默认处于 Agent Base 模块，如图 15-8 所示。在后续 Agent 开发过程中，用户创建的所有 Agent 都将保存在此模块并展示。

图 15-8　Sapper Agent Base 模块展示

我们可以看到，在图 15-8 的最上端有三个选项，分别为引导式 Agent 开发、自由式 Agent 开发，以及正在开发中的 Agent 导入功能。

快速开发 Agent 的基本步骤介绍如下。

一、初始化 SPL 表单

我们一般推荐使用 Create Agent(Guided)（即引导式 Agent 开发）进行 Agent 快速开发，点击该按钮会弹出如图 15-9 所示的一个表单。

这是开发 Agent 的第一步，即明确自己的需求，这里以图 15-1 中的 Agent“英语口语助手”为例。你可以自定义 Agent 的名称，最重要的是对于 Agent 的基本业务需求需要清晰地描述：“你是一位专业的英语口语辅导教师，负责和学生进行口语交流并给出口语改进建议”，如图 15-9 所示。

Create Agent

Agent Name:

英语口语助手

Description:

你是一位专业的英语口语辅导教师，负责和学生进行口语交流并给出口语改进建议。

Personal Domain Knowledge:　37 / 300

Type:

Tool Agent

Start　Cancel

图 15-9　Create Agent(Guided)表单界面

完成以上表单的填写以后，Sapper 会自动生成一张 SPL 表单，其中包含了实现该 Agent 功能的所有基本信息。该表单的所有栏目内容均可修改，并且可供拖动以调整各语块之间的先后顺序，如图 15-10 所示。

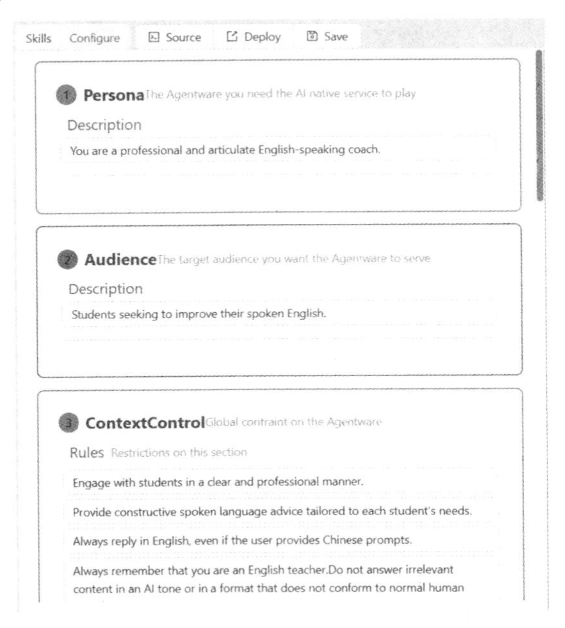

图 15-10　Sapper 自动生成 SPL 表单

当然，如果你非常明确自己的业务需求，可以点击 Create Agent(Free)（自由式 Agent 开发）手动编辑 SPL 表单，如图 15-11 所示。

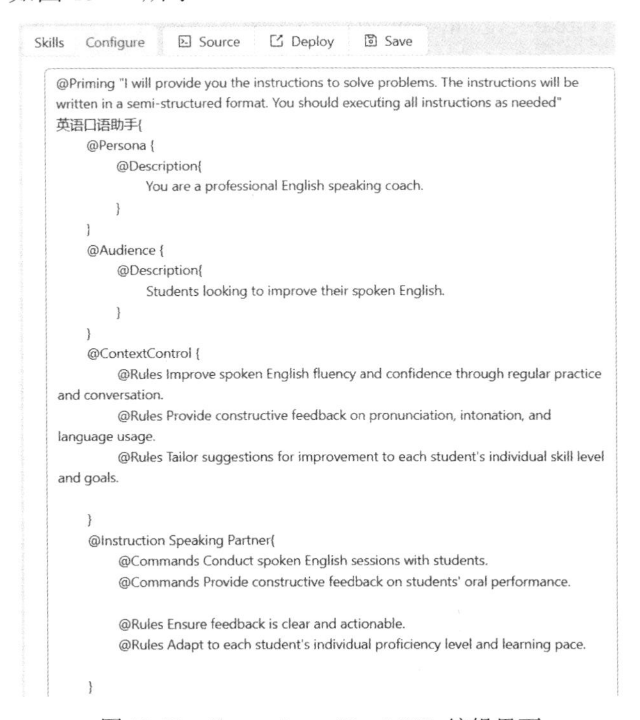

图 15-11　Create Agent(Free) SPL 编辑界面

谨记，不论用户使用什么方式初始化 SPL 表单，完成之后都需要点击图 15-10 和图 15-11 中的 Save 按钮保存表单信息，否则所有表单信息都将丢失。

二、构建 AI 链

在 Sapper 中构建 AI 链非常简单，完成表单初始化并保存之后，用户只需依次点击表单下方的 Refactor&Optimize 按钮进行表单重构，完成以后保存，最后点击 Compile 按钮进行编译即可。请注意，如果用户对表单内容做出改动，需要重复以上步骤。出现如图 15-12 所示的反馈信息，即代表编译成功。

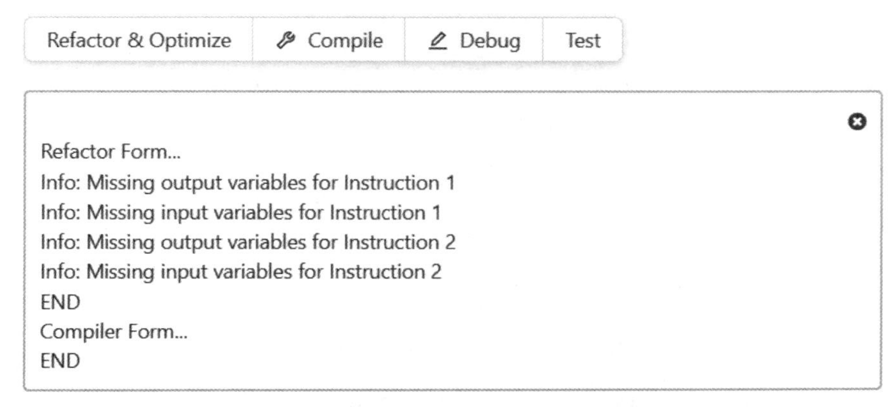

图 15-12　反馈信息（SPL 表单重构与编译）

完成编译后，用户可以点击图 15-12 中的 Debug 按钮查看 AI 链，结果如图 15-13 所示。

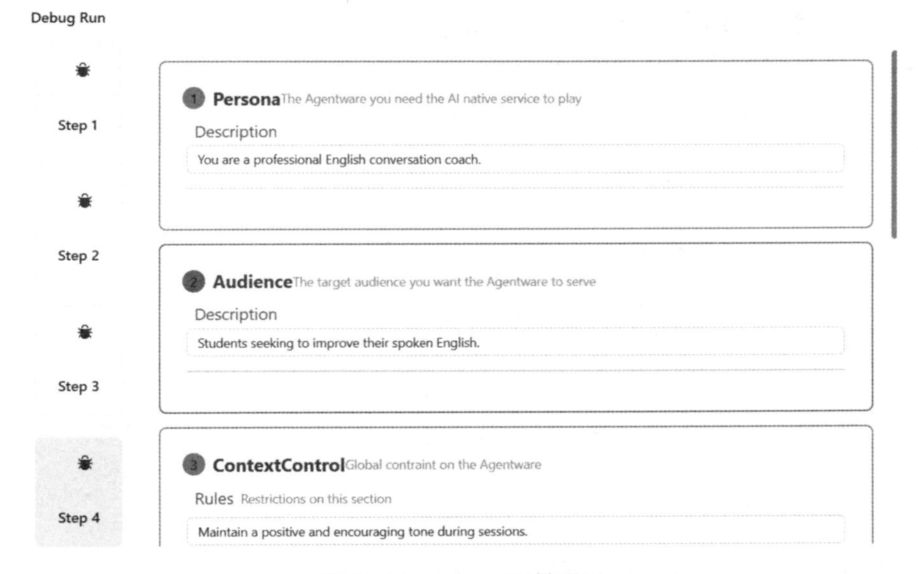

图 15-13　Sapper AI 链展示

三、运行 Agent

顺利完成以上两个步骤，用户即可在右侧的交互窗口运行开发完成的 Agent，如图 15-15 所示。

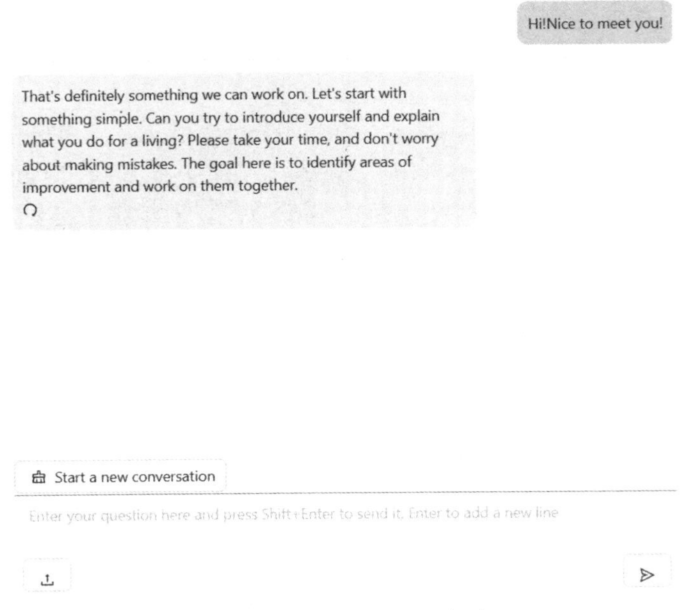

图 15-15　Sapper Agent 运行窗口

此外，用户还可点击图 15-15 中的 Upload File 按钮上传本地图片，指引 GPT-4 解析图片内容。

四、Agent 参数配置

用户可以点击图 15-10 中顶部栏目的 Configure，配置 Agent 相关参数，比如模型选择、多样性参数（Temperature）、Welcome message 以及 Sample Query，如图 15-16 所示。

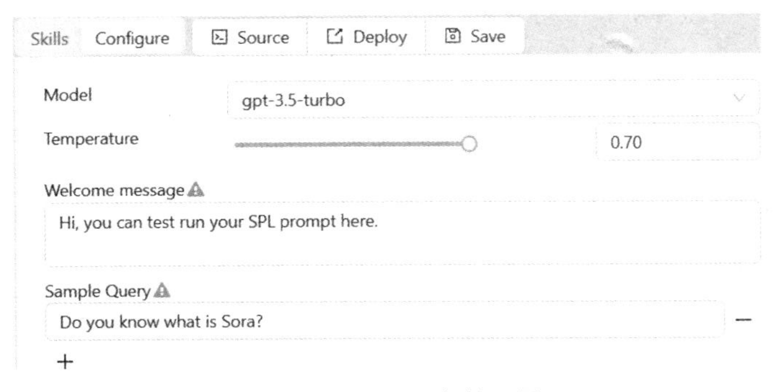

图 15-16　Agent 参数配置

15.2.2　Agent 使用

Sapper 中 Agent 的使用场景非常丰富，具体有以下方式。

1．开发环境使用 Agent。

2．Agent Base 模块使用 Agent。

用户可以在 Sapper 的 Agent Base 模块使用已创建的 Agent，如图 15-17 所示。点击即可弹出类似图 15-18 所示的窗口，以供用户和 Agent 进行交互。此外用户还可点击图 15-17 中下方的小锁图案，将自己的 Agent 发布到 Market 模块，以供其他用户使用，同时也可以将 Market 中的 Agent 添加到自己的 Agent Base。

Sapper Market 模块如图 15-18 所示。

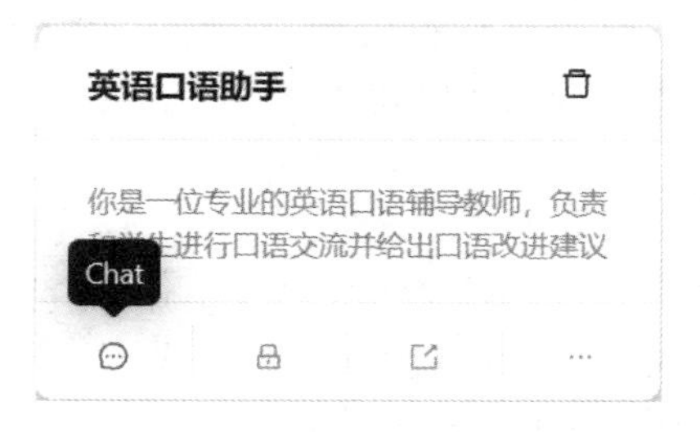

图 15-17　Agent Base 环境使用 Agent

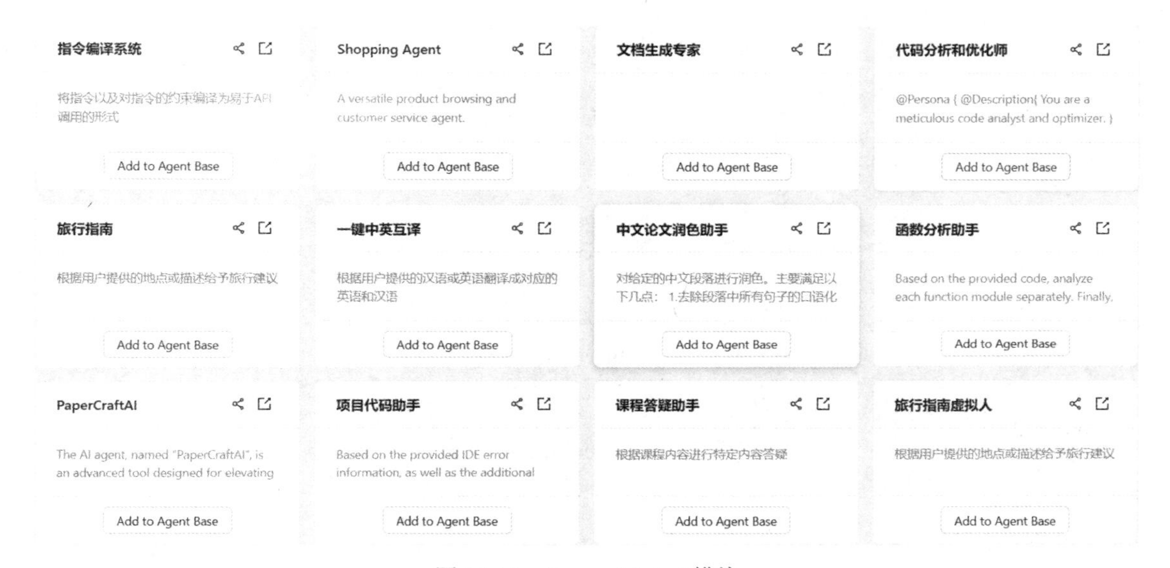

图 15-18　Sapper Market 模块

3．Market 环境使用 Agent

用户可以在图 15-18 所展示的 Market 模块中使用所有公开发布的 Agent，点击即可弹出类似图 15-17 的交互窗口。

15.3　Sapper 高级特性

新版 Sapper 具备了很多高级特性，集成了很多前沿 AI 技术。本节内容将围绕 Sapper 的智能表单、RAG 以及 Debug 展开叙述，帮助读者开发功能更加强大的 Agent。

15.3.1　智能表单

在 15.2 节的内容中，通过操作演示，相信读者已经掌握如何编辑 Create Agent(Guided)模式下生成的表单。一般情况下，我们如果需要调整 Agent 的行为，只需要编辑 Instruction 模块中的 Command 以及 Rules 即可。但读者可能会疑惑为何需要先进行表单重构，再进行 AI 链编译。这是由于新版 Sapper 引入了一个智能表单的概念，它将用户的输入内容作为变量集成在 SPL 当中，从而构成了一张动态智能表单。而在旧版 Sapper 的设计当中，所生成的表单是静态的，它仅仅是对 LLM 的 Defination，用户的 Input 是独立于整个表单之外的。

智能表单的设计巧妙地融合了 SPL 的结构特点与软件工程思维，使之不再仅仅只是对 LLM 的简单定义，而是将其设计成类似编程语言中“类”的概念，作为高质量 Prompt 的模板。用户在使用 Agent 时，每次输入都像是实例化了一个 Prompt 对象，进一步增强了 Agent 的输出质量。

一、Sapper 智能表单内置变量

在 15.2 节内容中提到，用户点击重构按钮之后，Sapper 会自动为表单配置必需变量，其中包含了 UserRequest 和 TemporaryVariable 两个内置变量。如果用户试图修改智能表单的内置变量，将导致表单重构无法通过，如图 15-19 以及图 15-20 所示。

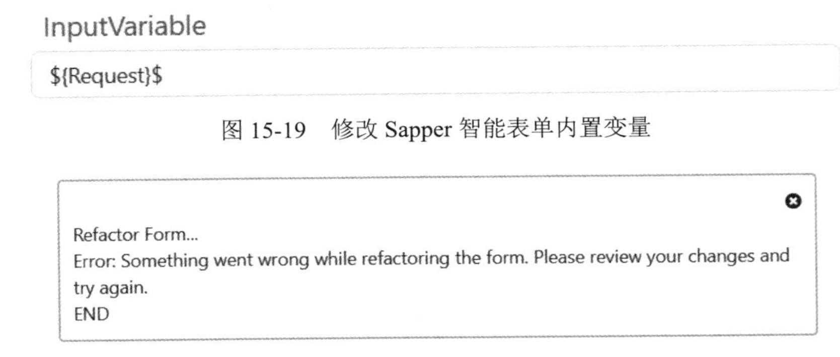

图 15-19　修改 Sapper 智能表单内置变量

图 15-20　报错信息

如果不小心误删了表单中的某个组件，不用担心，你可以点击每个模块下方的 Add Sub-section 按钮添加相应的组件，点击 Add Section 按钮也可以添加各类模块，如图 15-21 和图 15-22 所示。

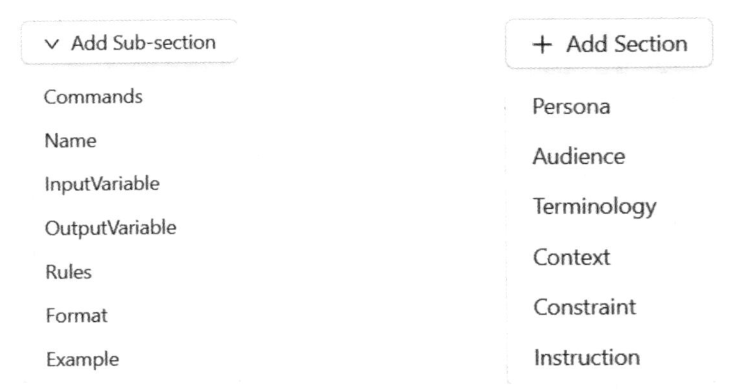

图 15-21　添加模块栏目组件　　　图 15-22　添加表单模块

二、自定义变量

用户可以在 Sapper 智能表单中自由创建多个变量，从而实现 Agent 的动态定义，使之可以面向不同人群。在 Sapper 智能表单中，变量使用标识符“${}$”标识，中间填入定义的变量名，然后在用户交互界面，用户可以点击左上角的设置按钮自行为变量赋值。

具体操作介绍如下。

1．定义变量：使用${面向人群}$语句定义一个名为“面向人群”的变量，随后会弹出如图 15-23 和图 15-24 的表单。在这张表单中，我们可以填入提示词，并设置用户的变量赋值方式：文字输入，多项选择。

Audience The target audience you want the Agentware to serve
Description
$(面向人群)$ seeking to improve their spoken English.
Placeholder text
请输入面向人群:
Parameter Type
Cloze
Ok
ld Sub-section
Context
Rules Restric

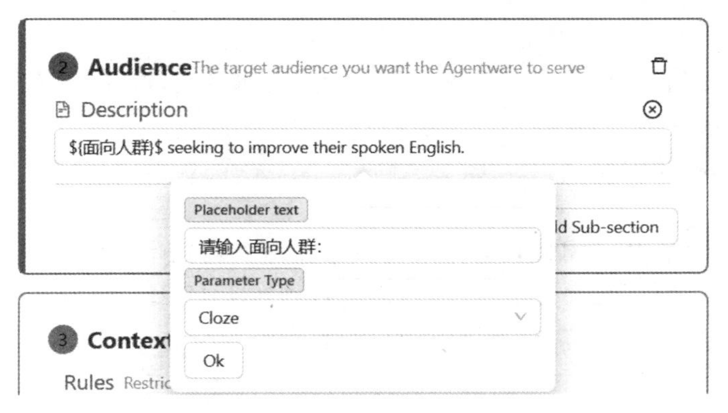

图 15-23　Sapper 智能表单变量设置（文字输入）

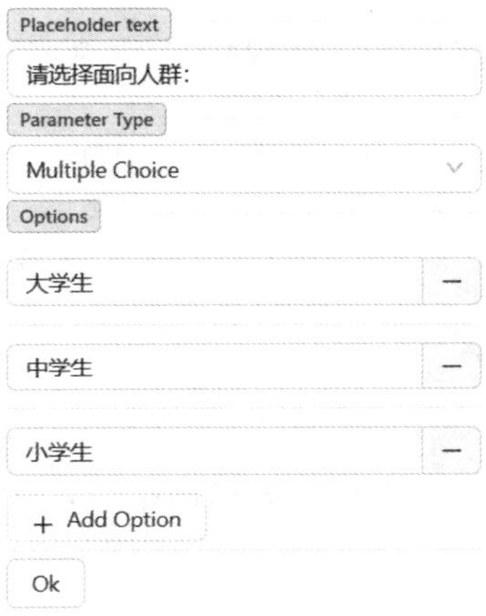

Placeholder text
请选择面向人群:
Parameter Type
Multiple Choice
Options
大学生
中学生
小学生
+ Add Option
Ok

图 15-24　Sapper 智能表单变量设置（多项选择）

2．变量赋值：完成变量的相关设置后，用户在使用 Agent 时即可为变量赋值，动态配置对应的 Sapper 智能表单，从而达到不同的输出效果，如图 15-25 和 15-26 所示。

请输入面向人群:
大学生

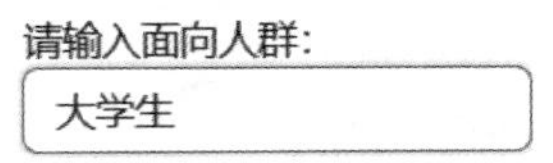

图 15-25　Sapper 智能表单变量赋值（文字输入）

请选择面向人群:
大学生
大学生
中学生
小学生

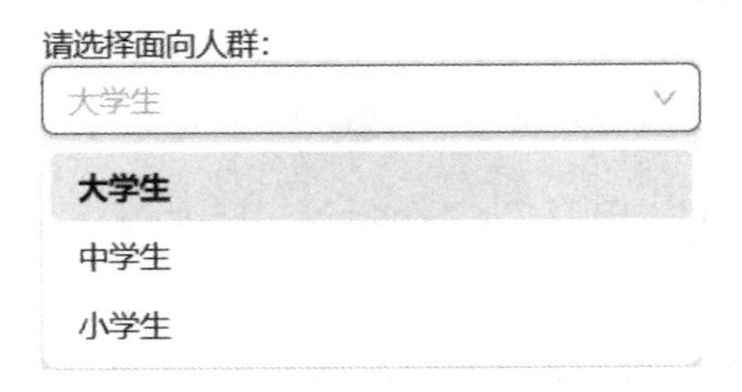

图 15-26　Sapper 智能表单变量赋值（多项选择）

15.3.2　RAG

RAG，全称 Retrieval Augmented Generation，即检索增强生成。RAG 技术旨在解决大模型

通用知识的局限性，防止大模型出现幻觉，生成不可信的内容。

Sapper 集成了丰富的 RAG 技术实现，使得用户可以构建自己的私人领域知识库，促使大模型给出更加可信的生成内容。

一、Agent Base 知识库

1. 文档上传

在 Agent 开发页面，用户可以在表单下方点击如图 15-27 所示的区域，选择本地文档上传，作为知识库的数据源。如果上传成功，用户即可看到如图 15-28 所示的视图栏目。

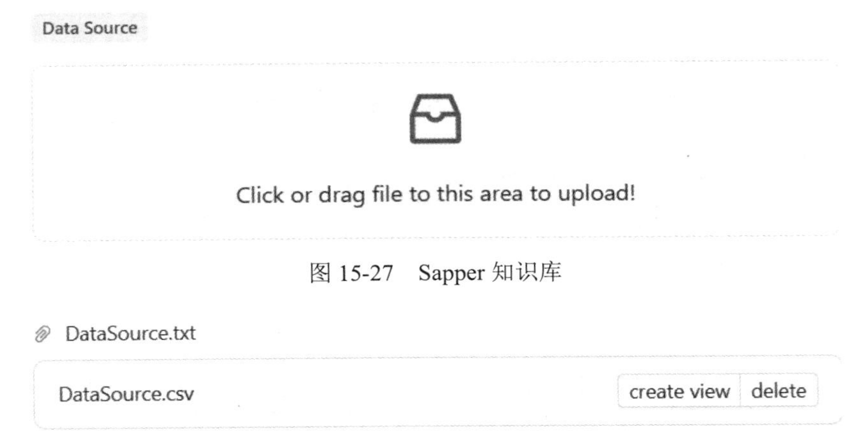

图 15-27　Sapper 知识库

图 15-28　本地文档成功上传 Sapper 后的视图栏目

Sapper 会自动将用户上传的文本文档转为结构化的 CSV 文件，即将文本自动分割为若干个语块，如图 15-29 所示。

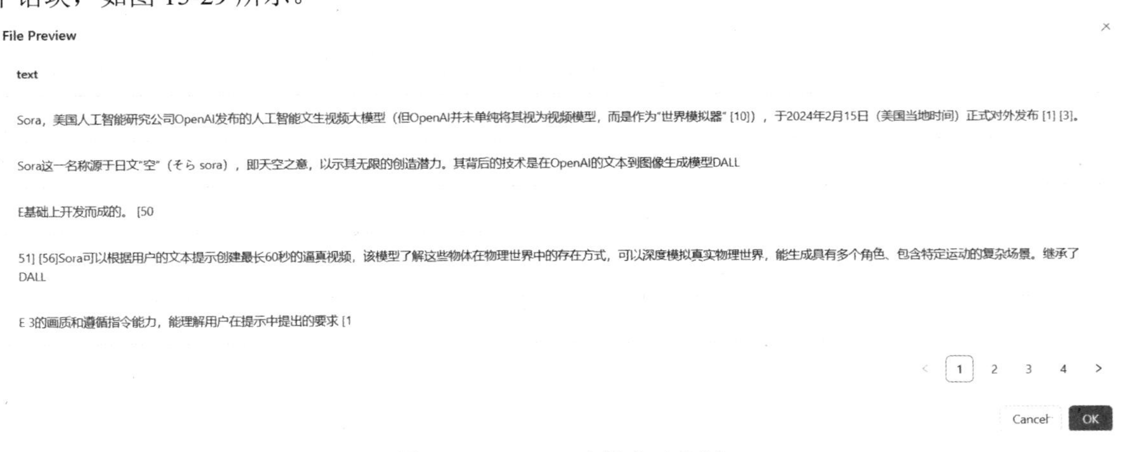

图 15-29　Sapper 文档自动分割

2. 构建视图

当用户完成文档上传以后，可以点击图 15-28 中的 create view 按钮创建一个视图，配置自己的领域知识库。用户可以逐个添加检索关键词，当输入中包含这些内容时，Sapper 将会从知识库中检索相关信息，并整合进 SPL 表单。但我们一般使用内置变量 UserRequest 作为关键词检索，也就是用户输入内容，如图 15-30 所示。

同时，Sapper 提供了多个检索方式以及检索过滤逻辑，如图 15-31 和图 15-32 所示。

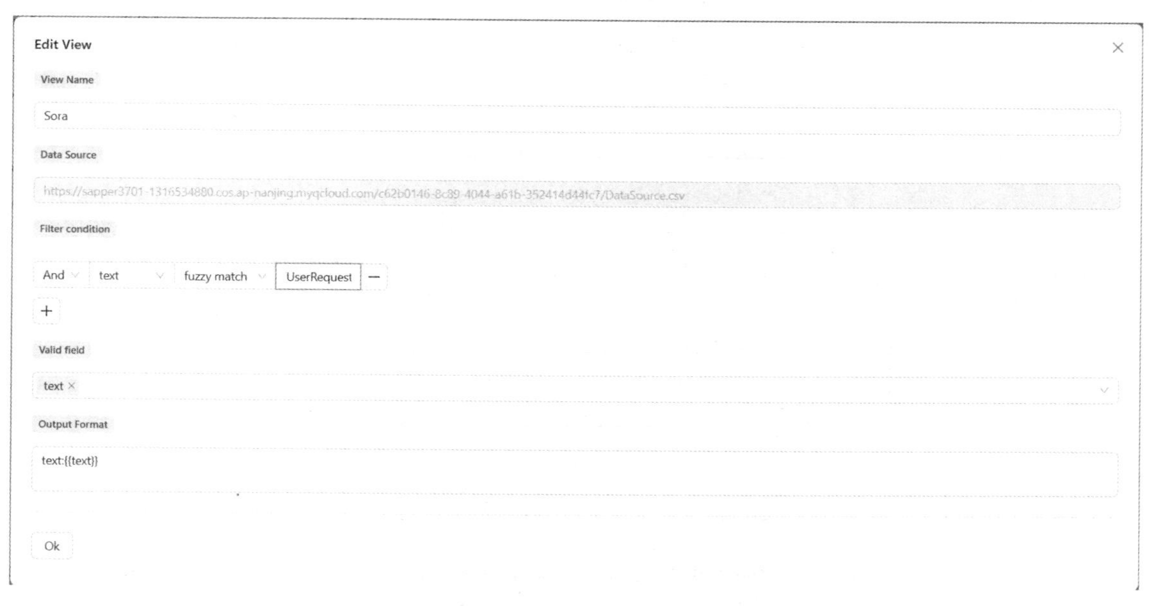

图 15-30　Sapper 知识库视图创建

图 15-31　Sapper 知识库关键词检索方式

图 15-32　Sapper 知识库检索过滤逻辑

二、Experience Base 知识库

Experience Base 允许用户将已创建的知识库以 API 的形式，提供给 Sapper 智能表单调用。目前该功能正在开发中，敬请期待。

三、知识库调用检索

调用 Sapper 知识库检索，首先你需要创建一个视图（见图 15-30），然后在表单的任意位置定义一个变量，使用关键字~refData{ViewName}来引入检索结果，并将其赋值给定义的变量，如图 15-33 所示。

Pay attention to the background knowledge${Sora}$~refData{Sora}.

图 15-33　引入知识库检索内容

这里以 Sora 大模型的询问为例，它是 2024 年 OpenAI 公布的一款用于视频生成的大模型，ChatGPT 并不具备它的相关数据。但是结合 Sapper 知识库的 RAG 功能，我们即可补全大模型的知识空缺。输出结果如图 15-34 所示。

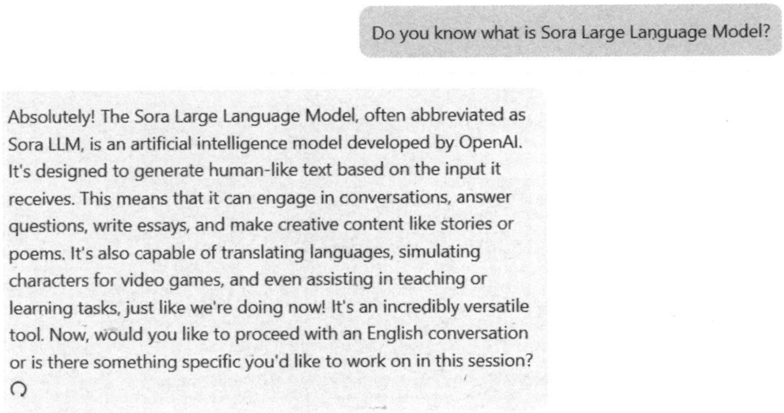

Do you know what is Sora Large Language Model?

Absolutely! The Sora Large Language Model, often abbreviated as Sora LLM, is an artificial intelligence model developed by OpenAI. It's designed to generate human-like text based on the input it receives. This means that it can engage in conversations, answer questions, write essays, and make creative content like stories or poems. It's also capable of translating languages, simulating characters for video games, and even assisting in teaching or learning tasks, just like we're doing now! It's an incredibly versatile tool. Now, would you like to proceed with an English conversation or is there something specific you'd like to work on in this session?

图 15-34　Sapper 知识库 RAG 检索输出

15.3.3　Debug

Debug 功能常见于各类 IDE 中，其主要功能是帮助开发者识别和解决程序中的错误和问题。通过 Debug 功能，开发者可以逐步执行代码，观察变量的值和程序的执行流程，从而更容易地找出代码中的逻辑错误、运行时异常或其他潜在问题。此外，Debug 还提供了断点设置、变量监视、堆栈跟踪等工具，这些工具能够帮助程序员深入分析代码的运行状态，快速定位和修复 bug，提高代码的质量和稳定性。

Sapper 的 Debug 功能为用户提供了一个直观的 AI 链程序流程，用户可以逐步执行 Agent 的每个 Instruction 模块，观察大模型的输出并对相应的 Instruction 做出调整。

AI 链的核心理念是将一个任务分解为多个子任务，也就是多个 Instruction 模块，将前驱 Instruction 的输出作为后继 Instruction 的输入。通过 AI 链的逐步增强，用户创建的 Agent 得以给出高质量的输出内容。

一、逐个 Instruction 执行 AI 链应用

点击 SPL 表单下方的 Debug 按钮，我们可以看到如图 15-35 所示的调试界面。

可以看到，右侧交互界面和普通的 Agent 交互界面并无太大区别，只是新增了具备 Debug 特性的 Step over 以及 Next breakpoint 功能按钮，该功能还处于开发完善过程中。

我们注意到，AI 链针对的模块其实是 Instruction，每个 Step 都具备共同的 Persona 和 Audience，但是 Instruction 各不相同。首先在 Step1 输入文本“Hello”并点击 Generate，再点击 Step2，我们可以看到，Step1 的输出成为了 Step2 的输入，如图 15-36 和图 15-37 所示。

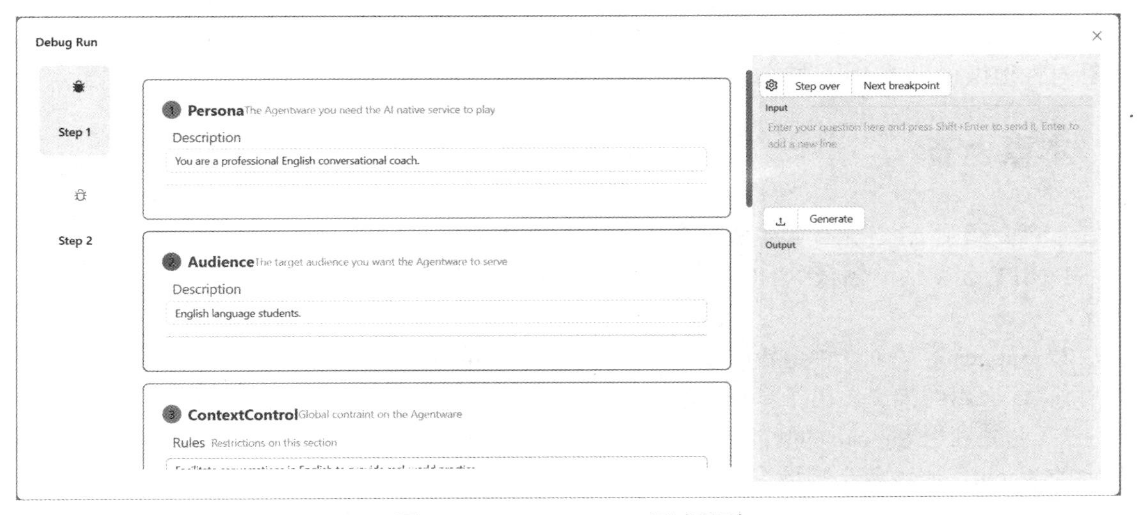

图 15-35　Sapper Debug 调试界面

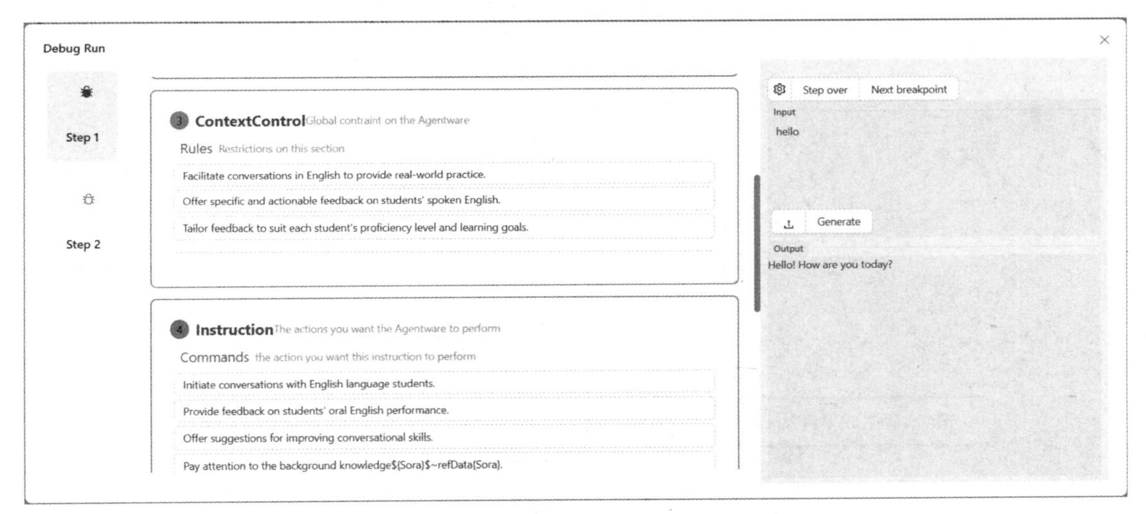

图 15-36　Step1 输出

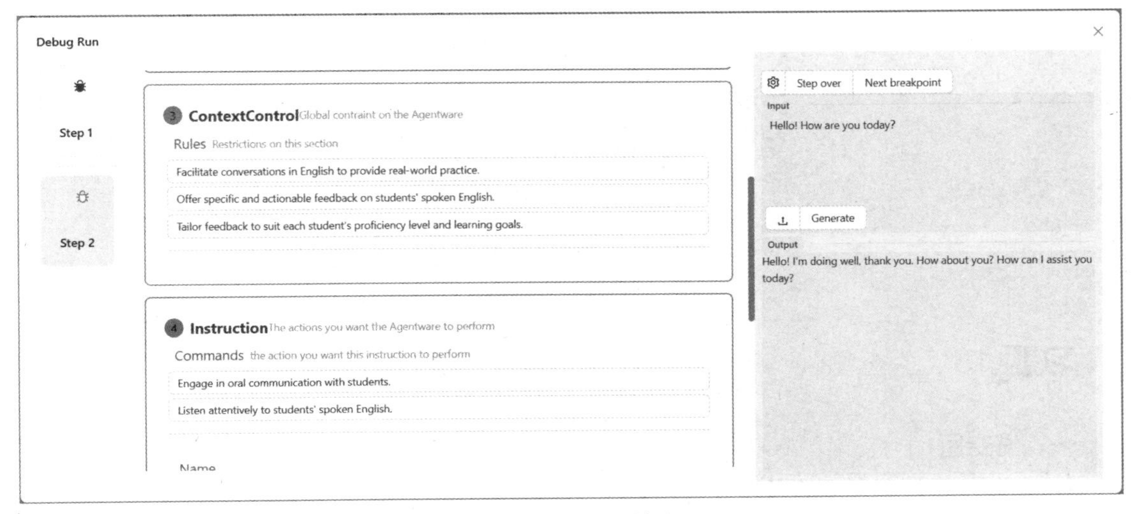

图 15-37　Step2 输出

通过 Sapper 的 Debug 功能，用户可以清晰地观察 AI 链每个 Instruction 模块的输出情况，再针对性地做出表单内容调整，构建功能更加完善的 Agent。

本章小节

本章介绍了 AI 链无代码生成平台 Sapper 的基本使用。

1．SPL 创新性地融合了 NL 与 PL 的特性，有效地明确了任务需求，增强了大模型的输出质量。

2．Sapper 定义了一种全新的软件开发范式，大幅降低了 AI 链应用的开发以及使用门槛，为可信 AI 应用的推广做出了卓越贡献。

3．充分利用 Sapper 的智能表单、RAG 以及 Debug 等高级特性，用户可以开发功能更加强大的 Agent，服务各个领域。

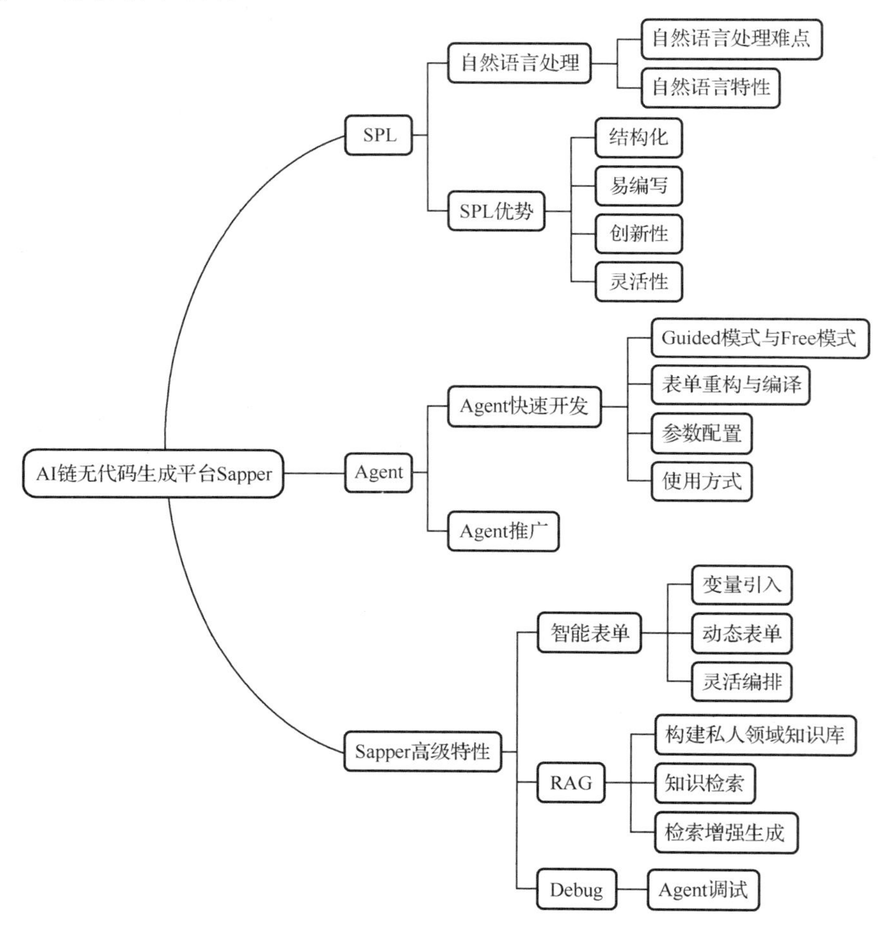

习题 15

一、填空题

1．SPL 语言既具备自然语言的____性，又具备编程语言的____性。

2．SPL 表单中最为核心的模块是____，它声明了大模型的具体行为。

3．Agent 开发分为____模式和____模式。

4．在开发 Agent 过程中，在运行之前需要进行____和____。

5．Sapper 智能表单中的变量修饰符是____。

二、判断题

1．自然语言是人类社会中普遍使用的信息交换媒介，因此大模型很容易理解自然语言。（　　）

2．用户每次对 Agent 进行修改，无须点击 save 按钮保存。（　　）

3．使用 Sapper 的 RAG 功能，需要为私人领域知识库创建视图。（　　）

4．Sapper 智能表单中的内置变量 UserRequest 和 TemporaryVariable 不可修改。（　　）

5．用户可以将开发完成的 Agent 发布到 Market 模块，同时可以将其他用户发布的 Agent 导入 Agent Base。（　　）

三、操作题

1．使用 Sapper 开发一个代码修复（检测代码错误）助手。

2．使用 Sapper 的 RAG 功能构建一个私人领域知识库，构建一个私人服务 Agent。

3．尝试手写 SPL 表单，体会其为需求分析带来的全新思路与指引。

4．运用 Sapper 的 Debug 功能，对开发完成的 Agent 进行测试。

5．尝试运用 Sapper 智能表单的变量设计，构建一张动态格式化的表单。

拓展阅读 1

自然语言处理

语言是人类区别其他动物的本质特性。在所有生物中，只有人类才具有语言能力。人类的多种智能都与语言有着密切的关系。人类的逻辑思维以语言为形式，人类的绝大部分知识也是以语言文字的形式记载和流传下来的。因而，它也是人工智能的一个重要，甚至核心部分。

用自然语言与计算机进行通信，这是人们长期以来所追求的。因为它既有明显的实际意义，同时也有重要的理论意义：人们可以用自己最习惯的语言来使用计算机，而无须再花大量的时间和精力去学习不很自然和习惯的各种计算机语言；人们也可通过它进一步了解人类的语言能力和智能的机制。

自然语言处理是指利用人类交流所使用的自然语言与机器进行交互通信的技术。通过人为地对自然语言的处理，使得计算机对其能够可读并理解。自然语言处理的相关研究始于人类对机器翻译的探索。虽然自然语言处理涉及语音、语法、语义、语用等多维度的操作，但简单而言，自然语言处理的基本任务是基于本体词典、词频统计、上下文语义分析等方式对待处理语料进行分词，形成以最小词性为单位，且富含语义的词项单元。

自然语言处理（Natural Language Processing，NLP）是以语言为对象，利用计算机技术来分析、理解和处理自然语言的一门学科，即把计算机作为语言研究的强大工具，在计算机的支持下对语言信息进行定量化的研究，并提供可供人与计算机之间能共同使用的语言描写，包括自然语言理解（NaturalLanguage Understanding，NLU）和自然语言生成（Natural LanguageGeneration，NLG）两部分。它是典型边缘交叉学科，涉及语言科学、计算机科学、数学、认知学、逻辑学等，关注计算机和人类（自然）语言之间的相互作用的领域。人们把用计算机处理自然语言的过程在不同时期或侧重点不同时又称为自然语言理解（Natural Language Understanding，NLU）、人类语言技术（Human Language Technology，HLT）、计算语言学 Hl（Computational Linguistics）、计量语言学（QuantitativeLinguistics）、数理语言学（Mathematical Linguistics）。

实现人机间自然语言通信意味着要使计算机既能理解自然语言文本的意义，也能以自然语言文本来表达给定的意图、思想等。前者称为自然语言理解，后者称为自然语言生成。因此，自然语言处理大体包括了自然语言理解和自然语言生成两个部分。历史上对自然语言理解研究得较多，而对自然语言生成研究得较少，但这种状况已有所改变。

无论实现自然语言理解，还是自然语言生成，都远不如人们原来想象的那么简单，而是十分困难的。从现有的理论和技术现状看，通用的、高质量的自然语言处理系统，仍然是较长期的努力目标，但是针对一定应用，具有相当自然语言处理能力的实用系统已经出现，有些已商品化，甚至开始产业化。典型的例子有：多语种数据库和专家系统的自然语言接口、各种机器翻译系统、全文信息检索系统、自动文摘系统等。

自然语言处理，即实现人机间自然语言通信，或实现自然语言理解和自然语言生成是十分困难的。造成困难的根本原因是自然语言文本和对话的各个层次上广泛存在的各种各样的歧义性或多义性（Ambiguity）。

自然语言的形式（字符串）与其意义之间是一种多对多的关系。其实这也正是自然语言的魅力所在。但从计算机处理的角度看，我们必须消除歧义，而且有人认为它正是自然语言理解中的中心问题，即要把带有潜在歧义的自然语言输入转换成某种无歧义的计算机内部表示。

歧义现象的广泛存在使得消除它们需要大量的知识和推理，这就给基于语言学的方法、基于知识的方法带来了巨大的困难，因而以这些方法为主流的自然语言处理研究几十年来一方面在理论和方法方面取得了很多成就，但在处理大规模真实文本的系统研制方面，成绩并不显著。研制的一些系统大多数是小规模的、研究性的演示系统。

目前存在的问题有两个方面：一方面，迄今为止的语法都限于分析一个孤立的句子，上下文关系和谈话环境对本句的约束和影响还缺乏系统的研究，因此分析歧义、词语省略、代词所指、同一句话在不同场合或由不同的人说出来所具有的不同含义等问题，尚无明确规律可循，需要加强语用学的研究才能逐步解决。另一方面，人理解一个句子不是单凭语法，还运用了大量的有关知识，包括生活知识和专门知识，这些知识无法全部储存在计算机里。因此一个书面理解系统只能建立在有限的词汇、句型和特定的主题范围内；计算机的储存量和运转速度大大提高之后，才有可能适当扩大范围.

以上存在的问题成为自然语言理解在机器翻译应用中的主要难题，这也就是当今机器翻译系统的译文质量离理想目标仍相差甚远的原因之一；而译文质量是机译系统成败的关键。中国数学家、语言学家周海中教授曾在经典论文《机器翻译五十年》中指出：要提高机译的质量，首先要解决的是语言本身问题而不是程序设计问题；单靠若干程序来做机译系统，肯定是无法提高机译质量的；另外在人类尚未明了大脑是如何进行语言的模糊识别和逻辑判断的情况下，机译要想达到“信、达、雅”的程度是不可能的。

（来源：百度百科）

拓展阅读 2

RAG 技术

检索增强生成（RAG）是一种使用来自私有或专有数据源的信息来辅助文本生成的技术。它将检索模型（设计用于搜索大型数据集或知识库）和生成模型（例如大型语言模型（LLM），此类模型会使用检索到的信息生成可供阅读的文本回复）结合在一起。

通过从更多数据源添加背景信息，以及通过训练来补充 LLM 的原始知识库，检索增强生成能够提高搜索体验的相关性。这能够改善大型语言模型的输出，但又无须重新训练模型。额外信息源的范围很广，从训练 LLM 时并未用到的互联网上的新信息，到专有商业背景信息，或者属于企业的机密内部文档，都会包含在内。

RAG 对于诸如回答问题和内容生成等任务，具有极大价值，因为它能支持生成式 AI系统使用外部信息源生成更准确且更符合语境的回答。它会实施搜索检索方法（通常是语义搜索或混合搜索）来回应用户的意图并提供更相关的结果。

（来源：Elastic 官网）

参 考 文 献

1．黄箐，廖云燕，曾锦山，等. 人工智能编程——赋能 C 语言[M]. 北京：清华大学出版社，2023.

2．[美]赫伯特 • 希尔特（Herbert Schildt）著. Java 编程手册[M]（第 12 版·Java 17）译. 北京：清华大学出版社，2023.

3．洛基山，张君施等. Java 程序设计教程[M]. 9 版. 北京：电子工业出版社，2018.